高压输气管道断裂爆炸及后效破坏作用

龙　源　纪　冲　吴建源　钟明寿 等　著

科 学 出 版 社

北　京

内 容 简 介

本书系统介绍了高压输气管道断裂爆炸研究的现状及其断裂后带来的灾难事故，总结了含裂纹管道断裂的评估方法、管道止裂韧性表征和预测方法，以及管道断裂危害效应等领域的研究现状，指出当前研究中存在的问题以及未来研究发展趋势。主要内容包括：含裂纹损伤管道的断裂机理、输气管道裂纹扩展的动态过程及止裂机理、输气管道爆破模型试验研究、X90 全尺寸输气管道断裂爆破试验研究、输气管道爆炸的破坏后效应。

本书既可作为从事高压输气管道科学研究工作的科技人员和从事输气管道工程设计的技术人员、施工管理人员参考书，也可作为相关专业的本科生、研究生的教材用书。

图书在版编目(CIP)数据

高压输气管道断裂爆炸及后效破坏作用/龙源等著. —北京：科学出版社，2021.9

ISBN 978-7-03-067392-3

Ⅰ. ①高…　Ⅱ. ①龙…　Ⅲ. ①高压-输气管道-断裂-爆炸-后效作用　Ⅳ. ①U179.8

中国版本图书馆 CIP 数据核字(2020) 第 266152 号

责任编辑：惠　雪／责任校对：杨聪敏
责任印制：吴兆东／封面设计：许　瑞

科学出版社出版
北京东黄城根北街 16 号
邮政编码：100717
http://www.sciencep.com
北京厚诚则铭印刷科技有限公司印刷
科学出版社发行　各地新华书店经销
*
2021 年 9 月第　一　版　开本：720 × 1000　1/16
2025 年 1 月第二次印刷　印张：13 1/2
字数：264 000

定价：109.00 元

(如有印装质量问题，我社负责调换)

《高压输气管道断裂爆炸及后效破坏作用》
著 者 名 单

主要著者：龙 源　纪 冲　吴建源　钟明寿

著者成员：毛益明　徐全军　谢兴博　杨贵丽

范 磊　李兴华　高福银　马华原

程良玉　赵长啸

前　言

输气管道建设和使用已成为我国能源和国防建设、战场保障的生命线工程。然而，由于受到输气管道管材的材料缺陷、使用过程中的内外腐蚀，以及输气管道周边区域的自然灾害、第三方施工和其他未知因素的影响，输气管道断裂进而爆炸的事故时有发生，造成人员生命伤亡和财产巨大损失。一方面，随着管道强度、韧性和压力的提高，传统的管道设计和施工方法受到挑战，需深入研究管道断裂爆炸的成因和机理，为改进管道的设计和施工方法奠定理论基础；另一方面，高压管道断裂后对周边环境带来的后效破坏作用非常复杂，需进一步研究其形成过程和传播规律。因此，确保天然气管道生命线工程安全可靠运行，准确预测天然气管道断裂爆炸造成的后果，一直是管道工程设计及防灾减灾技术领域亟须解决的重要课题。

针对上述需求，本书主要论述高压输气管道断裂爆炸及后效破坏作用问题。结合作者近年来承担国家自然科学基金项目和相关课题的研究工作，基于课题研究的背景、必要性和意义，主要论述高压管道的裂纹起裂、扩展和止裂的动态力学行为与影响因素，分析管道爆炸后的破坏效应形成机制及传播规律，以及高压管道爆炸试验研究技术和实施方法等。主要内容包括：① 高压输气管道断裂爆炸研究现状；② 含裂纹损伤管道的断裂机理，论述管道断裂分析模型、管道裂纹的 J 积分计算及结果分析等；③ 输气管道裂纹扩展的动态过程及止裂机理，论述输气管道的裂纹起裂成因、输气管道的裂纹扩展过程及特征、管道动态裂纹的止裂机理、管道动态裂纹止裂的影响因素以及含裂纹管道止裂基于微观损伤模型的管道断裂分析；④ 输气管道爆破模型试验方法研究，包括管道爆破系列模型试验设计、管道爆破系列模型试验结果及分析，以及相关研究结论；⑤ X90 全尺寸输气管道断裂爆破试验研究，包括全尺寸管道爆破试验设计、全尺寸管道爆破试验实施，以及试验结果和分析等；⑥ 输气管道爆炸的破坏后效应，论述输气管道爆炸冲击波的形成过程及工程计算方法、输气管道爆炸地震波的形成过程及其特性分析，以及输气管道爆炸后效应的数值仿真研究。

本书内容主要反映了作者近年来在高压输气管道爆炸机理及爆破危害效应控

制研究方面的科研成果，为输气管道的设计及防护提供依据。

作　者

2021 年 1 月

目　　录

第 1 章　绪　　论

1.1　研究背景、必要性和意义

天然气作为清洁能源日益受到人们的重视，近年已进入大发展时期。根据《能源发展“十三五”规划》要求，我国到 2020 年非化石能源占一次能源消费比重达到 15%，天然气比重力争达到 10%，煤炭消费比重控制在 58%以内。2017 年发布的《能源生产和消费革命战略 (2016—2030)》中提出，到 2030 年，天然气在我国一次能源消费中的比重将达到 15%左右。天然气需求的大发展也对其输气管道提出了更高的要求。输气管道因其经济性和高效性已成为陆上天然气运输的主要装备，为满足经济发展对天然气的强劲需求，需配套建设大量主干线、支干线、支线天然气管道。加快天然气输送管道建设，形成管道运输网是我国实施能源战略的重要组成部分[1]。

截至 2018 年年底，我国运行的长输天然气管线总里程达到 7.6 万 km，形成以西气东输一线和二线、川气东送、陕京一线和二线等天然气管道为主干线，以兰银、淮武等为联络线的国家基干管网[1]。未来 10 年我国将新建西气东输三、四、五和六线以及中俄东和西线、新粤浙等干线管道，形成资源多元、调运灵活和供应稳定的全国天然气保障格局。与此同时，如何确保天然气管道生命线工程安全可靠运行，准确预测天然气管道事故，一直是管道工程设计和防灾减灾技术研究领域致力解决的重要课题。

然而，由于受到近域施工行为、环境腐蚀、机械或材料失效、自然灾害及其他未知因素的影响，输气管道断裂事故时有发生，给人们和社会带来巨大的灾难，图 1-1 为世界各地输气管道断裂引起的爆炸事故[2]。其中，管道断裂分为脆性断裂和韧性断裂两大类。随着理论研究的深入和冶金工艺的发展，脆性断裂现已得到很好的解决。而值得特别关注的是，由管壁原有缺陷或受到外界冲击作用、环境腐蚀等原因形成的裂纹源，在管内高压气体驱动作用下将发生快速韧性扩展。这种因高压气体驱动导致的轴向裂纹长程扩展，是高压输气管道特有的破坏形式，也是许多灾难性输气管道事故的成因[3]。自 20 世纪 70 年代以来，世界范围内发生过上千起输气管道断裂事故，迄今损失最严重的是 1989 年在苏联乌拉尔山发生的一次输气管道断裂事故，造成上百米管道断裂。为尽量减小损失、加快事故发生后的抢修进程，国内外广泛开展了大口径高压金属管延性扩展的力学行为及其危害效应的研究。意大利 CSM (Centrol Sviluppo Materiali)、美国 EURC、俄罗斯 JCS Gazprom 等研究机构或厂家[4−6]在先前进行的全尺寸管道爆破试验 (burst experiment) 的基础上再现了管道轴向裂纹延性长程扩展现象 (图 1-2)。

(a) 美国旧金山 (2010年)

(b) 中国江西恩施 (2015年)

(c) 乌克兰基辅州 (2007年)

(d) 中国台湾高雄 (2014年)

图 1-1　世界各地输气管道断裂引起的爆炸事故

(a)意大利CSM[4]

(b)美国EURC[5]

(c)俄罗斯JCS Gazprom[6]

图 1-2　输气管道裂纹扩展破坏

正确合理地设计管道止裂韧性，使其具有足够的抗断裂性能，是输气管道设计的关键内容。由于高压输气管道的断裂涉及裂纹的动态扩展、减压波传播、岩土的约束等复杂的耦合作用过程，因此，基于弹塑性断裂力学的纯理论方法难以准确预测管材的止裂韧性。目前，Battelle 双曲线 (Battelle two curve，BTC) 方法、日本高强度管线钢委员会 (High Strength Line-pipe Committee，HLP) 方法等计算模型是预测管道止裂韧性的常用方法[7,8]。这些预测方法都是基于裂纹扩展的气体泄漏特性的数学解法，实现了由管道工作参数推断出止裂所需的临界夏比 V 形缺口 (Charpy V-notch，CVN) 或落锤撕裂试验 (drop-weight tear test，DWTT) 冲击韧性。但这些方法都是经验型的，当管线钢的 CVN 冲击韧性低于 100J 时，能够较好地预测出管线钢的抗断裂性能[9]。

随着天然气需求量不断增加，输气管道向大口径、薄壁化及高压输送方向发展。管材性能也不断提高，从最初的普通碳素钢 (X46、X52) 发展到现今的微合金高强度钢 (X70、X80、X90)[1,10]。由于基于 CVN 能量的公式在预测输气管道的断裂韧性过程中可靠性不理想，Leis[11]对 BTC 和 HLP 等方法计算模型进行修正，但仍未很好地解决准确预测管道断裂韧性这一问题。以至于对于现代高钢级 (X80 及以上) 输气管道，全尺寸气体爆破试验仍是确定管道止裂韧性最可靠的方法[12]。我国天然气输气管道爆破试验发展较晚，缺乏相关的试验经验和技术，为满足国内输气管道建设的需求，迫切需要开展输气管道爆破试验研究，突破试验技术瓶颈。

尽管全尺寸气体爆破试验是确定管道止裂韧性最可靠的方法，但因其耗费大、时间长、结果特定于某类管道等缺点，应用范围受限。为适应输气管道向高钢级、高压输送方向发展的趋势，研究新的止裂设计方法势在必行。而以上工作必须是建立在对高钢级管材断裂行为有深刻认识的基础上，即认知裂纹韧性扩展动力行为是实现管道断裂事故防灾减灾的必要前提。然而自 20 世纪 70 年代人们开始关注输气管道延性断裂问题以来，虽然对输气管道动态断裂的内在机理认识不断深入，但因输气管道裂纹扩展涉及问题复杂，有许多突出问题仍未解决。

随着输气管道管径和压力的增大，管道断裂后的破坏效应将进一步增大。因此，研究高压输气管道断裂后的破坏机理及作用范围也是管道安全设计的重要内容。目前研究表明[13,14]，高压输气管道发生断裂对周边环境将产生以下严重影响：① 管内气体随裂纹开裂产生高速喷射运动的反向力通过管体作用于周边岩土介质中，形成在固体介质中传播的冲击波和地震波破坏效应；② 浅埋管道内高压气体泄漏膨胀时，压缩周围空气，形成近地面冲击波传播破坏效应；③ 泄漏气体上升扩散与空气混合形成气团，遇到点火源时将发生爆燃，形成空中热辐射和二次空气冲击波传播的破坏效应。

国内外对输气管道断裂后泄漏气体爆燃形成的热辐射和空气冲击波破坏效应进行了大量的研究[15−19]，而输气管道断裂产生的地震波及泄漏气体物理爆炸形成的冲击波研究却鲜见报道。分析表明[20]，输气管道断裂对周围岩土介质冲击压缩及气体泄漏膨胀形成的空气冲击波皆会对邻近管道及建 (构) 筑物造成损伤。因此，有必要研究它们的特性和传播规律，为输气管道的设计及防护提供依据。

1.2 国内外研究现状

1.2.1 输气管道风险分析

高压输气管道的断裂涉及裂纹动态扩展、气体泄漏和爆炸，从而造成火灾和爆炸事故，对周围设备和建筑物造成破坏，甚至造成人员伤亡。因此，必须采用一定的方法对管道的断裂性能及断后的风险进行评估，做好事故的预防工作，从而有效地防止输气管道灾难性事故的发生。

20 世纪 70 年代，欧洲和美国等发达国家或地区输气管道事故频发，严重影响人员、财产和环境安全，为此，相关国家和研究机构以工业领域和保险学中的风险分析技术为基础，尝试对输气管道进行风险分析。国际管道研究协会 (Pipeline Research Council International，PRCI) 对金属腐蚀、火灾、外部作用、疲劳破损等 21 种引起失效的因素进行分类。1985 年美国 Battelle Columbus 发表的《风险调查指南》在管道安全风险分析方面首次应用评分法；1992 年 Muhlbauer 撰写的《管道风险管理手册》详细论述管道风险评估模型和评价方法，总结美国油气管道风险评价技术研究的成果，为开发管道风险评估软件提供依据。该书在 1996 年再版时着重介绍不同条件下的管道风险评价修正模型，并增加了管道成本与风险之间关系的内容，更具实际意义。

1995 年，我国的一些管道技术专家开始将国外关于管道风险技术的研究进展介绍到国内。此后，风险分析在管道安全评价中的应用研究得到部分油田企业的重视。1995 年 12 月四川石油管理局编译出版的《管道风险管理》重点介绍了 Muhlbauer 的方法。

1.2.2 输气管道断裂研究

1. 含裂纹薄壁结构的断裂评估方法

早期工程中主要使用强度准则作为设计依据，但在输气管道和压力容器运行过程中低应力脆性断裂事故时有发生。通过对大量低应力脆性断裂事故的研究发现，结构存在缺陷或裂纹造成材料强度降低，是发生低应力破坏的主要原因。基于上述问题的发现，人们开始研究含裂纹结构的安全性，并逐步形成断裂力学学科。

当压力容器和输气管道等薄壁结构存在裂纹时，在内压作用下，裂纹尖端附近的应力场具有奇异性，即裂纹尖端应力无穷大，需使用表征裂纹尖端应力应变场强度的断裂力学参数来建立材料的断裂失效判据。目前描述材料断裂的参数有以下三类：表征线弹性断裂的 Irwin 应力强度因子 K_{I}[21]、描述弹塑性断裂的裂纹尖端张开位移 (CTOD)[22] 以及兼具多重意义的 J 积分[23]。这些参数伴随着断裂力学的发展而确立，目前已被广泛应用于断裂评估[24]。

1957 年，Irwin[21,25]提出了应力场强度的观点，引入应力强度因子 K_{I}，用于表征裂尖附近应力场强弱的程度。例如，含有 $2a$ 长穿透裂纹的无限大平板受到 I 型荷载作用时，其裂纹尖端应力场为

$$\sigma_{ij} = \frac{K_{\mathrm{I}}}{\sqrt{2\pi r}} f_{ij}(\theta) \tag{1-1}$$

式中，i 和 j 代表矩形坐标 x 和 y 或者建立在裂纹尖端的极坐标 r 和 θ；$f_{ij}(\theta)$ 是角函数；K_{I} 是应力强度因子，$K_{\mathrm{I}} = \sigma\sqrt{\pi a}$。应力强度因子 K_{I} 表征裂纹尖端奇异性的强度，与裂纹尺寸、形状及载荷等因素相关。

当裂尖的应力强度因子 K_{I} 达到某一临界值 K_{C} 时，裂纹将失稳扩展。K_{C} 为结构材料线弹性条件下的断裂韧度。实际上，应力强度因子 K_{I} 与应变能释放率 G 存在 $G = K_{\mathrm{I}}^2/E$ 的转换关系。

对于韧性较好的金属结构，比如高钢级管道、压力容器等，其裂纹尖端附近发生大范围或全面的屈服，线弹性断裂力学无法解决上述问题。为此必须考虑裂纹的弹塑性行为，建立弹塑性断裂模型。1963 年，Wells[26]提出弹塑性材料的裂纹尖端张开位移 (crack tip opening displacement, CTOD) 准则。该准则以裂纹尖端张开位移 δ 是否达到临界值 δ_{c} 作为判断裂纹开裂的判据。通常 δ_{c} 越大，表明材料在破坏前所能承受的塑性变形越大，材料的塑性越好。

1968 年，Rice[27]提出 J 积分，并与 Hutchinson 和 Rosengren[24]建立了 HRR 理论，奠定了 J 积分在弹塑性断裂力学中的主导地位。对于二维应力、应变场，J 积分定义为

$$J = \int_{\Gamma} \left(\omega n_1 - \sigma_{ij} \frac{\partial u_i}{\partial x_i} n_j \right) \mathrm{d}\Gamma \tag{1-2}$$

式中，积分路径 Γ (图 1-3) 为从裂纹下表面任意一点逆时针绕裂纹尖端到达裂纹上表面的任意一点；ω 为应变能密度，$\omega = \int_0^{\varepsilon_{ij}} \sigma_{k_1} \mathrm{d}\varepsilon_{k_1}$；$u_i$ 是积分路径 Γ 上的位移；n_j 是积分路径 Γ 上弧元素外法线的方向余弦。

与应力强度因子 K_{I} 类似，J 积分也可以建立弹塑性断裂准则：当 $J \geqslant J_{\mathrm{C}}$ 时，裂纹将发生失稳扩展，相反则不会扩展。在线弹性情况下，J 积分与应力强度因子可以互相转换：$J = K_{\mathrm{I}}^2/E$。对于幂硬化弹塑性材料，裂纹尖端的应力、应

变场[28]可以表示为

$$\sigma_{ij} = \sigma_0 \left(\frac{J}{\alpha \sigma_0 \varepsilon_0 I_n r} \right)^{\frac{1}{n+1}} \tilde{\sigma}_{ij}(n, \theta) \tag{1-3}$$

$$\varepsilon_{ij} = \alpha \varepsilon_0 \left(\frac{J}{\alpha \sigma_0 \varepsilon_0 I_n r} \right)^{\frac{1}{n+1}} \tilde{\varepsilon}_{ij}(n, \theta) \tag{1-4}$$

式中，ε_0 为参考应变，$\varepsilon_0 = \sigma_0/E$；$n$ 是应变硬化指数；I_n 是积分常数；$\tilde{\sigma}_{ij}$ 和 $\tilde{\varepsilon}_{ij}$ 分别是 n 和 θ 的无量纲函数。

式 (1-3) 和式 (1-4) 描述的裂尖场被称为 HRR 奇异场，J 积分描述弹塑性材料裂纹尖端奇异性强度。

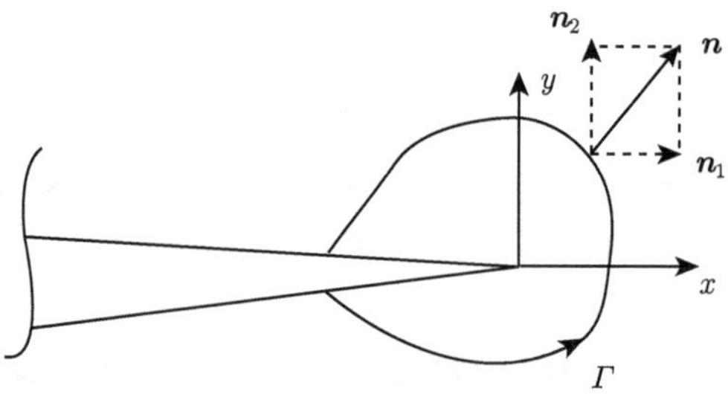

图 1-3　J 积分定义

运用断裂力学理论对含有缺陷的结构进行分析，评价缺陷结构是否危害材料结构的可靠安全性，是进行管道起裂分析的依据[29]。针对裂纹型缺陷的安全评价方法，具有代表性的方法有：欧洲共同体提出的结构完整性评定方法 (structural integrity assessment procedure，SINTAP)[30]，英国的“含有缺陷的结构完整性的评价”(CEGB R6)[31]以及我国的《在用含缺陷压力容器安全评定》(GB/T 19624—2004)[32]等。这些评价方法都是以含裂纹缺陷构件的断裂参量作为基本的失效判据，并对其安全性、缺陷容限以及材料断裂韧性临界值进行评估。因此，对裂纹结构进行安全评估时，必须深入了解结构上裂纹的驱动力，准确计算含裂纹结构的断裂参量。

随着高钢级管线钢的快速发展，输气管道的强度、韧性以及承受载荷不断提高，传统的弹塑性断裂理论在计算裂纹驱动力时，仍存在许多问题。刘霞[33]以环焊缝中含有环向表面裂纹的管道为研究对象，研究了裂纹尺寸、双轴载荷、环焊缝与母材强度失配等对裂纹扩展驱动力的影响。但由于影响管道断裂的因素众多，且相对环向裂纹，对于主要受内压作用的管道来说轴向裂纹对管道的威胁更大，目前尚缺乏对各种影响因素的系统分析。规范中给定裂纹扩展驱动力计算方法不够全面，在计算高钢级管线钢裂纹扩展驱动力时存在偏差。为了更加准确地描述各种因素对高钢级管线钢裂纹扩展驱动力的影响，需借助有限元方法进行更为精细的研究，为输气管道的安全评估提供依据。

2. 输气管道延性断裂控制研究

大量学者通过试验及理论分析，试图确定材料发生延性止裂的韧性值。最早进行输气管道止裂研究的机构是美国的 BMI(Battelle Memorial Institute)[8]，目前在管道止裂领域进行研究的机构还有意大利的 CSM(Centrol Sviluppo Materiali)[4]、欧洲的 EPRG(European Pipeline Research Group)[7]、日本的 JISI(Japan Iron & Steel Institute)[12] 以及俄罗斯的 JCS Gazprom[6]等。

20 世纪 70 年代人们开始认识到输气管道存在延性裂纹长程扩展的问题。但由于当时材料的断裂理论还不完善，无法解决工程中的延性裂纹扩展问题，为防止灾难性事故的发生，只能通过对管道进行全尺寸爆破试验来验证管线的止裂性能。全尺寸爆破试验[34]将不同韧性的钢管按韧性值从低到高排列，然后在低韧性的钢管引入初始裂纹，使其在运行内压的驱动下沿轴向扩展。当裂纹停止扩展时，该位置钢管的韧性被视为管线的止裂韧性临界值。这种全尺寸试验方法逐渐发展成一种标准的确定输气管止裂韧性的方法。至今，其仍为确定管道止裂韧性最可靠的方法。

西方发达国家针对特定型号、运行条件的钢制管道进行了多次全尺寸及模型气压爆破试验。全尺寸爆破试验 (即气压爆破试验) 属于超动态试验，要记录裂纹动态扩展速度、裂纹开裂后气体的压力变化等数据，对试验条件和技术要求高。其中针对高钢级管道，目前全世界共进行了 9 次 X100 钢级管道全尺寸气压爆破试验和 1 次 X120 钢级管道小尺寸气压爆破试验[5,12,35,36]。其中，意大利 CSM、加拿大 TransCanada、日本住友金属等机构组织的试验中，X100 钢管直径范围为 610~1422mm；美国 EURC 进行的 X120 钢管小尺寸爆破试验中，压力达到 20.85MPa。

我国在高压管道气压爆破试验研究方面基本属于空白。为获得可靠的输气管道止裂性能，指导我国管道建设，同时也为理论研究提供必要的资料，我国亟须开展高压管道气压爆破试验方面的研究，解决爆破试验中初始裂缝引入、动态参数测试、加压与密封等技术难题，获得输气管道实际的断裂速度、止裂韧性等重要参数。

由于全尺寸爆破试验需要消耗大量的成本和时间，试验次数少，可验证试验数据有限，无法满足不同类型管道的需求，因此需要对试验进行定量化关联，使得小尺寸的试验结果可以在工程中直接应用。夏比 V 形缺口冲击试验 (Charpy V-notch impact test，CVN) 由于试样尺寸小、操作简便、成本低等特点，被广泛应用于表征材料的止裂韧性。该试验通过落锤式冲击试验机对夏比 V 形缺口进行冲击，测量冲击过程的耗散功，以此作为材料动态断裂韧性的度量。对于低韧性材料，CVN 吸收能与裂纹扩展能基本呈线性关系，能较好地描述管材的动态断裂性能。

1975 年 Maxey 等[37]以材料的 CVN 能量表征管道的止裂韧性提出双曲线预测模型，也称 Battelle 双曲线模型或 BTC 模型。该模型将管内气体减压波传播与管道裂纹扩展通过断裂速度关联起来，建立了裂尖气体压力与断裂速度的关系。由于 Battelle 双曲线模型采用两个独立的步骤，计算减压波的速度和裂纹扩展速度，因而也被称作 Battelle 两步分析。该模型基于裂纹扩展速度和减压波波速的判据，提出了行之有效的数学解法，实现了直接由管道工作参数推断出止裂所需的临界 CVN 能量，后来又总结了一系列简便的经验公式[8]。这些经验公式在输气管道韧性较低的条件下 (CVN 冲击韧性 $<$ 100J) 取得较理想的效果，与全尺寸爆破试验的结果吻合较好。然而，随着输气管道韧性的提高，裂纹起裂占 CVN 总能量比例增大，且 CVN 试样的约束条件和断裂速度都与输气管道实际情况相差较大，故基于标准夏比 V 形缺口冲击韧性的理论模型在评估现代高钢级管线止裂韧性时存在较大的误差。

许多学者[4,11,12]尝试修正 Battelle 双曲线模型，使其继续适用于评估高钢级管道的止裂韧性。但他们的工作都停留在材料 CVN 能量与全尺寸爆破试验结果的统计分析基础上，在原有的经验模型上提出修正因子，进而确定工程上所需的最小止裂韧性值。这些方法未能从根本上解决问题，且缺乏理论依据。

落锤撕裂试验 (drop weight tear test，DWTT)[38]克服了 CVN 的一些缺点，具有更大的冲击速度和试样尺寸，能够获得更长的裂纹扩展韧带，提高了扩展功在冲击功中所占的比重。同时，通过仪器化落锤撕裂试验结合高速摄影的观测，可获得载荷–位移曲线、裂纹扩展速度以及裂纹稳态扩展裂纹尖端张开角 (crack-tip-opening angle，CTOA) 等表征裂纹扩展特性的参量[39,40]。根据载荷–位移曲线结合观测得到的裂纹速度–时间的变化，可得到裂纹稳态扩展阶段单位长度裂纹所消耗的能量。图 1-4 所示为典型的高钢级管线钢仪器化落锤撕裂试验所获得的载荷-位移曲线，其中阴影部分面积为裂纹稳态扩展过程中消耗的能量。

HLP 模型[41]在保留 BTC 模型基本形式的基础上，将 DWTT 试样的断裂能量引入 Battelle 双曲线模型中，表征材料裂纹扩展时消耗的能量。尽管 DWTT 克服了 CVN 试验的一些缺点，但 DWTT 试验仍然存在着高韧性材料裂纹起裂所占的能量比例大、冲击部位大塑性变形、损耗能量大等问题，即使在稳态扩展阶段，通过载荷–位移曲线积分得到的也不完全是裂纹扩展的能量[42]。同时，Shim 等[40]研究表明裂纹速度对材料的动态断裂阻力有重要的影响，由于落锤高度限制 DWTT 中动态裂纹扩展速度通常小于 18m/s，而全尺寸爆破试验中裂纹速度达 90~300m/s。因此，基于 DWTT 断裂能量的 HLP 模型在工程应用中也存在不足。

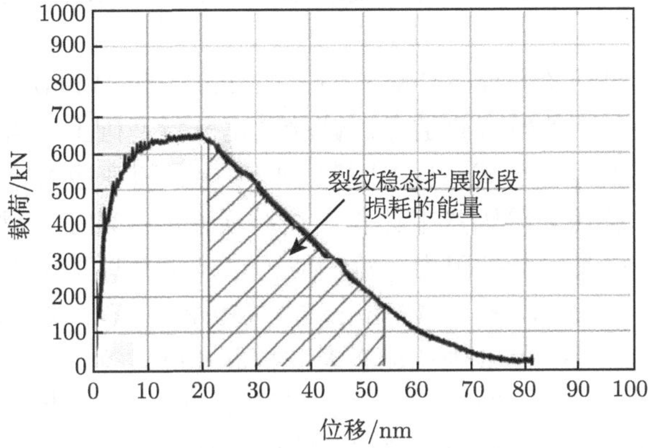

图 1-4 仪器化 DWTT 试验记录的载荷–位移曲线图

对于高钢级管线钢，高强高韧的力学性质使得传统的 CVN、DWTT 不再准确反映其动态断裂韧性。裂纹尖端张开角 (CTOA) 作为表征材料动态止裂韧性的一种可能途径，逐渐被人们所重视[43−45]。CTOA 最先是由 Andersson 和 de Koning 提出，以裂纹尖端上下断面的夹角作为描述稳态裂纹扩展的断裂参数，其数学定义为

$$\mathrm{CTOA}=2\arctan\left(\frac{1}{2}\lim_{\Delta a\to 0}\frac{\delta_{\mathrm{t}}}{\Delta a}\right) \tag{1-5}$$

式中，δ_{t} 为裂纹尖端张开位移；Δa 为裂纹扩展长度。

针对输气管道延性裂纹的研究发现：裂纹进入稳定扩展阶段后，CTOA 基本为常值，不随裂纹位置发生改变，且与材料断裂能相关[46]。测试 CTOA 的方法有数值图形相关法、δ_5 间接测量法和有限元分析法等[47]。虽然 CTOA 与材料断裂能相关，并广泛用于断裂评估，但 CTOA 标准仍有一些明显的局限性。首先，两种不同的，具有较高 CTOA 的材料其韧性不一定比低 CTOA 材料的好；其次，缺乏了解 CTOA、断裂能及其他韧性相关参数的内在联系。

如何通过小尺寸试验准确获取表征管道止裂韧性的断裂参量仍是管道止裂研究亟待解决的问题。Duan 和 Zhou[48]初步探讨裂纹扩展速度对 X80 管线钢止裂韧性的影响；Shim 等[49]通过修改标准 DWTT 试样，获得更高速度下试样的断裂能量，但他们的研究还不够系统，仍未能解决工程中所遇到的问题。

3. 输气管道裂纹扩展问题计算方法研究现状

Kanninen 等[50,51]将壳体变形、气体动力学和断裂力学相互依赖的复杂分析过程简化成一维问题，从 Flügge 圆柱壳方程入手，对称载荷作用下的圆柱壳的

变形模拟为弹性基础梁。O'Donoghue 等[52]根据管道裂纹扩展过程中气体逸出与管壁扩张之间相互作用的关系，提出模拟输气管道纵向裂纹扩展问题的计算程序 PFRAC[53]。

裂纹扩展速度半经验半理论计算方面，Rudland 和 Wilkowski[54]在对一系列不同埋深和土质条件下的输气管道爆破试验数据分析基础上，得到裂纹扩展速度关联管道回填情况的经验公式；BTC 模型[55]考虑了流变应力、裂纹尖端动态压力、断裂阻力及止裂压力等因素来计算裂纹扩展速度；HLP 模型[9]保留了 BTC 模型的基本形式，但是对断裂阻力、流变应力以及常数项采用了不同的定义。文献 [56] 基于外径 1219mm、壁厚 18.4mm 的 X80 钢管气爆试验数据，利用 BTC 模型和 HLP 模型对 X80 管线中的动态裂纹扩展速度进行计算。与试验结果进行对比分析发现：BTC 模型严重低估了裂纹扩展速度，HLP 模型相比 BTC 模型准确性有较大提高，但与实际的裂纹扩展速度仍有差距。

数值模拟方面，Misawa 等[57]从裂纹扩展现象本质入手，在一定试验数据支撑基础上探索建立了一个针对输气管道裂纹扩展的数理模型，可迭代计算管道变形及裂纹扩展，其中计算所需的气体减压模式由程序 GASDECOM 辅助计算得到。由于其采用的断裂模型来自 X65 管线钢试验数据，因此该方法计算结果与意大利 CSM、日本 HLP 等研究机构做的更高钢级的全尺寸爆破试验数据存在偏差，但为后续研究提供了参考；Song 和 Belytschko[58]基于扩展有限元方法，针对内部爆炸冲击荷载下薄壁圆柱壳体的开裂及裂纹动态扩展过程进行数值模拟，计算结果与试验有较好的一致性；Mitsuya 等[59]通过有限元数值方法对裂纹扩展中的动态应力强度因子进行计算，得到裂尖附近区域的应力分布情况；Fonzo 等[60]基于意大利 CSM 开发的 PICPRO 程序对高压管道的全尺寸爆破试验进行数值模拟，该模拟程序考虑了裂纹尖端的塑性变形，并引入一个由材料塑性决定的黏性区域，提高了计算的精确度；Gurson[61]提出了含有孔洞金属材料的屈服函数，随后，Tvergaard 和 Needleman[62,63]考虑到孔洞贯穿导致材料承载能力突然下降，对 Gurson 模型进行改进，得到描述金属韧性断裂机理的 GTN 模型；Scheider 等[64,65]利用 GTN 模型成功地模拟了 X80 及 X100 钢管裂纹的减速扩展。

国内清华大学庄茁研究团队[3,66−68]将动态断裂力学的基本原理和止裂判据与“动力学的有限元方法课题”相结合，形成了求解输气管道裂纹扩展问题的数值方法；并根据高韧性钢瞬态裂纹扩展条件下的整体能量平衡方程，在有限元中构造了求解瞬时速度的迭代算法，创建了基于韧性减速机理的迭代减速模式；研究了输气管道裂纹扩展速度与材料动态断裂参数之间的关系。需要特别指出的是，杨小彬等[69]基于三段线性压力模型，探索了建立富气输送管道裂纹动态扩展有限元计算模型，证明了富气输送管道一旦开裂就更难止裂，但其采用线性衰减的气体压力模型值得改进；帅健等[70,71]建立了输气管道裂纹动态扩展的有限元模型，其用弹塑性、大位移四边形单元离散管道，同时采用节点释放技术来模拟裂纹的开裂。

1.2.3 输气管道的爆炸破坏后效应研究

研究天然气管道受爆炸冲击的动力响应过程具有非常重要的实际应用价值。目前，国内外缺乏对天然气管道爆炸受力过程的理论和试验研究，只是开展了大量针对常见工业气体爆炸的类似研究。考虑到气体爆炸过程机理复杂、影响因素众多，所以对任何一种特定场景中特定物质的爆炸机理开展理论研究都是极其困难的。而实际中天然气管道的爆炸事故又分为物理爆炸和化学爆炸。针对物理爆炸 (管道爆破失效) 和化学爆炸 (可燃气云爆燃) 的破坏作用，均可通过等效 TNT 数值模型模拟得出冲击波超压值。该模型的核心法则即为能量相等理论，将气体爆炸过程中产生的能量完全转化为 TNT 爆炸产生的能量，从而估算爆炸威力。

1. 压力容器的物理爆炸

在物理爆炸的风险评价方法中，压力容器爆炸的破坏威力通常采用等效 TNT 当量模型进行评估，徐慧等[72]就采用等效 TNT 当量评估模型估算了可燃气体泄漏爆炸产生的威力，并以此为基础研究爆炸荷载对海洋平台船室围壁造成的变形及破损。程华瑞和栗继祖[73]研究了锅炉爆炸的过程，利用等效 TNT 当量模型计算出锅炉爆炸强度和危害半径。刘华东[74]参考等效 TNT 当量模型，模拟了立式多层长圆筒容器内化学爆炸冲击波的传播过程，证明等效 TNT 当量法不仅能用于可燃气体燃烧的模拟，还能实现压力波在多相介质中的传播。

爆炸源于能量的迅速释放，在爆炸中心引起能量的局部聚集，并通过压力波的形成、抛射物、热辐射和声能等途径耗散[75]。其中压力容器破裂爆炸主要通过压力波的传播和碎片抛掷耗散能量。在空气中传播的压力波又称爆炸波，压力波后面是强烈的风。压力波使其外层空气高速流动，具有强大的冲击压力，这种冲击压力称为冲击波超压，其最大值为冲击波峰值超压。

输气管道实际上也属于一种压力容器，只是长径比较大，其发生物理爆炸的机理与压力容器相似。当管道断裂时，大量高压气体会从裂口迅速喷射膨胀，压缩周围空气，形成一系列压缩波，这些压缩波最终叠加形成冲击波。高压气体瞬间释放形成的物理爆炸冲击不但会造成周围建 (构) 筑物和设备的损坏，还会导致周围空气温度的迅速上升，从而点燃泄漏的可燃气体，造成二次危害效应[76]。因此，需要研究高压气体从输气管道泄漏后产生冲击波的特性和传播规律，为输气管道建设和防护提供依据。

高压气体瞬间泄漏膨胀形成空气冲击波是非常复杂的物理现象。Duan 等[77]对气体流动特性进行研究，发现在气体射流的前沿会产生一个冲击波，且管内压力越大，产生冲击波的强度也越大。Mogi 等[78]发现泄漏气体和空气混合物的温度与冲击波的强度密切相关，冲击波越强混合气体的温度越高，更容易发生自燃现象。Lee 和 Jeung[79]认为泄漏气体的自燃是由冲击波的多维反射和冲击边界层与外界表面相互作用引起的。Lowesmith 和 Hankinson[80]利用大规模试验探讨天然气管道的断裂危害效应，结果表明，管道破裂形成的冲击波的峰值约为气云爆燃冲击波的 2 倍。Chorowski 等[81]通过数值模拟分析压力容器的爆裂过程，发现压力容器断裂越慢，形成空气冲击波所需的时间越长，且形成冲击波的强度越弱。Geng 等[82]根据压力容器的几何形状和爆炸条件，通过数值模拟给出不同压力容器的冲击波超压和冲量修正系数。

鉴于高压容器物理爆炸产生冲击波的结构特征和传播特性与凝聚炸药爆炸冲击波具有相似性，国外许多学者[83,84]都采用 TNT 当量法来预测高压容器爆炸冲击波的参数。研究表明，TNT 当量法在预测压力容器远场冲击波峰值时取得较好的结果，但该方法是否适用于预测气体物理爆炸冲击波的冲量和近场超压仍存在很大的争议。另一种用于预测压力容器物理爆炸参数的方法是爆炸曲线法，然而，已有的爆炸曲线只适用于球形压力容器[82]。大口径输气管道断裂时，通常伴随着轴向裂纹的长程扩展，其气体能量的释放过程与普通压力容器爆裂气体泄漏有明显的区别。现有的评估方法主要是基于小规模试验结果建立的，且只适用于一般压力容器爆炸[84]。此外，输气管道爆裂冲击波的实测数据鲜见报道，这也是阻碍其理论发展完善的重要因素之一。

2. 可燃气云爆燃

针对天然气管道泄漏后与空气混合形成的蒸气云爆炸主要从实验和理论两方面开展研究。20 世纪 90 年代，欧洲就通过模拟和实验手段研究可燃气体爆炸问题，俄罗斯国家防火科学研究中心也开展了一系列类似的研究工作。大连理工大学专门建立了野外爆炸试验基地，通过开展实验研究开敞空间内气云爆炸和气云外有障碍物等情况下冲击波的超压特性。由于大规模进行爆炸试验需要投入巨大的财力和人力，且试验工况不具一般性，安全性低，因此学者们更多的是采用理论或者数值模拟的方式研究气体泄漏爆炸特性。

Fernando 和 Enrique[16]基于概率单位方程和 TNO 多能模型研究了蒸气云爆炸的伤害范围；Jo Y D 等[17,18]通过引入摩擦、泄漏系数和气体压缩因子简化了管道泄漏模型，计算喷射火焰的热辐射伤害半径，提出了喷射火致亡长度概念；Mishra 和 Wehrstedt[85]运用半经验公式和 CFD 模型评估埋地输气管道发生爆炸和燃烧的事故，验证了 CFD 方法的可靠性；杨昭等[86]和 Dong G 等[87]基于射流理论建立高压天然气管道喷射模型，得到喷射火焰的热辐射值及喷射火伤害范围；傅智敏等[88]和 Yang 等[89,90]针对烃类流体可能发生的各种火灾类型，分析了火球、池火、喷射火和蒸气云火灾等不同形式的热辐射通量计算方法，并将其纳入火灾事故定量风险评价中。

3. 爆炸冲击对埋地管道的破坏效应

Kouretzis 等[91]在不考虑结构内部静态载荷与对土体管道受力影响的情况下，假设管道为柱状薄壳弹性模型，通过解析方法分析推导出管道在地表爆炸荷载作用下的应变应力分布函数关系式。Mokhtari 和 Alavi Nia[92]通过数值模拟手段分析了炸药埋地爆炸对埋地管道受力情况的影响。Mirzaei 等[93]以数值模拟分析和试验研究相结合的方式，探究了管道内部发生爆炸时管道的破坏响应。Wierzbicki 和 Hoo Fatt[94,95]从理论上研究了在侧面局部区域爆炸冲击作用下无限长薄壁柱壳的毁伤效应。

基于爆裂危害作用控制的油气管道并行敷设技术研究方面。英国 Advanitca 公司利用软件计算输气压力、管径等因素对管道爆裂成坑尺寸的影响，得到了基于爆坑的并行管道间距[96]；Acton 等[97]，Lowesmith 和 Hankinson[98]通过试验和 CFD 模拟相结合的方法，研究不同工况下管道爆裂对并行管道的影响，给出可能导致并行管道失效的判据；Spyros 和 Fotis[99]通过执行事件树分析方法，对希腊炼油厂和希腊公共燃气企业的输油输气管道系统安全距离进行计算，指出管道附近喷射火焰热辐射的伤害范围应被视为危险区域的计算依据；俄罗斯、美国和加拿大等国[100]均出台并行管道设计规范；许砚新等[96]在总结已有研究的基础上，提出管道爆裂对邻近管道造成破坏的两种形式：一是管道爆裂气体膨胀对周边介质的冲击作用导致邻近管道发生径向失稳；二是气体泄漏爆燃形成热辐射及冲击波作用造成邻近管道破坏。

爆炸冲击地震效应的形成、传播与安全控制研究方面。Su[101]通过建立土层与管道耦合效应的非线性数学模型，对地下管道在复合振动加载模式下的动态响应进行研究，提出了评估埋地管道抗震性能的方法；Mahdavi 等[102]研究管道在黏性土中的荷载传递特性以及回填土、管沟宽度的几何效应，得到管道周边土壤的应力场及其影响因子；Liu 等[103]采用有限元法对掩埋偏转荷载作用下的 X65 管道进行失效分析，建立基于本构关系的管道–土壤三维参数化有限元模型，应用弧长和非线性稳定算法分别模拟塑性应变崩塌软化后的管道性能；佘艳华等[104]利用微地震试验研究了地震波对邻近埋地管道的影响；彭星煜[105]以及 Ahmed 和 Ansell[106]对爆破地震波作用下的管道动态响应进行有限元分析，获得表征管道响应特性的位移和应变应力等参量；娄建武和龙源[107]、凌同华和李夕兵[108]、谢全民等[109]、李兴华等[110]使用小波变换方法克服短时傅里叶变换在单分辨率上的缺陷，在振动信号分析领域得到广泛应用；罗忆等[111]和赵华兵等[112]认为，研究高边坡在爆破振动波作用下的破坏机理，除应考虑质点振动速度和频率外，还应考虑振动波的作用持续时间等因素。

随着我国油气管道的迅速发展，为节约用地和成本，不可避免地会出现多条管道并行或同沟敷设的现象。中亚天然气管道、西气东输二线管道、中缅油气管道、陕京三线管道等皆出现管道并行或同沟敷设的现象。因此，高压输气管道在运行过程中，一旦发生爆裂 (爆破)，不仅会造成地面人员伤亡、建筑物及设施破坏，还会造成邻近运行管道失效，进而扩大损伤范围，造成更严重的经济损失。

管道爆裂时，在强压缩的高压气体作用下，管壁迅速张开，压缩气体高速喷射，都会对周围岩土介质造成巨大的冲击作用，从而在爆裂区域形成应力波。随着传播距离加大，冲击能量以地震波的形式传播。管道爆裂地震波在岩土介质中传播会引起介质体振动，导致附近埋地管道或其他建筑结构发生振动，当达到一定强度时会使管道或建筑结构变形过大而失效。为控制管道爆裂振动安全问题，需迫切研究揭示管道爆裂地震波的形成机理、传播规律及时–频能量特性[113,114]。HHT(希尔伯特–黄变换) 技术是 1998 年由 NASA 的 Huang 等提出的信号处理方法[115]。该方法针对非平稳随机信号进行设计，其关键内容是进行经验模态分解，使任何复杂的数据集都分解成有限个固有模态函数 (IMF 分量)[116]。通过希尔伯特–黄变换定义的瞬时频率在表示相位局部变化的物理意义时比其他任何非 IMF 的时间序列都精确。因此，HHT 是分析非平稳随机数据潜在可行的手段。目前 HHT 技术被广泛应用于地球物理学和生物医学等领域，并取得了较好的结果。

上述研究现状表明，国内外针对天然气管道爆炸的热辐射、爆燃空气冲击波和火灾事故的研究较为深入，但针对管道爆裂气体泄漏膨胀发生物理爆炸以及固体介质中传播的冲击振动效应研究较少。关于管道间距设计影响因素的研究，缺乏针对管道爆裂空气冲击波和地震波防护的相关计算。针对地震波形成机理和传播规律方面的研究主要集中在化学爆炸和物体塌落冲击地面振动效应等方面。分析表明[20]，管道爆裂地震波与炸药化学爆炸、大型物体冲/撞击地面引起的塌落地震波三者之间，在传播规律和影响因素方面有一定的内在联系和共性。但由于能量输入差别大、激励方式和形成机制不同，其传播特性和对目标的损伤机理也有较大差别。

1.2.4 X80 全尺寸管道气压爆破试验研究

管道全尺寸爆破试验中需系统地控制管型、强度、韧性和气体组分等变量，操作难度大，且耗费高、时间成本高。由于国内输气管道研究起步较晚，高压输气管道气压爆破试验研究相对滞后，目前已有的试验数据主要来源于国外的相关研究机构[117]。

管道全尺寸爆破试验中，通常在中间设置一根低韧性的起裂管，从中间向两侧钢管的韧性依次递增排列。在起裂管中间轴向引入初始裂纹，在内压的驱动下初始裂纹向两侧扩展，当裂纹发生自身止裂时，止裂位置钢管的韧性即为试验条件下管道所需的止裂韧性。在裂纹扩展过程中分别使用时间线和压力传感器测试裂纹的扩展速度和管内压力的衰减。

在高压输气管道全尺寸爆破试验开展前，由于缺乏相关的技术和经验，国内没有实施过输气管道全尺寸气压爆破试验。迫于输气管道建设的需要，2010 年中国石油天然气集团公司管材研究所委托 CSM (Centrol Sviluppo Materiali) 实施了 2 次 X80 管道全尺寸气压爆破试验[41]，主要目的是验证西气东输二线管道的止裂韧性。下面对这两次试验进行详细介绍，并结合 X80 管道全尺寸爆破试验数据库的数据对传统止裂韧性预测方法进行评估分析。

1. 西气东输二线管道全尺寸爆破试验

西气东输二线主干线设计输送压力为 12MPa，管径 1219mm，壁厚 18.4mm，总长 4895km。由于采用 X80 螺旋缝埋弧焊管 (HSAW) 与直缝埋弧焊管 (LSAW) 联合应用的技术路线，且输送天然气组分近于富气，其管道延性断裂止裂控制面临空前挑战。为验证西气东输二线管道 X80 钢管 (Φ1219mm) 的止裂韧性，中国石油天然气集团公司管材研究所委托 CSM 进行了两组全尺寸爆破试验。试验管道全长 535m，其中试验管段长 114m (由 11 根管焊接组成)，西侧储气管段长 257m，东侧储气管段长 164m，裂纹将在试验管道扩展，试验管段与储气管段用止裂器隔开保护。试验样管沿东西方向分别标记为 E1、E2 以及 W1、W2 等，中间的起裂管标为 I，初始裂纹设置在起裂管中间，试验管道布设示意图如图 1-5 所示。

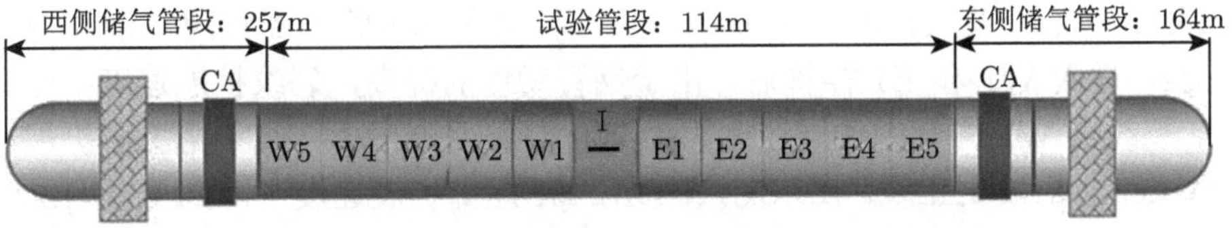

图 1-5 西气东输二线管道爆破试验管道布设示意图

表 1-1 给出了试验管段的韧性排列及数值 (CVN 能量)，并给出 Battelle 双曲线法预测的止裂韧性值。第一次试验的设计系数为 0.8，第二次试验的设计系数为 0.72。试验中，起裂管西侧设置螺旋缝埋弧焊管，东侧设置直缝埋弧焊管。

表 1-1 西气东输二线管道爆破试验夏比冲击能量数值 (单位：J)

参数		HSAW					I	LSAW				
		W5	W4	W3	W2	W1		E1	E2	E3	E4	E5
1#	平均韧性	329	323	280	253	229	172	224	246	287	322	351
	预测韧性						196					
2#	平均韧性	300	254	215	208	198	129	179	233	239	261	294
	预测韧性						152					

表 1-2 为两次气体爆破试验条件对比。两次试验的加压介质皆为富气，埋深为 1.2 ∼ 1.3m，由于第一次试验的设计系数 (环向应力/屈服强度) 较大，故最终目标压力和环向应力也较第二次的大。

表 1-2　两次 X80 管道气体爆破试验条件对比

参数	第一次爆破试验	第二次爆破试验
钢管名义外径/mm	1219	1219
钢管名义壁厚/mm	18.4	18.4
管道回填	1.2 ∼ 1.3m 深的沙土	
加压介质	富气 (甲烷含量 87%)	富气 (甲烷含量 88%)
目标压力/MPa	13.3	12.04
目标环向应力/MPa	444(0.80 SMYS①)	399(0.72 SMYS)
试验温度/℃	13	15
初始裂纹引入	使用爆炸聚能切割器	

注：① SMYS 为钢管的屈服强度。

试验使用爆破聚能切割器在起裂管中间位置顶部沿轴向引入初始裂纹，初始裂纹在管内压力的驱动下沿钢管顶部轴向直线扩展。第一次试验 (西二线 T1) 为了模拟西气东输二线主干线在 0.8 设计系数下的止裂性能，试验温度为 13℃。最终，裂纹沿直线扩展穿过了 W1、E1、E2、E3 4 根样管，在样管 W2 和 E4 上扩展时，约在钢管中间位置扩展方向发生偏转，并沿钢管环向 45° 方向扩展半圈后停止扩展，如图 1-6(a) 和 1-7(a) 所示。即螺旋缝埋弧焊管在止裂韧性为 253J 的钢管发生止裂，直缝埋弧焊管在止裂韧性为 322J 的钢管发生止裂。

从图 1-7(a) 裂纹扩展速度曲线可知，裂纹在起裂管不断加速，最大速度达 310m/s，进入 W1 和 E1 样管后，由于钢管韧性的提高，裂纹扩展速度下降。在西侧，裂纹在 W1 样管的扩展速度约为 200m/s，且在进入 W2 样管后，扩展速度继续降低，最后发生止裂。在东侧，裂纹在 E1 尾部扩展速度下降到 120~130m/s，并保持该速度在 E2 和 E3 上扩展，直到进入 E4 后才下降。

第二次试验 (西二线 T2) 模拟西气东输二线主干线在设计系数 0.72 下的止裂性能，试验温度为 15℃。最终，裂纹穿过 E1 样管，在 W1 和 E2 样管上扩展时发生止裂。裂纹进入 W1 样管后，在距离 W1 样管与 I 起裂管环焊缝约 3m 的位置发生偏转，并沿钢管环向 45° 扩展半圈后止裂。裂纹在 E2 样管上，在钢管中间位置发生偏转止裂，如图 1-6(b) 和图 1-7(b) 所示。螺旋缝埋弧焊管在止裂韧性为 198J 的钢管发生止裂，直缝埋弧焊管在止裂韧性为 233J 的钢管发生止裂。西二线 T2 起裂管裂纹的扩展规律与 T1 相似。但在西侧，裂纹进入 W1 后速度就迅速下降止裂；在东侧，裂纹在止裂管 E2 上稳定扩展一段距离后，速度才下降并止裂。

(a) 西二线 T1 管道断裂效果

(b) 西二线 T2 管道断裂效果

图 1-6 西二线试验结果

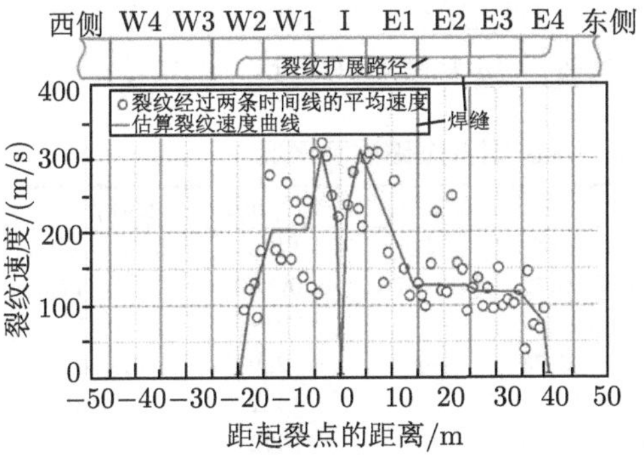

(a)西二线 T1 裂纹扩展速度

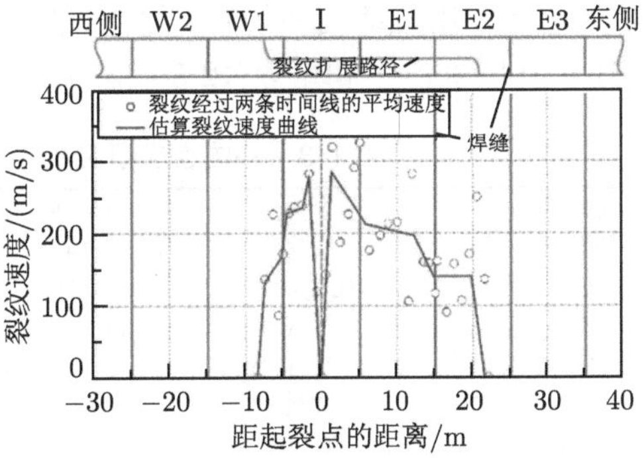

(b)西二线 T2 裂纹扩展速度

图 1-7 西二线裂纹扩展速度

对比两次试验的结果可知，随着设计系数提高，管道止裂所需的韧性也增大。两次试验钢管断口均为韧性断裂，裂纹面与管壁面成 45° 角，如图 1-8 所示。发生止裂样管的断口较为平齐，没有发生断口分离现象，裂纹穿过的样管都产生不同程度的断口分离，且钢管的韧性越低，断口分离越严重。从试验结果可知，断口分离会降低钢管的断裂阻力，在工程中要避免管材发生断口分离现象。

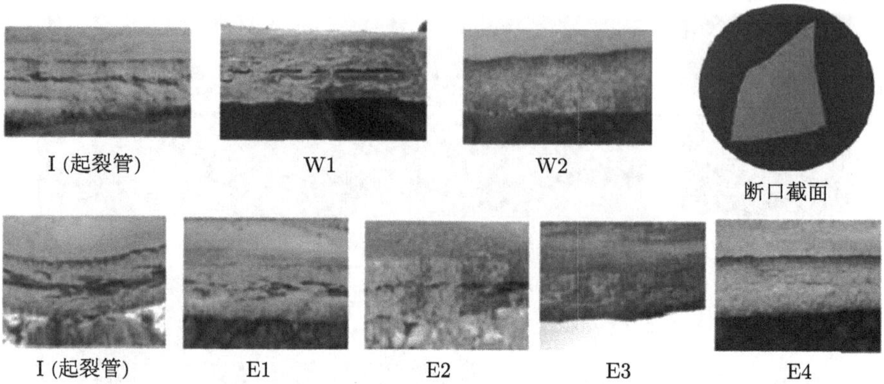

图 1-8 第一次试验各样管断口表观形貌

2. X80 全尺寸气爆试验数据分析

根据文献 [6]、[12]、[117]、[118] 可知，世界各管道研究机构实施了 25 次 X80 全尺寸爆破试验，这些试验的试验参数如表 1-3 所示。其中，俄罗斯都是在低温下进行试验；JGA 进行了 4 次试验，全部采用富气作为介质，且研究了不同回填深度对试验的影响；EPRG、SMI、川崎、AISI 和中石油 (西气东输二线管道试验) 的试验都委托 CSM 实施的；除中石油进行的试验包含螺旋缝埋弧焊管，其余试验皆采用直缝埋弧焊管。这些试验包括夏比冲击能量 83~322J (DWTT 能量 251~1100J/cm^2) 和壁厚 12.5~33.4mm 的钢管，最大试验压力达 18.5MPa。

表 1-3 各国管道研究机构实施 X80 钢管爆破试验情况

试验标识	次数	介质	压力/MPa	设计系数	温度/℃	外径/mm	壁厚/mm
俄罗斯	10	空气	13.0，14.8	0.72，0.68	−10	1420	23.0 ~ 33.4
JGA	4	富气 ($C_1 < 89\%$)	8.5 ~ 16	0.63 ~ 0.72	6.5 ~ 20	610，762	14.3，17.5
EPRG1	1	贫气	11.2	0.72	—	1219	17.5
EPRG2	1	贫气	11.8	0.68 ~ 0.78	—	1219	16.5 ~ 19
CSM1	1	贫气	9.4	0.7	—	1422	17.0
CSM2	1	贫气	10.4	0.67 ~ 0.74	—	1422	18.0 ~ 20.0
CSM3	1	空气	10	0.71	—	1422	18.0 ~ 20.0
CSM4	1	空气	16.1	0.79，0.8	—	1422	25.7，26.1
SMI	1	空气	10.2	0.65	—	1422	20
川崎	1	空气	9.8	0.63	—	1422	20
AISI	1	空气	9.4	0.72	—	1067	12.5
西二线 1	1	富气 ($C_1 = 87\%$)	13.3	0.80	13	1219	18.4
西二线 2	1	富气 ($C_1 = 88\%$)	12.04	0.72	15	1219	18.4
覆盖范围		空气、贫气、富气	9.4 ~ 18.5	0.63 ~ 0.8	—	610 ~ 1422	12.5 ~ 33.4

注：除西二线进行的试验西侧为螺旋缝埋弧焊管，其余皆为直缝埋弧焊管。

表 1-4 为部分 X80 全尺寸爆破试验的结果，表中未止裂管表示裂纹穿过的钢

管；止裂管表示发生止裂的钢管。除 CSM4 试验的加压介质为空气外，其余 3 次试验均为天然气。从表中可知，试验中钢管的韧性都是从起裂管开始向两侧递增排列，不同规格和设计系数管道发生止裂的韧性也不同。

表 1-4 部分 X80 全尺寸爆破试验结果

试验标识	参数	止裂管	未止裂管		起裂管	未止裂管		止裂管
EPRG2	韧性排列/J	189	143		121	—		155
	壁厚/mm	17.5	17.7		16.5	—		19.0
	环向应力/MPa	411	406		436	—		379
CSM1	韧性排列/J	175	137	95	95	137	141	—
	壁厚/mm				17			—
	环向应力/MPa				393			—
CSM2	韧性排列/J	187	147		134	139	194	210
	壁厚/mm	20	18		20	18	18	18
	环向应力/MPa	371	413		371	413	413	413
CSM4	韧性排列/J	278	229	133	88	144	206	272
	壁厚/mm	26.1	25.7	26.0	26.5	26.1	26.1	25.7
	环向应力/MPa	439	445	440	432	439	439	445

将 X80 全尺寸气爆试验数据与使用 Battelle 双曲线法预测的止裂韧性值进行对比，结果如图 1-9 所示。图中实心点代表裂纹止裂点，空心点代表裂纹扩展点。试验结果表明：Battelle 双曲线 (BTC) 法无法准确预测 X80 管道止裂韧性；对于直缝焊管，除了俄罗斯和中石油试验的一个扩展点位于 1.43 比例线之上，其余扩展与止裂点均被 1.43 比例线很好地分开。经分析俄罗斯试验中位于 1.43 比

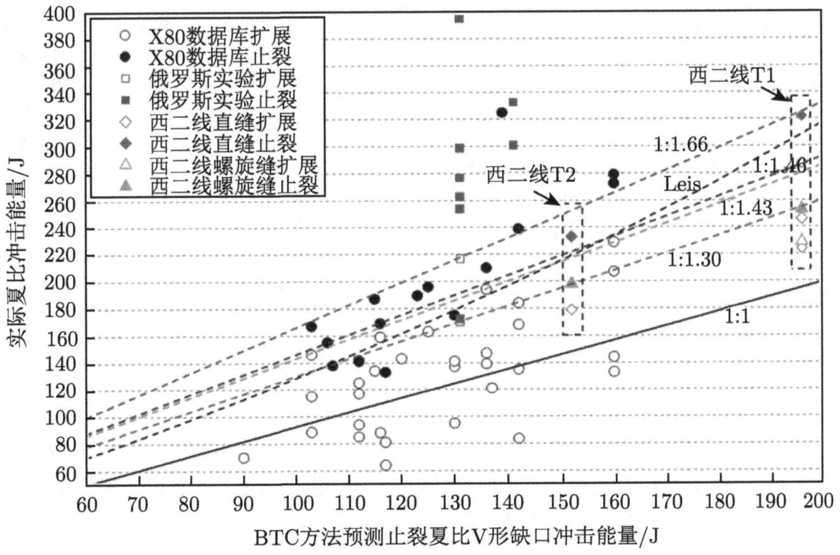

图 1-9 X80 全尺寸气爆试验数据分析

例线之上的扩展点，其对应的钢管存在严重的断口分离。可见，断口分离会降低焊管的止裂韧性，工程中应该避免出现这种现象。西二线试验中位于 1.43 比例线之上的扩展点，其 BTC 预测值为 196J，处于 X80 气爆试验数据库的上边界。对于螺旋缝焊管，1.30 比例线很好地将止裂点和扩展点分开。这表明螺旋缝焊管的止裂性能比直缝焊管好。

综合上述分析，在管道建设中若采用 X80 直缝焊管，当设计系数为 0.8 时，其保守的修正系数为 1.66，当设计系数为 0.72 时，可采用 1.46 的系数修正；采用 X80 螺旋缝焊管时，保守的修正系数为 1.30。从图 1-9 也可以看出，BTC 预测值越大，需修正的系数也越大。Battelle 研究院的 Leis 根据上述现象，提出了非线性修正方法。图中表明，采用 Leis 修正方法可以很好地将高 BTC 预测值 (大于 140J) 的止裂点和扩展点分开。因此，当 BTC 预测值大于 140J 时，采用 Leis 修正方法可以得到更可靠的结果。

1.2.5　X100 和 X120 全尺寸管道气压爆破试验研究

目前，世界各管道研究机构共实施了 9 次 X100 钢级和 1 次 X120 钢级管道全尺寸气体爆破试验，如表 1-5 所示。从表中可知，X100 全尺寸气体爆破试验数据参数范围包括：外径 914～1422mm；壁厚 13～20mm；压力 12.6～22.6MPa；设计系数 0.68～0.80；温度 8.5～20℃。

表 1-5　X100 和 X120 全尺寸气体爆破试验数据[12,35,117]

编号	项目标识	钢级	外径/mm	壁厚/mm	设计系数	介质	温度/℃	压力/MPa	环向应力/MPa	止裂 CVN/J	年份
1	ECSC1	X100	1422	19.1	0.68	空气	20	12.6	469	—，263	1998
2	ECSC2	X100	914	16	0.75	空气	15	18.1	517	297，259	2000
3	Advantica JIP1	X100	914	13	0.69	NG^1	8.5	13.6	476	250，254	2001
4	Advantica JIP2	X100	914	15	0.80	NG^1	15.0	18.0	545	—，214	2001
5	DemoPipe1	X100	914	16	0.80	NG^2	14	19.3	551	未止裂	2002
6	DemoPipe2	X100	914	20	0.75	NG^2	14	22.6	517	252，未止裂	2003
7	ENI	X100	1219	18.4	0.72	—	—	15	—	—	2007
8	Sumitimo	X100	914	19	0.77	NG^2	10	22.1	528	279，283	2008
9	BP	X100	—	—	—	—	—	—	—	—	2003
10	ExxonMobil	X120	914	16	0.72	NG^3	12.7	20.85	594	未止裂	2000

注：所有试验钢管都是直缝焊管；除 Sumitimo 试验采用等韧性排布外，其余各次试验都采用韧性递增的钢管排布方式。

表 1-5 中，NG^1 为 96.45%甲烷，3.26%乙烷，0.11%丙烷，0.17%氮气；NG^2 为 99.37%甲烷，0.016%乙烷，0.006%丙烷，0.495%氮气；NG^3 为 98.25%甲烷，0.54%乙烷，0.16%丙烷，0.87%氮气。

公开的 8 次试验结果中，管道裂纹扩展路径、韧性排列及扩展距离如图 1-10

所示。其中，ECSC1 和 ECSC2 试验由 CSM、SNAM 和 Europipe 合作完成，为 ECSC (European Coal and Steel Community) 项目的一部分。

ECSC1 在 1998 年实施，试验管道尺寸为 1422mm×19.1mm，试验压力为 12.6MPa，相应的设计系数为 0.68，加压介质为空气。试验结果如图 1-10(a) 所示。裂纹向西穿过起裂管，但在经过与相邻管道连接的环焊缝时，裂纹分裂成两条不同的裂纹沿环向扩展，并切断管线，导致西侧试验无效。裂纹向东扩展，穿过起裂管和钢管 (No.6058)，在钢管 (No.6157) 的尾部发生止裂，止裂位置的 CVN 为 263J。

ECSC2 试验管道的尺寸为 914mm×16mm，压力约为 18.1MPa，相应的设计系数 0.75，试验结果如图 1-10(b) 所示。西侧裂纹在最后一根钢管 (No.9447) 止裂，最大扩展速度为 310m/s；东侧裂纹在进入起裂管邻近的钢管 (No.9456) 传播 8m 后止裂，最大的扩展速度为 300m/s。两侧裂纹发生自身止裂位置的 CVN 分别为 297J 和 259J。两侧发生自身止裂位置的 CVN 相差较大，说明采用 CVN 能量来描述高钢级钢管止裂韧性的合理性有待考究。

Advantica JIP1 和 Advantica JIP2 两次试验的介质都为含 96.45% 甲烷的贫天然气。其中 Advantica JIP1 试验采用尺寸为 914mm×13mm 的钢管，试验压力为 13.6MPa，温度为 8.5℃，试验结果如图 1-10(c) 所示。两侧裂纹都穿过两根钢管，并在第三根时止裂。但该次试验的特征是裂纹残留扩展能较充足，裂纹扩展方向偏离轴线方向后仍沿环向扩展直至把管线切断。总体来看钢管发生止裂的 CVN 约为 250J。

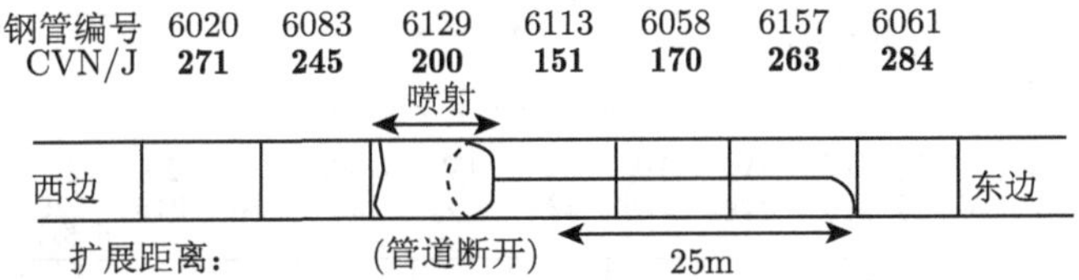

(a) ECSC1 试验结果

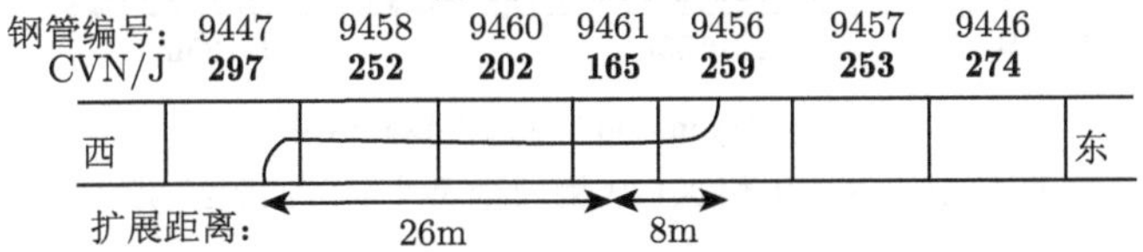

(b) ECSC2 试验结果

(c) Advantica JIP1 试验结果

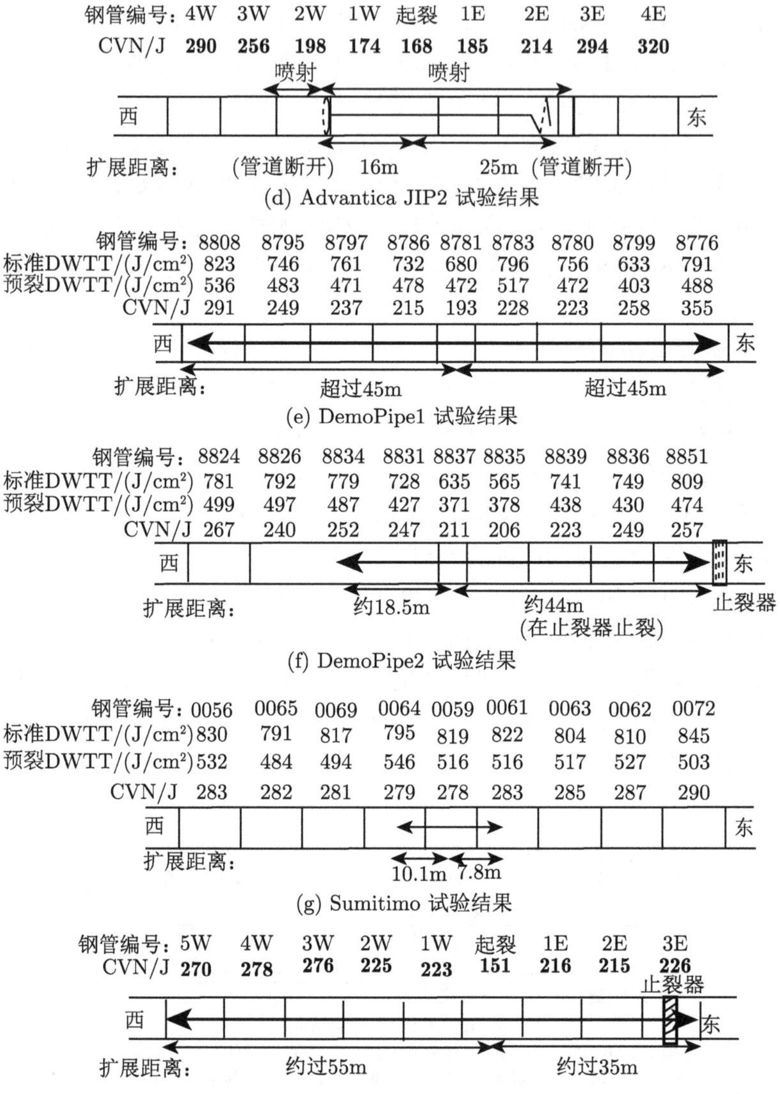

(d) Advantica JIP2 试验结果

(e) DemoPipe1 试验结果

(f) DemoPipe2 试验结果

(g) Sumitimo 试验结果

(h) ExxonMobil (X120) 试验结果

图 1-10　X100 和 X120 钢级全尺寸爆破试验结果

Advantica JIP2 试验钢管的尺寸为 914mm×15mm，压力为 18.0MPa，温度为 15.0℃，试验结果如图 1-10(d) 所示。西侧裂纹穿过 1W 钢管，但在 1W 和 2W 钢管的环焊缝处分离环切，导致管线过早分离，试验数据无效；东侧裂纹穿过 1E 钢管，在 2E 钢管发生止裂。试验发生自身止裂钢管的 CVN 为 214J。

DemoPipe1 和 DemoPipe2 试验分别于 2002 年和 2003 年在 CSM 试验场实施，这两次试验也是 ECSC 研究项目的一部分。试验的加压介质采用 99.37%甲烷的贫气。DemoPipe1 试验采用尺寸为 914mm×16mm 的钢管，压力为 19.3MPa，相应的设计系数为 0.80，试验结果如图 1-10(e) 所示。两侧裂纹都扩展到试验管线的端部，表明所有钢管的韧性都不能使钢管发生自身止裂。该次试验观测到裂纹加速现象，东侧裂纹经过第三根钢管 (No.8799) 的速度比第二根钢管 (No.8780) 快，如图 1-11 所示。裂纹加速现象与钢管 CVN 排列不符 (CVN 递增排列)，但与 DWTT 吸收能量排列顺序相符，如图 1-10(e) 所示。

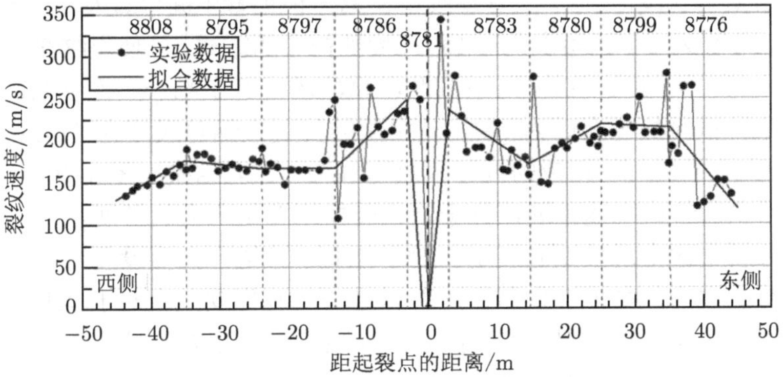

图 1-11 DemoPipe1 试验裂纹扩展速度

DemoPipe2 试验钢管尺寸为 914mm×20mm，压力为 22.6MPa，设计系数为 0.75，试验结果如图 1-10(f) 所示。西侧裂纹在经过第一根钢管 (No.8831) 时，扩展速度下降到 110~120m/s (图 1-12)，最终在第二根钢管 (No.8834) 中间止裂，止裂 CVN 为 252J；东侧裂纹经过第一根钢管 (No.8835) 的速度约为 190m/s，在经过之后第三根钢管时下降到 120~130m/s，最后在止裂器前沿止裂。因此，使用 X100 钢管止裂，除提高止裂韧性外，还可以添加止裂装置。

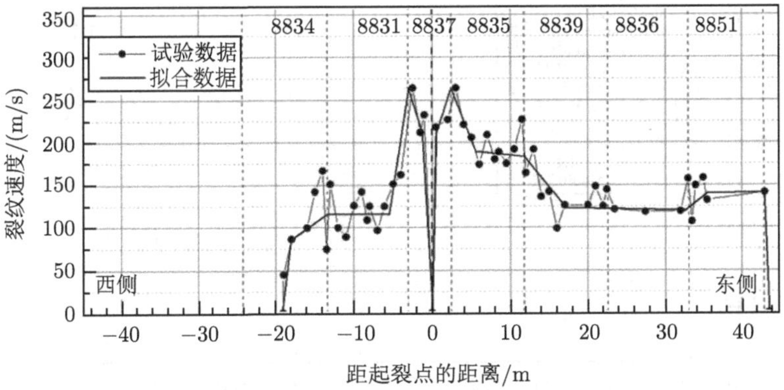

图 1-12 DemoPipe2 试验裂纹扩展速度

前面 6 次试验的钢管都采用从中心到两端 CVN 值逐渐增大的排列方式。

HLP 研究表明这种排列方式存在缺陷，因为中间钢管较低的韧性会导致初始裂纹扩展速度的增大，进而使裂纹扩展长度和发生止裂钢管的韧性有增高的趋势。因此，之前全尺寸试验获得的止裂 CVN 值都可能偏高，建议采用等韧性排布的方式进行试验。

为验证上述结论，意大利 CSM 于 2008 年进行了一次等韧性排布的 X100 全尺寸爆破试验。试验钢管尺寸为 914mm×19mm，压力为 22.1MPa，温度为 10℃，试验结果如图 1-10(g) 所示。两侧裂纹都在第一根钢管中间位置发生止裂，止裂位置的 CVN 约为 280J。试验表明，采用等韧性排布的方式，可使裂纹在更短的距离发生止裂。2000 年 ExxonMobil 在 CSM 试验场进行了唯一一次 X120 全尺寸气体爆破试验。试验加压介质为 98.25%甲烷的贫气。钢管尺寸为 914mm×16mm，试验压力为 20.85MPa，相应的设计系数为 0.72，试验结果如图 1-10(h) 所示。两侧裂纹都沿试验管线高速扩展，且套装止裂器未能阻止裂纹扩展。

综合分析上述全尺寸试验表明，对于 X100 管道，只要设置合理的韧性是可以发生自身止裂的，如加上止裂器，可以进一步确保安全；对于 X120 管道，到目前为止很难实现自身止裂，一般的止裂器也难以阻止裂纹扩展。

将 X100 和 X120 钢级全尺寸气体爆破试验数据与采用 Battelle 双曲线法预测的止裂韧性值进行对比，对比结果如图 1-13 所示。图中实心点代表裂纹止裂点，空心点代表裂纹扩展点，从图中可以看出 1.46 的修正系数无法将 X100 和 X120 钢级管道的止裂点和扩展点分开，即便是 2.2 的修正系数仍有扩展点在分离线之上，即传统修正方法不再适用。鉴于 X80 气体爆破试验数据已经涵盖图 1-10 中 8 次试验钢管的韧性，故可以推测 BTC 方法的失效与韧性无关，主要是由钢级

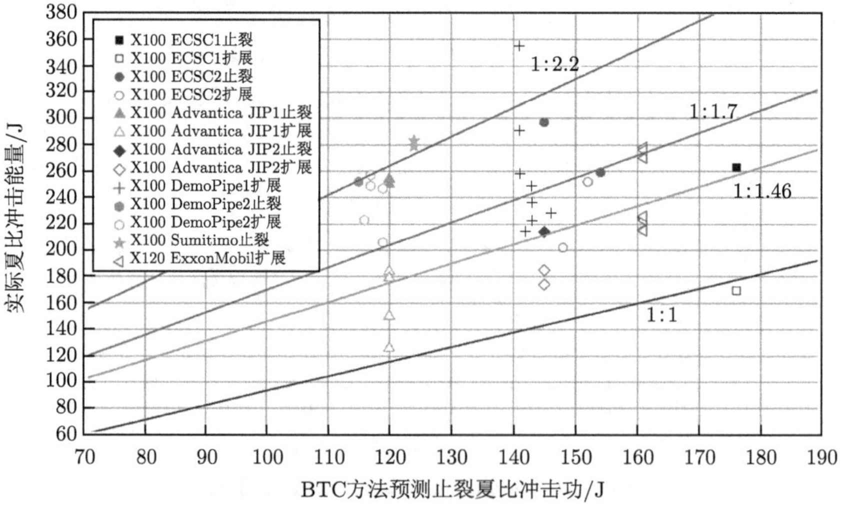

图 1-13　X100 和 X120 钢级全尺寸气体爆破试验数据分析

提升造成的。

总体来看，X100 和 X120 钢级管道的断裂控制技术尚未完善，还有待进一步开展全尺寸气体爆破试验和相关断裂机理理论研究，深入分析传统预测方法失效的原因，寻找能准确表征高钢级管道断裂韧性的方法。由于上述问题的存在，使得 X100 和 X120 钢级管道的应用停滞不前，目前为止尚未在工程中推广应用。

1.3 主要研究内容和研究方法

1.3.1 问题提出

综上所述，国内外围绕输气管道断裂行为及其危害效应问题的研究已取得丰富成果，这些卓有成效的成果对本书内容具有良好的指导意义。但由于输气管道断裂现象及其危害的复杂性以及随输气管道不断发展而出现的新问题，输气管道的断裂及其危害问题的研究仍处在极度不完善的阶段。具体存在以下不足和亟待解决的问题：

(1) 管道断裂的影响因素众多，如裂纹方向、尺寸和位置，材料性能，管道几何参数，载荷条件等，目前尚缺乏对各种因素影响的系统分析。规范中给定裂纹扩展驱动力计算方法不够全面，在计算高钢级管线钢裂纹扩展驱动力时存在偏差。为了更加准确地描述各种因素对高钢级管线钢裂纹扩展驱动力的影响，需借助有限元方法进行更为精细的研究。

(2) 输气管道动态裂纹扩展与止裂的研究尚处于不完善的阶段。现有的可靠性判断方法基本都是先从有限的全尺寸试验归纳出的半理论半经验判据公式，再通过 CVN 试验或 DWTT 试验测得的止裂韧性做出简单的判断。随着管道韧性和强度的提高，CVN 试验或 DWTT 试验测得的止裂韧性已经不能很好地满足高钢级管道止裂韧性预测的需要，造成即便最广泛使用的双曲线模型，在高钢级管线钢的止裂韧性预测中也受到广泛的质疑。但在未发现更好的解决方法前，如何挖掘经典止裂韧性预测模型的潜力，并基于现有的全尺寸试验数据对其进行修正，使其继续服务于工程实践，仍是管道止裂领域的热点研究问题。影响输气管道动态裂纹扩展与止裂的因素有很多，如气体组分、钢管壁厚、管线、管内温度以及运行压力等，目前尚缺乏对这些影响因素的系统分析。

(3) 与西方发达国家相比，国内在高压输气管道全尺寸气体爆破试验研究方面还比较落后。国内研究长期依赖于国外发表的局布并不全面的试验数据，由此导致相关理论和数值计算模型缺乏系统试验数据的验证，特别是针对 X90 管线钢裂纹扩展特性的试验数据更是无从参考。

(4) DWTT 试验在测量高钢级管道动态断裂韧性时存在起裂能量高、难以辨别真实断裂能量以及约束效应不同等问题。如何通过试验和数值计算相结合的方法准确获取表征管道止裂能力的断裂参量，数值计算中广泛应用的 GTN (Gurson Tvergaard-Needleman) 韧性微观损伤模型含有诸多材料参数，影响 DWTT 试样动态断裂韧性的材料因素有哪些？具有发展前景的 CTOA 评估方法和其他断裂参量有何内在关联？这些问题都需要进一步细致研究。

(5) 国内外对管道断裂后泄漏气体爆燃形成的热辐射和空气冲击波危害效应进行大量的研究，而管道断裂产生的地震波及泄漏气体物理爆炸形成的冲击波研究却鲜见报道。分析表明，管道断裂对周围岩土介质冲击压缩及气体泄漏膨胀形成的空气冲击波皆会对邻近管道及建 (构) 筑物造成损伤。因此，有必要深入研究它们的形成机理和传播特性，为管道的设计及防护提供依据。

1.3.2　本书框架结构

基于天然气管道断裂行为与危害效应的研究现状，针对上面提出的问题开展系统的理论分析、数值计算及试验研究。本书主要内容包括如下几个方面：

(1) 介绍输气管道的发展现状及其断裂带来的灾难事故，总结了含裂纹管道断裂的评估方法、管道止裂韧性表征和预测方法，以及管道断裂危害效应等领域的研究现状，指出了当前研究中存在的问题以及未来研究的发展趋势，引出本书的主要研究内容。

(2) 含裂纹管道弹塑性断裂分析。以含轴向表面裂纹的管道为研究对象，使用 J 积分表征裂纹扩展驱动力，研究管道钢级、管道应变硬化指数、管道几何参数、裂纹长度、裂纹深度、裂纹位置等因素对管道裂纹扩展驱动力的影响，为管道断裂韧度设计提供指导。

(3) 管道动态裂纹扩展特性及止裂机理研究。综合分析裂纹的动态扩展特征和韧脆转换特性；基于双曲线模型分析了管道动态裂纹的止裂机理，在统计分析已有的全尺寸试验数据的基础上，探讨了 Battelle 模型、HLP 模型和住友模型的适用性及其修正方法；考察了气体组分、钢管壁厚、管线、管内温度和运行压力等因素对管道止裂韧性设计的影响。

(4) X90 钢管道全尺寸气压爆破试验研究。以新型 X90 钢直缝埋弧焊管为研究对象，开展 X90 单管 (T-1)、环焊缝强度 (T-2)、三管 (T-3 和 T-4) 和多管 (T-5) 全尺寸气压爆破试验，探索解决管道全尺寸爆破试验初始裂纹引入、传感器安装密封、动态参量 (裂纹扩展速度、管内气体压力变化和管壁动态应变等) 获取等关键技术问题；探讨了新型复合材料止裂器对裂纹扩展的控制作用；分析管道动态裂纹扩展及止裂特性；研究我国 X90 钢管道的止裂性能和环焊工艺，为我国 X90 钢管道止裂韧性和环焊工艺的设计提供依据。

(5) 基于韧性微观断裂损伤模型评估管道动态断裂阻力。以 X90 钢管道为研究对象，通过仪器化 DWTT 和高速摄影观测，获得落锤载荷–时间曲线，裂纹速度以及 CTOA 等表征裂纹扩展特性的参量；根据试验结果校核韧性微观损伤模型 (CGM) 中适用于 X90 钢管道的材料参数，并分析模型材料参数对 DWTT 试样动态断裂韧性的影响；通过数值计算探讨裂纹速度对管道断裂阻力的影响、CTOA 与其他断裂参量的关联以及 DWTT 中裂纹稳态扩展断裂能量占总吸收能量的比例。

(6) 输气管道爆裂冲击波危害效应研究。根据 X90 钢管道全尺寸气压爆破试验研究管道爆裂冲击波的传播特性和分布规律；分析管道断裂特性和管内气体压力分布规律探索计算气体爆炸能量的方法，利用热力学理论和 TNT 当量法建立评估管道爆裂冲击波强度的方法，结合试验结果对其适用性进行分析；使用建立的计算方法，评估管道爆裂冲击波的危害范围，分析基于管道爆裂冲击波破坏效应的并行管道安全距离。

(7) 输气管道爆裂地震波危害效应研究。根据 X90 钢管道全尺寸气压爆破试验研究管道爆裂地震波的传播特性和分布规律；利用 HHT 算法研究管道爆裂冲击振动信号的时间–频率–能量分布特性；将地震波振动速度峰值与已有的安全阈值进行关联，评估大口径管道爆裂地震波的危害范围。

第 2 章 含裂纹损伤管道的断裂机理

2.1 含裂纹损伤管道断裂的理论分析

输气管道在运行过程中，由于环境腐蚀、近域施工行为、材料失效、自然灾害及其他未知因素的影响，常常会在管体或焊缝产生裂纹，对管道的安全运营造成威胁。对这些存在缺陷的管道进行安全评定时，断裂韧性是一个关键的参数。因此，对输气管道断裂失效行为进行研究，评定有缺陷管道的可靠性及服役所需的断裂韧性，是输气管道断裂失效分析及安全设计的必要因素。

断裂理论中，裂纹扩展驱动力是指驱动裂纹起裂、扩展、材料界面分离或断裂的一种力。对于线弹性断裂力学，该参数可以由应力强度因子来表征[21]。对于输气管道材料，由于韧性较好，通常发生弹塑性断裂，该断裂参数用 J 积分或者裂纹尖端张开位移 (crack tip opening displacement，CTOD) 来描述较为合适[26,27]。本书采用 J 积分参数来描述管线钢的裂纹扩展驱动力。

J 积分与裂纹生长过程中的能量释放相关，且是缺口或裂尖变形强度的量度。由于 J 积分在缺陷评估中的重要性，其准确的数值评估对于断裂力学在设计计算中的实际应用至关重要。但线积分形式的 J 积分不能在数值计算中计算积分路径上的应力、应变；且当积分路径非常靠近裂纹尖端时，得到的结果并不趋于一致[119]。Abaqus 提供了一种基于虚拟裂纹扩展/区域积分方法对 J 积分进行数值计算。

在准静态分析中，二维 J 积分定义为[24]

$$J = \lim_{\Gamma \to 0} \int_{\Gamma} \boldsymbol{n} \cdot \boldsymbol{H} \cdot \boldsymbol{q} \mathrm{d}\Gamma \tag{2-1}$$

式中，Γ 为从裂纹下表面出发，沿任一路径绕过裂纹尖端，最后终止于裂纹上表面的积分路径，如图 2-1 所示；极限 $\Gamma \to 0$ 表示积分路径收缩到裂纹尖端；$\boldsymbol{q}$ 为虚拟裂纹扩展方向上的单位矢量；$\boldsymbol{n}$ 为 Γ 的外向法线；$\boldsymbol{H}$ 定义为

$$\boldsymbol{H} = w\boldsymbol{I} - \sigma \cdot \frac{\partial \boldsymbol{u}}{\partial \boldsymbol{x}} \tag{2-2}$$

式中，对于弹性材料行为，w 为弹性应变能密度，而对于弹塑性或弹性–黏塑性行为，w 为弹性应变能密度加上塑性耗散功；$\boldsymbol{u}$ 为积分路径 Γ 上的位移矢量。

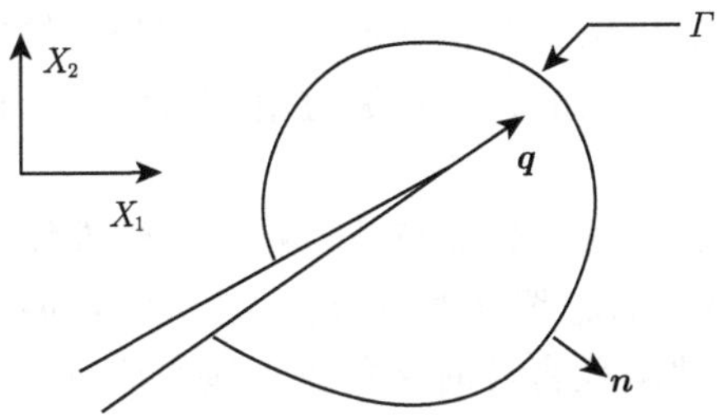

图 2-1 J 积分的积分路径

1986 年 Shih[120]和 Raju 等[121]将 J 积分重新定义为以下形式：

$$J = -\oint_{C+C_++\Gamma+C_-} \boldsymbol{m}\cdot\boldsymbol{H}\cdot\bar{\boldsymbol{q}}\mathrm{d}\Gamma - \int_{C_++C_-} \boldsymbol{t}\cdot\frac{\partial \boldsymbol{u}}{\partial \boldsymbol{x}}\cdot\bar{\boldsymbol{q}}\mathrm{d}\Gamma \tag{2-3}$$

式中，$\bar{\boldsymbol{q}}$ 为 $C+C_++\Gamma+C_-$ 闭合路径包围区域内足够平滑的加权函数，且 $\bar{\boldsymbol{q}}$ 在 Γ 和 C 上分别等于 $\boldsymbol{q}$ 和 0；$\boldsymbol{m}$ 为封闭路径包围域的向外法向，如图 2-2 所示，在 Γ 上 $\boldsymbol{m}=-\boldsymbol{n}$；$\boldsymbol{t}=\boldsymbol{m}\cdot\sigma$ 为裂纹面 C_+ 和 C_- 上的表面牵引力。

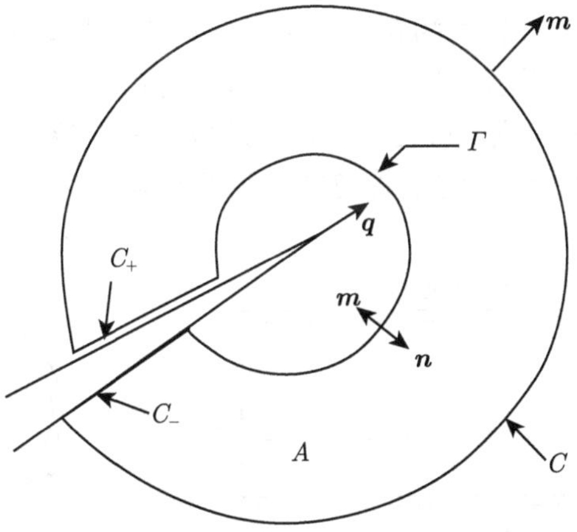

图 2-2 围绕裂纹尖端的封闭积分区域示意图

使用散度定理[121]，可以将封闭轮廓积分转化为裂纹尖端附近一个有限区域内的面积分，其表达式为

$$J = -\int_A \left(\frac{\partial}{\partial \boldsymbol{x}}\right)\cdot(\boldsymbol{H}\cdot\bar{\boldsymbol{q}})\mathrm{d}\Gamma - \int_{C_++C_-} \boldsymbol{t}\cdot\frac{\partial \boldsymbol{u}}{\partial \boldsymbol{x}}\cdot\bar{\boldsymbol{q}}\mathrm{d}\Gamma \tag{2-4}$$

式中，A 为闭合路径 $C+C_++\Gamma+C_-$ 包围的积分域。值得注意的是当 $\Gamma\to 0$ 时，积分域 A 包括裂尖区域。为了评估上述积分，Abaqus 根据围绕裂纹尖端的单元环来定义积分区域。创建不同的积分路径 (域)。第一个积分域由直接与裂纹

尖端节点相连的单元组成。第二个积分域由第一积分域的单元及与这些单元共享节点的单元组成。每一个后续的积分域通过增加与前一个积分域单元共享节点的单元环来定义。

J 积分与缺陷尺寸、位置、外加荷载、材料力学性能等因素有关。当围绕裂纹尖端的 J 积分达到材料的起裂韧度 J_c 时，裂纹将扩展起裂。为了保证管道的安全服役，在评估管道缺陷危害性时必须确保裂纹驱动力 J_a 小于材料的起裂韧度 J_c。

本章节以含有轴向内、外表面裂纹的管道为研究对象，使用有限元方法，研究材料性能、管道直径、缺陷尺寸 (裂纹长度和深度)、缺陷位置 (内表面和外表面裂纹) 等因素对裂纹扩展驱动力的影响，为含缺陷输气管道的断裂失效分析提供理论依据。

2.2　管道断裂分析模型

2.2.1　管道几何构型

本节主要研究含轴向裂纹的管道，并且分析内、外表面裂纹的差异，其中裂纹的几何构型如图 2-3 所示。假设裂纹深度 d 保持均匀，裂纹长度为 $2a$，为避免应力集中，裂纹末端采用椭圆弧过渡 (椭圆弧短轴等于裂纹深度，长轴为短轴的 2 倍)。这种裂纹构型较好地描述了管道中常见的缺陷。

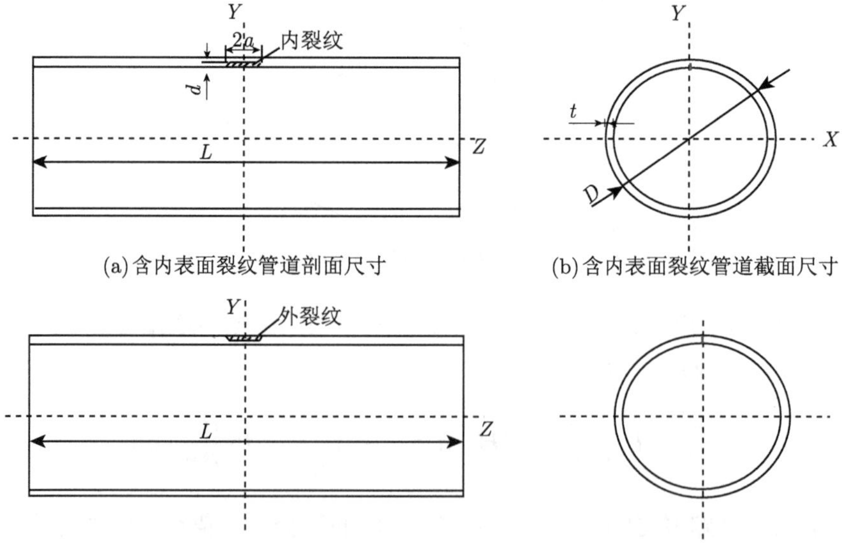

(a) 含内表面裂纹管道剖面尺寸　(b) 含内表面裂纹管道截面尺寸

(c) 含外表面裂纹管道剖面尺寸　(d) 含外表面裂纹管道截面尺寸

图 2-3　管道断裂分析几何模型

管道的尺寸为我国主干管线常用的规格，直径 D 为 1219mm、壁厚为 16.3mm。为表征裂纹尺寸对裂纹扩展驱动力的影响，书中采用 5 种不同的裂纹长度 ($2a$ 分别为 25mm、50mm、100mm、200mm、500mm) 以及 4 种不同的裂纹深度 (d 分别为 2mm、4mm、8mm、10mm)。另外，为研究管型对裂纹扩展驱动力的影响，在径厚比不变的条件下，计算直径为 914mm、1219mm 和 1424mm 管道的裂纹扩展驱动力。在有限元计算过程中，将管道长度 L 简化为管径的 5 倍。

2.2.2 材料模型

采用 Ramberg-Osgood(幂强化材料) 应变硬化模型描述管道的应力应变关联规律[33]：

$$E\varepsilon = \sigma + \alpha\left(\frac{|\sigma|}{\sigma_0}\right)^{n-1}\sigma \tag{2-5}$$

式中，σ 为应力；ε 为应变；E 为弹性模量；α 为"屈服"偏移，为材料常数；在某种意义上，当 $\sigma=\sigma_0$，$\varepsilon=(1+\alpha)\sigma_0/E$；$n$ 是应变硬化指数，对于"塑性"(非线性) 项，$n>1$。该模型描述的材料行为在所有应力水平下都是非线性的，但对于常用的应变硬化指数 ($n\geqslant 5$)，非线性只有在接近或超过 σ_0 时才会变得显著。

通过 Mises 应力势和相关的流动法则，方程式 (2-5) 可以拓展到多轴应力状态[32]：

$$E\varepsilon = (1+\nu)S-(1+2\nu)pI+\frac{3}{2}\alpha\left(\frac{q}{\sigma_0}\right)^{n-1}S \tag{2-6}$$

式中，ε 为应变张量；σ 为应力张量；$p=-\dfrac{1}{3}\sigma$；I 为等效静水应力；$q=\sqrt{\dfrac{3}{2}S:S}$ 为 Mises 等效应力；$S=\sigma+pI$ 为应力偏量；ν 为泊松比。

在 J 积分计算中，Ramberg-Osgood 模型可以获得材料断裂力学的完全塑性解，其中应变能密度的形式为[25]

$$W=\int\sigma:\mathrm{d}\varepsilon=\frac{1+v}{3E}q^2+\frac{3}{2}\frac{1-2v}{E}p^2+\frac{n}{n+1}\frac{\alpha}{E\sigma_0^{n-1}}q^{n+1} \tag{2-7}$$

本节对比研究了 X80、X90 和 X100 3 种等级管线钢的裂纹扩展驱动力，图 2-4 所示为三种管线钢试验和运用式 (2-5) 拟合得到的应力–应变曲线，表 2-1 为它们的力学性能参数。图 2-4 表明 3 种等级的管线钢不但强度有差异，而且应变硬化能力也明显不同，随着管线钢等级的增加应变硬化能力下降。本书不考虑焊缝与母材强度的差异，将焊缝与母材视为等强度材料。

表 2-1 X80、X90、X100 管线钢力学性能参数

材料名称	弹性模量 E/GPa	泊松比 v	屈服强度 σ_0/MPa	材料常数 α	应变硬化指数 n
X80	206	0.3	578	0.65	18.8
X90	206	0.3	716	0.49	30.6
X100	206	0.3	829	0.52	49

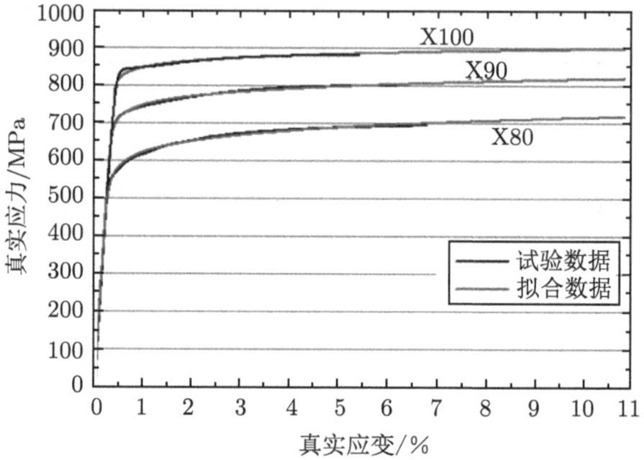

图 2-4 X80、X90、X100 管线钢单轴拉伸应力–应变曲线的试验数据及利用 Ramberg-Osgood 本构关系对试验数据的拟合曲线

2.2.3 管道有限元模型

为提高计算效率，根据结构几何形状及所受载荷对称性的特点，本章采用 1/4 模型进行计算。图 2-5 所示为 $d=4$mm、$2a=50$mm、$D=1219$mm 的含内裂纹管道断裂模型，整个模型采用了三维实体 8 节点减缩积分应力单元 (C3D8R) 进行分析，且围绕裂尖的一圈单元设置为奇异单元，提高计算的精确性。

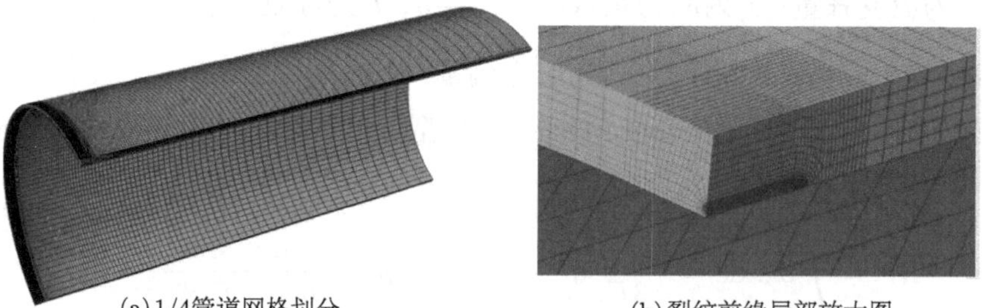

(a) 1/4管道网格划分　(b) 裂纹前缘局部放大图

图 2-5 管道有限元模型

在管道上施加的边界条件为：模型含裂纹的一端截面施加对称性边界条件，不含裂纹的一端施加 Z 轴方向的约束；管道中间剖面除裂纹面外，施加对称性边界条件。在施加荷载时，本章采用逐步增加的方式将内压载荷施加在内管壁上，同时将内压等效轴向载荷加载在管道末端。

2.3 管道裂纹的 J 积分计算及结果分析

2.3.1 裂尖附近等效应力分布

图 2-6 给出裂纹深度 d = 8mm，裂纹长度 $2a$ = 200mm，内压加载到约 11.5MPa 时，有限元计算的 Mises 等效应力分布及模型变形图。图中的等效应力分布图是将 1/4 模型对称扩展后得到的 1/2 模型。从图中可见，越靠近裂纹前缘等效应力越大，即裂纹面前缘是危险位置；裂纹面中部位置张开位移最大，且越靠近端部张开位移越小，即裂纹面中部位置最易于发生破坏，本章后面的分析主要基于该裂尖位置的 J 积分展开研究；裂尖在 $X-Z$ 和 $X-Y$ 平面上的等效应力呈鱼尾状分布，沿裂尖 45° 方向上的应力最大，故输气管道裂纹扩展时裂纹面与管壁面成 45°。

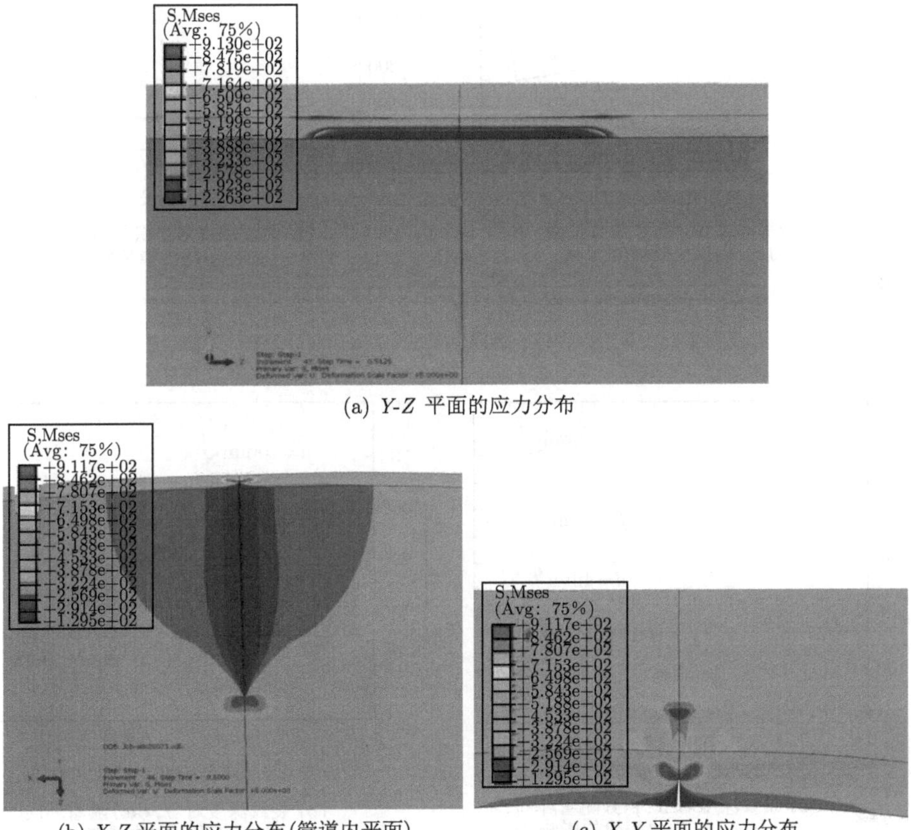

(a) Y-Z 平面的应力分布

(b) X-Z 平面的应力分布(管道内平面)　　(c) X-Y 平面的应力分布

图 2-6　裂尖附近的 Mises 等效应力云图

裂纹深度 d=8mm，裂纹长度 $2a$=200mm

2.3.2　裂纹深度对 J 积分的影响

针对我国高性能主干输气管道拟选用的管型 (直径 $D = 1219\text{mm}$ 及 $t = 16.3\text{mm}$) 受环向载荷作用忽略轴向载荷的影响，假设焊缝与母材性能相同 (或裂纹在母材上) 条件下，以 X100 管线钢为例，研究轴向缺陷深度 d 对结构裂纹扩展驱动力的影响。

图 2-7 至图 2-10 分别为裂纹长度 $2a$ 等于 25mm、50mm、100mm 和 200mm 时， 裂纹深度对裂纹驱动力 (J 积分) 随相对环向应力 σ_1/σ_0 及环向应变演化规

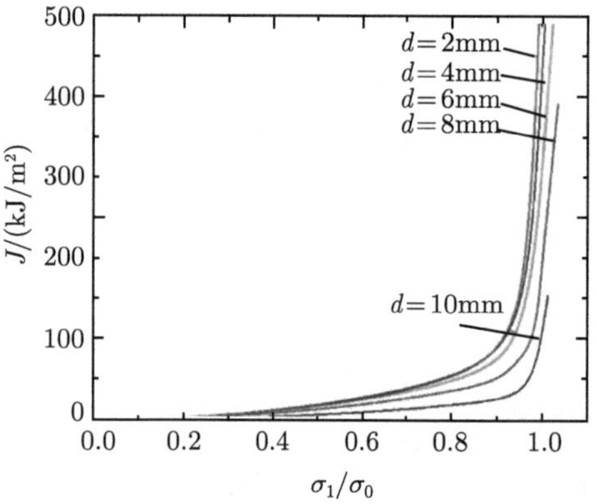

(a) 裂纹深度对 J 积分随着环向应力 σ_1/σ_0 演化规律的影响

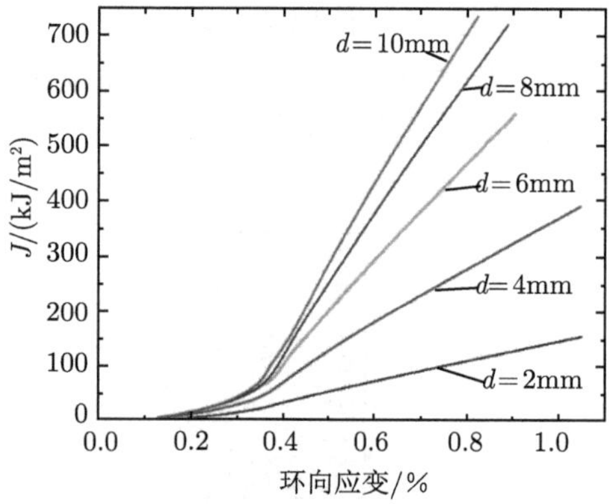

(b) 裂纹深度对 J 积分随着环向应变演化规律的影响

图 2-7　裂纹长度 $2a = 25\text{mm}$ 时，裂纹深度对 J 积分随着环向应力 σ_1/σ_0 及环向应变演化规律的影响

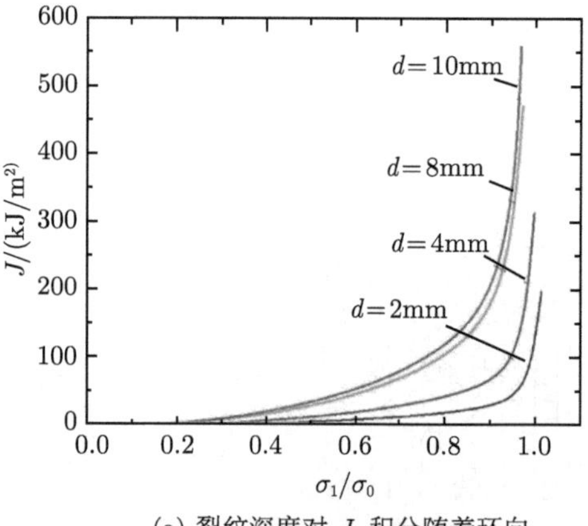

(a) 裂纹深度对 J 积分随着环向应力 σ_1/σ_0 演化规律的影响

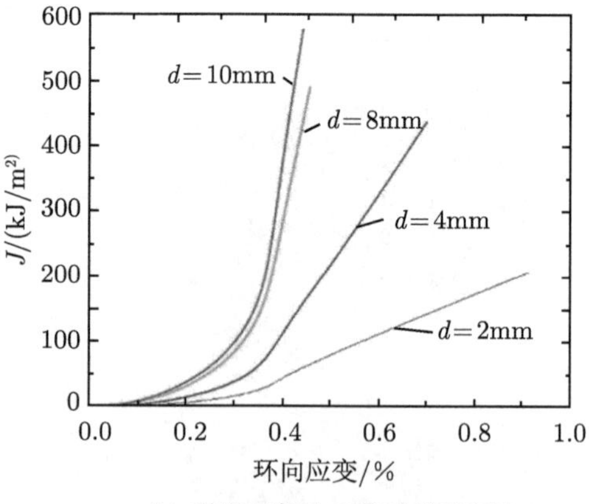

(b) 裂纹深度对 J 积分随着环向应变演化规律的影响

图 2-8　裂纹长度 $2a = 50\text{mm}$ 时，裂纹深度对 J 积分随着环向应力 σ_1/σ_0 及环向应变演化规律的影响

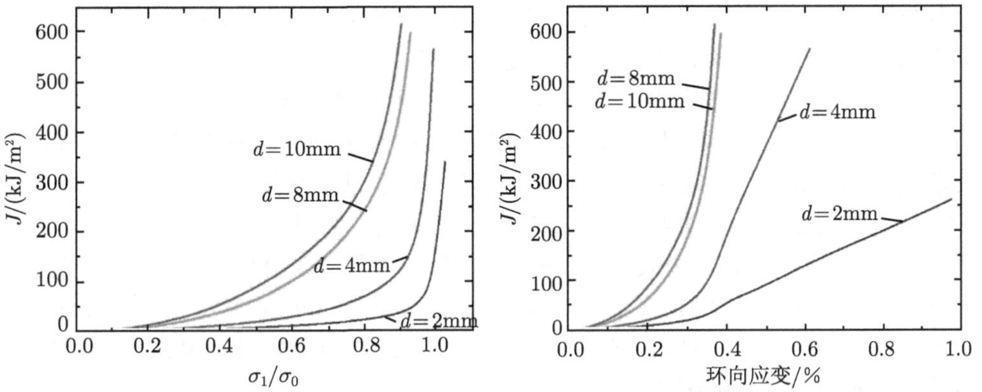

(a) 裂纹深度对 J 积分随着环向应力 σ_1/σ_0 演化规律的影响

(b) 裂纹深度对 J 积分随着环向应变演化规律的影响

图 2-9 裂纹长度 $2a = 100\text{mm}$ 时，裂纹深度对 J 积分随着环向应力 σ_1/σ_0 及环向应变演化规律的影响

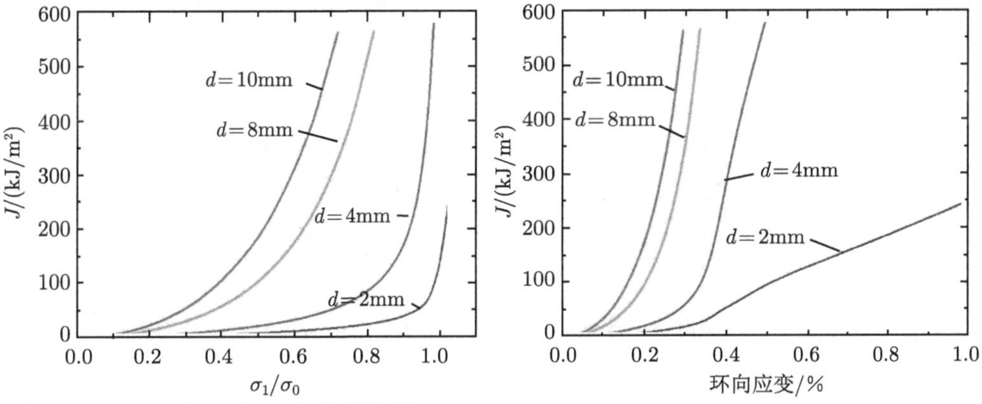

(a) 裂纹深度对 J 积分随着环向应力 σ_1/σ_0 演化规律的影响

(b) 裂纹深度对 J 积分随着环向应变演化规律的影响

图 2-10 裂纹长度 $2a = 200\text{mm}$ 时，裂纹深度对 J 积分随着环向应力 σ_1/σ_0 及环向应变演化规律的影响

律的影响。从图中可以看出，当裂纹长度及所受载荷相同时，随着裂纹深度的增加，J 积分显著增大，且随着裂纹长度的增加，裂纹深度的影响越来越明显，这与刘霞[33]针对环向裂纹的研究结果相似。与基于应力的裂纹扩展驱动力图相比，裂纹深度对基于应变的裂纹扩展驱动力影响更加显著。从图中可以看出，随着裂纹深度的增加，J 积分越容易进入迅速增大阶段，如图 2-10 所示，对于裂纹长度 $2a = 200\text{mm}$，当裂纹深度 $d = 2\text{mm}$ 时，J 积分在 $\sigma_1/\sigma_0 = 0.95$ 后才迅速增大，而当裂纹深度 $d = 10\text{mm}$ 时，J 积分在 $\sigma_1/\sigma_0 = 0.4$ 后就迅速增大。这与 J 积

分对材料应变敏感相关，裂纹越深，在相同的工况下，裂纹尖端塑性区范围越大，结构的塑性变形越严重，因此 J 积分越容易增大。

输气管道在工程服役中，允许承受的最大环向载荷 $\sigma_1 = 0.9\sigma_0$，本节将此载荷作用下管道承受的裂纹驱动力 J_a 作为裂纹的起裂韧性。从断裂准则可知，要使裂纹不发生起裂，必须保证管材的起裂韧度高于 J_a。裂纹深度对 $\sigma_1 = 0.9\sigma_0$ 载荷下裂纹扩展驱动力的影响如图 2-11 所示。从图中可以看出，当裂纹长度 $2a =$ 25mm，裂纹深度 2mm 增大到 10mm 时，J_a 增大了 3.38 倍 (由 27.2kJ/m^2 增大到 92kJ/m^2)。而当裂纹长度 $2a =$ 100mm，裂纹深度 2mm 增大到 10mm 时，J_a 增大了 15.7 倍 (由 37.7kJ/m^2 增大到 592kJ/m^2)。可见，随着裂纹长度的增加，裂纹深度对 J_a 的影响越明显。

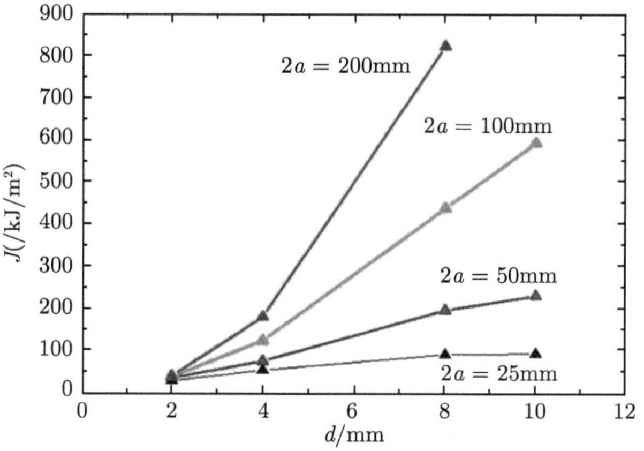

图 2-11 裂纹深度对工作载荷 $\sigma_1 = 0.9\sigma_0$ 条件下的裂纹扩展驱动力影响

2.3.3 裂纹长度对 J 积分的影响

本节仍针对我国主干输气管道拟选用的管型 (直径 D = 1219mm 及 t = 16.3mm) 受环向载荷作用忽略轴向载荷的影响，假设焊缝与母材性能相同 (或裂纹在母材上) 条件下，以 X100 管线钢为例，研究不同裂纹深度下，轴向缺陷深度 d 对结构裂纹扩展驱动力的影响。图 2-12～图 2-14 分别对应于裂纹深度 d 为 2mm、4mm 和 8mm 时，裂纹长度对裂纹驱动力 (J 积分) 随无量纲化环向应力 σ_1/σ_0 及环向应变演化规律的影响。从图中可以看出，当裂纹深度及所受载荷相同时，裂纹长度增加，裂纹驱动力增大。与 2.3.2 节类似，基于应变的裂纹扩展驱动力比应力的影响更加显著。对于较浅的轴向裂纹如 d = 2mm 的管道，当裂纹长度大于 50mm 以后，裂纹长度对扩展驱动力的影响较小。

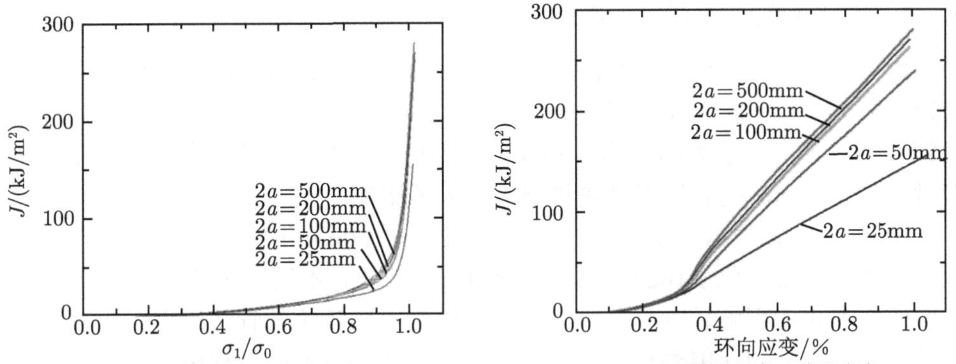

(a) 裂纹长度对基于应力的裂纹扩展驱动力影响　(b) 裂纹长度对基于应变的裂纹扩展驱动力影响

图 2-12　裂纹深度 $d=2\mathrm{mm}$ 时，裂纹长度对裂纹驱动力随无量纲化环向应力 σ_1/σ_0 及环向应变演化规律的影响

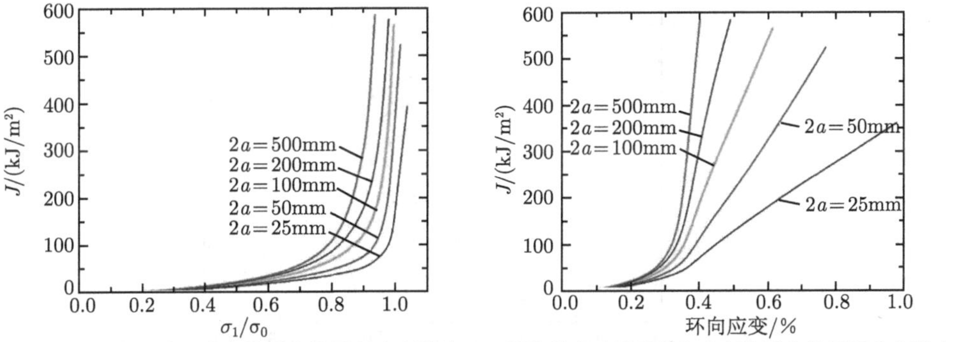

(a) 裂纹长度对基于应力的裂纹扩展驱动力影响　(b) 裂纹长度对基于环向应变的裂纹扩展驱动力影响

图 2-13　裂纹深度 $d=4\mathrm{mm}$ 时，裂纹长度对裂纹驱动力随无量纲化环向应力 σ_1/σ_0 及环向应变演化规律的影响

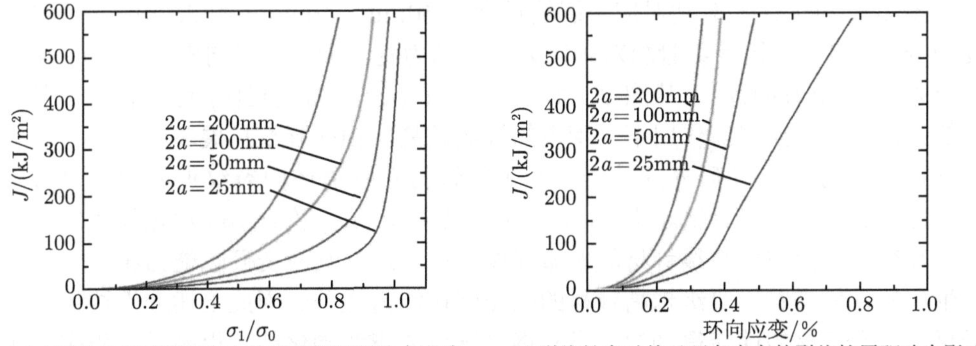

(a) 裂纹长度对基于应力的裂纹扩展驱动力影响　(b) 裂纹长度对基于环向应变的裂纹扩展驱动力影响

图 2-14　裂纹深度 $d=8\mathrm{mm}$ 时，裂纹长度对裂纹驱动力随无量纲化环向应力 σ_1/σ_0 及环向应变演化规律的影响

2.3.4　管材性能对 J 积分的影响

本节仍以直径 $D = 1219\text{mm}$、壁厚 $t = 16.3\text{mm}$、直焊缝与母材性能相同的管道为研究对象，选取 3 种高性能管线钢 (X80、X90 和 X100)，分析不同等级管线钢对裂纹扩展驱动力的影响，并以我国目前主干管线最常用的 X80 钢级为例，探讨了管材应变硬化指数对裂纹扩展驱动力的影响。

图 2-15 为裂纹深度 $D = 4\text{mm}$，长度 $2a = 100\text{mm}$ 时，不同等级管线钢对 J 积分随环向应变演化规律的影响。从图中可以看出，不同等级管线钢对 J 积分随环向应变演化的影响较为复杂，这主要是因为不同等级的管线钢不但屈服强度存在差异，其变形硬化能力也各不相同。因此在本节后面的分析中，主要研究不同等级管材对 J 积分随环向应力及无量纲化环向应力 σ_1/σ_0 演化规律的影响。

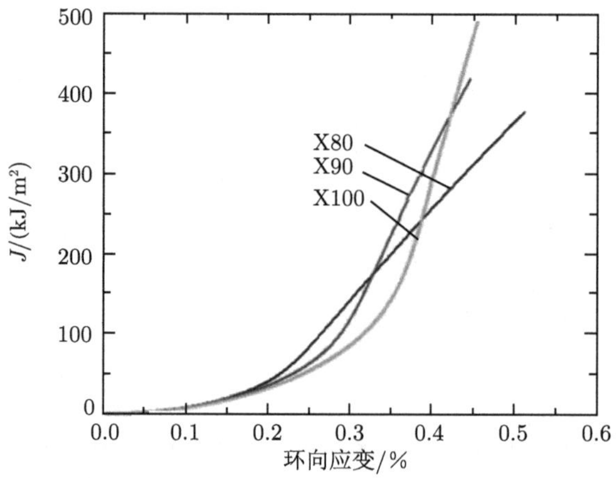

图 2-15　不同等级管线钢对 J 积分随环向应变演化规律的影响

图 2-16～图 2-18 分别对应于裂纹长度为 50mm、100mm 和 200mm，裂纹深度为 8mm 时，不同等级管材对轴向裂纹驱动力随无量纲化环向应力 σ_1/σ_0 及环向应力演化规律的影响。从图 2-16(a)、图 2-17(a) 和图 2-18(a) 可以看出，在相同的无量纲化环向载荷作用下，管道的等级越高，轴向裂纹扩展驱动力越大。上述分析结果与刘霞[33]研究的关于不同等级管材对管道环向裂纹扩展驱动力演化规律影响的结果正好相反。其实，管材的等级对 J 积分随 σ_1/σ_0 演化规律的影响比较复杂，不但与各等级管材的屈服强度相关，还与其应变硬化能力相关。从目前生产的管材来看，等级越高管材的应变硬化能力越差。因此上述分析结果是基于目前生产管材的性能得到的，当高钢级管材的应变硬化能力提高时，相应的演化规律也会发生变化。

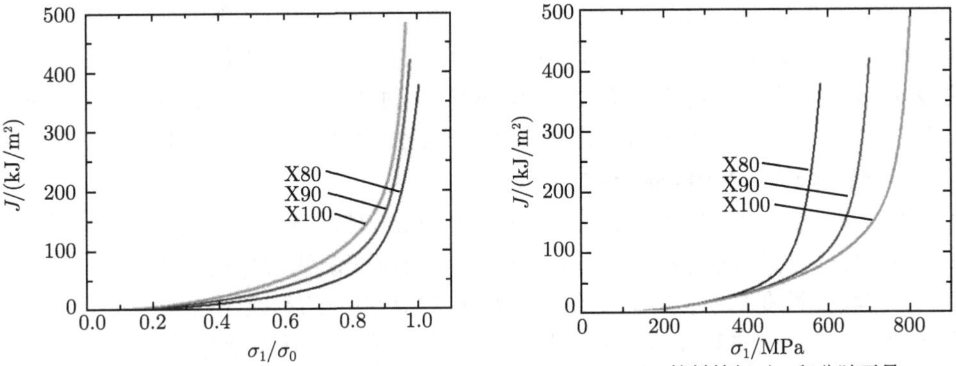

(a) 管材等级对 J 积分随环向应力 σ_1/σ_0 演化规律的影响

(b) 管材等级对 J 积分随无量纲化环向应力 σ_1 演化规律的影响

图 2-16 裂纹长度 $2a=50$mm，裂纹深度 $d=8$mm 时

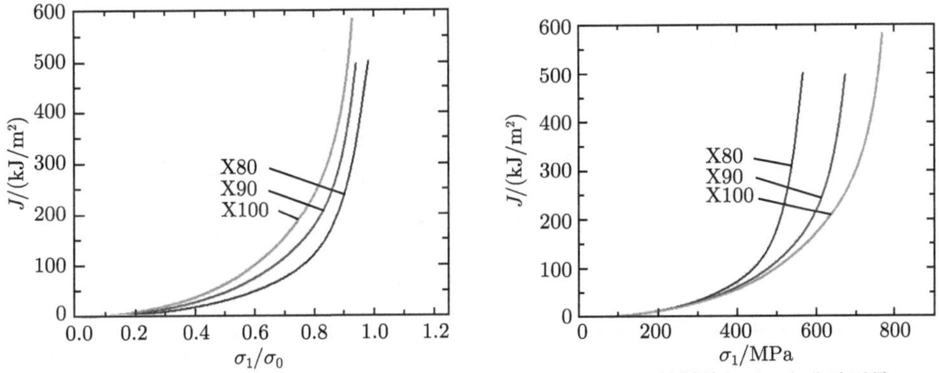

(a) 管材等级对 J 积分随环向应力 σ_1/σ_0 演化规律的影响

(b) 管材等级对 J 积分随无量纲化环向应力 σ_1 演化规律的影响

图 2-17 裂纹长度 $2a=100$mm，裂纹深度 $d=8$mm 时

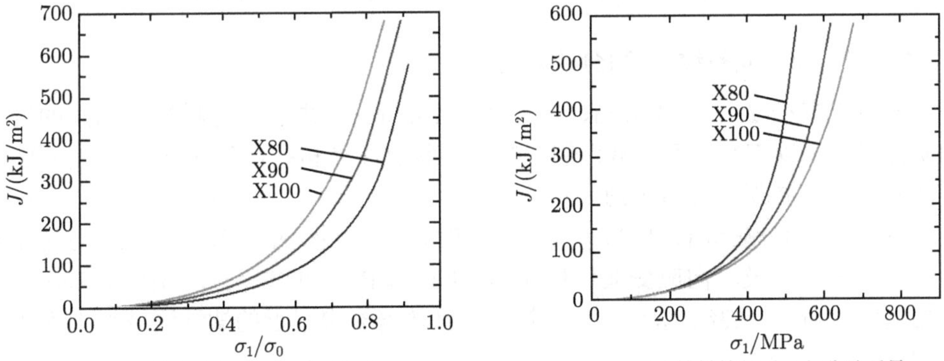

(a) 管材等级对 J 积分随环向应力 σ_1/σ_0 演化规律的影响

(a) 管材等级对 J 积分随无量纲化环向应力 σ_1 演化规律的影响

图 2-18 裂纹长度 $2a=200$mm，裂纹深度 $d=8$mm 时

分析图 2-16(b)、图 2-17(b) 和图 2-18(b) 可以发现，当裂纹前缘大部分处于线弹性变形阶段时，由于各等级管材的弹性模量相同，因此各等级管材具有相同的 J 积分。随着环向载荷的增大，X80 管材先进入大范围屈服条件，X90 管材随后，X100 管材最后进入大范围屈服条件。因此在相同的环向载荷作用下，X80 管材的 J 积分最大，X100 管材的最小。

图 2-19 为裂纹深度为 4mm，长度为 100mm 时，X80 钢级管材应变硬化指数 n 对 J 积分随无量纲化环向应力 σ_1/σ_0 及环向应变演化规律的影响。从图中可以看出，在线弹性变形阶段，应变硬化指数 n 对 J 积分的影响不大；当 $\sigma_1/\sigma_0 > 0.9$ 或环向应变大于 2.5%以后，应变指数越大的管线钢，其 J 积分增长越快。这是由于管线钢进入塑性变形阶段后，材料应变硬化指数越大，其硬化能力越差，越容易产生塑性变形，在相同的载荷作用下，裂纹前缘的塑性区域越大，因此其 J 积分越大。

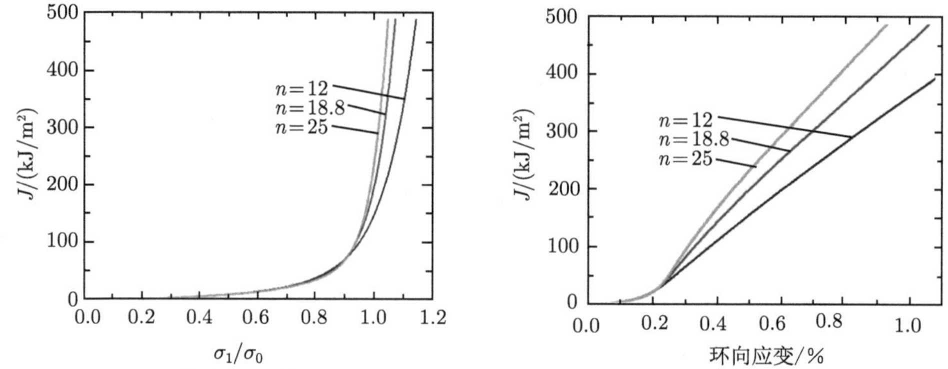

(a) X80 管线钢应变硬化指数 n 对 J 积分随 σ_1/σ_0 演化规律的影响

(b) X80 管线钢应变硬化指数 n 对 J 积分随环向应变演化规律的影响

图 2-19 裂纹深度 $d = 4$mm，裂纹长度 $2a = 100$mm 时

2.3.5 内、外轴向裂纹 J 积分的对比

本节以直径 $D = 1219$mm、壁厚 $t = 16.3$mm、焊缝与母材性能相同的管道为研究对象，以 X100 管线钢为例，在相同裂纹深度和载荷条件下，对比分析内、外轴向裂纹扩展驱动力的区别。

图 2-20 为外裂纹长度 $2a = 100$mm 时，不同裂纹深度对裂纹驱动力随相对环向应力 σ_1/σ_0 及环向应变演化规律的影响。从图中可以看出，与外裂纹相类似，在相同的载荷下，裂纹越深 J 积分越大，且随着裂尖附近的塑性区域增大而迅速增加。

图 2-21 和图 2-22 分别对应于裂纹深度为 4mm 和 8mm，裂纹长度 $2a$=100mm 时，内、外裂纹扩展驱动力随相对环向应力 σ_1/σ_0 及环向应变演化规律的对比。

从图中可以发现，在相同的内压作用下，外裂纹的 J 积分比内裂纹的大，且随着裂纹深度的增加，内、外裂纹 J 积分的差异变大。这表明在相同的条件下，外裂纹对管道的威胁更大。造成内、外裂纹扩展驱动力的这种差异，主要与裂纹的约束条件相关。尽管裂纹面的受力基本相同，但在载荷增加过程中，管道会变形膨胀，特别在裂纹位置，更容易向外膨胀形成鼓包，这种鼓包效应会对内、外裂纹造成不同的约束影响，从而影响裂纹扩展驱动力。

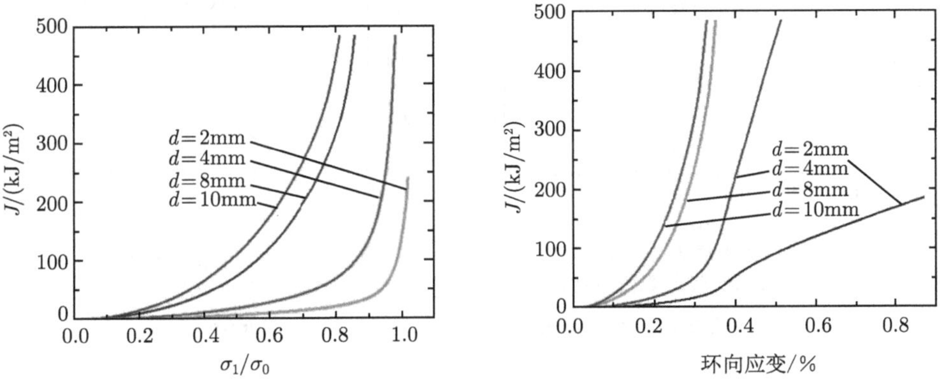

(a) 外裂纹深度对 J 积分随着环向应力 σ_1/σ_0 演化规律的影响

(b) 外裂纹深度对 J 积分随着环向应变演化规律的影响

图 2-20 裂纹长度 $2a = 100\text{mm}$

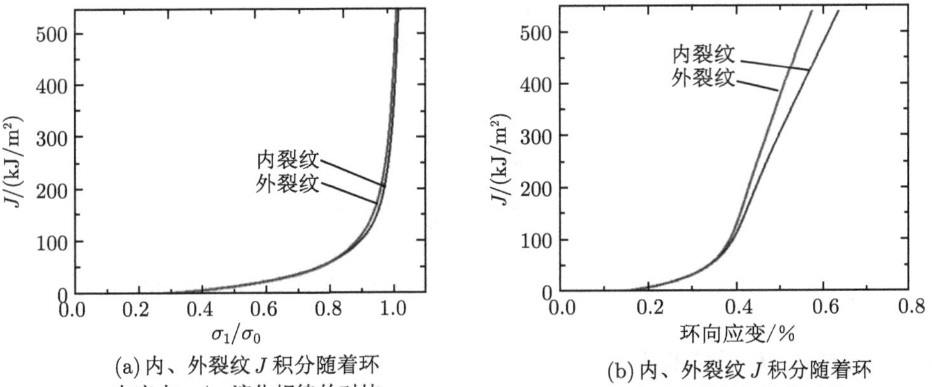

(a) 内、外裂纹 J 积分随着环向应力 σ_1/σ_0 演化规律的对比

(b) 内、外裂纹 J 积分随着环向应变演化规律的对比

图 2-21 裂纹深度 $d = 4\text{mm}$，长度 $2a = 100\text{mm}$

在工作载荷 $\sigma_1 = 0.9\sigma_0$ 条件下，内、外裂纹扩展驱动力 J_a 随裂纹深度的变化如图 2-23 所示。从图中可见，随着裂纹深度的增加，内、外裂纹的扩展驱动力 J_a 差异越来越显著。当裂纹深度 $d = 2\text{mm}$ 时，内、外裂纹的扩展驱动力基本相同；裂纹深度 $d = 4\text{mm}$ 时，内裂纹的扩展驱动力为外裂纹的 91%(内裂纹 J_a 为 122.9kJ/m^2，外裂纹 J_a 为 135kJ/m^2)；而当深度 $d = 8\text{mm}$ 时，内裂纹的扩展驱

动力仅为外裂纹的 62.5%(内裂纹 $J_a = 437.6\text{kJ/m}^2$，外裂纹 $J_a = 699.1\text{kJ/m}^2$)。这主要是由于裂纹越深，在工作载荷的作用下，裂纹所在的管壁向外膨胀越严重，从而造成对内、外裂纹的约束差异越严重。

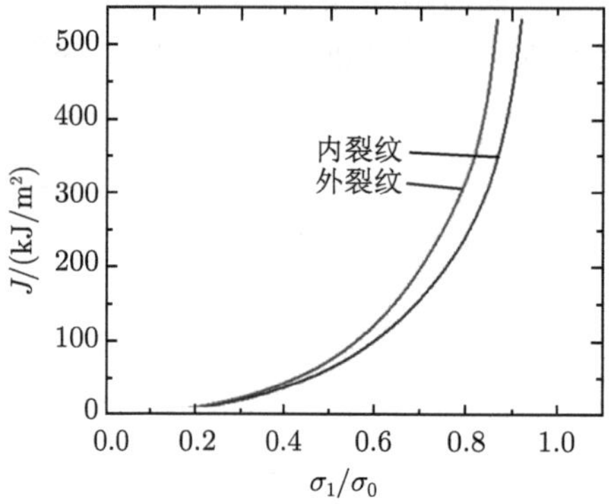

(a) 内、外裂纹 J 积分随着环向应力 σ_1/σ_0 演化规律的对比

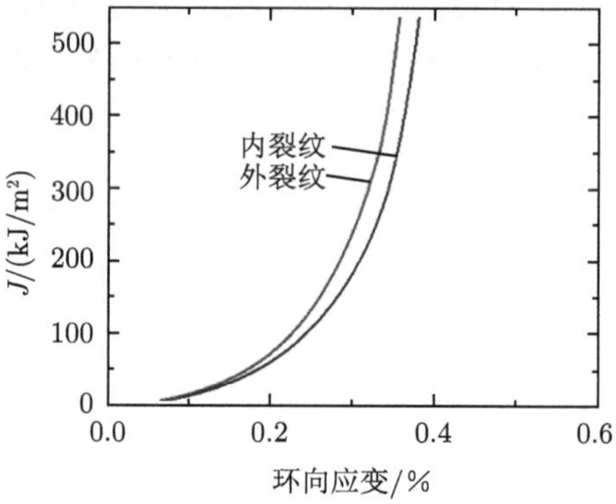

(b) 内、外裂纹 J 积分随着环向应变演化规律的对比

图 2-22　裂纹深度 $d = 8\text{mm}$，长度 $2a = 100\text{mm}$

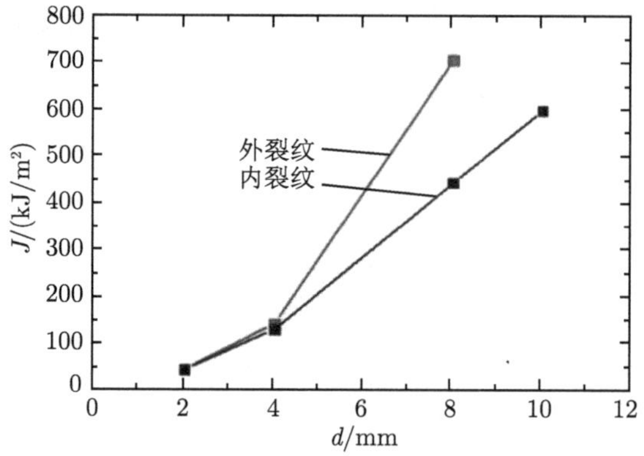

图 2-23　工作载荷 $\sigma_1 = 0.9\sigma_0$ 条件下内、外裂纹扩展驱动力随裂纹深度的变化

2.3.6　管径对 J 积分的影响

本小节以径厚比 $D/t = 74.8$、裂深壁厚比 $d/t = 0.2454$、裂纹长度 $2a = 100\text{mm}$、焊缝与母材性能相同的含外裂纹管道为研究对象，以 X100 管线钢为例，探讨管道直径对管道裂纹扩展驱动力的影响。从图 2-24 中可以看出，径厚比一定时，随着管径的增大，J 积分也相应地增大，且在 $0.4 < \sigma_1/\sigma_0 < 0.93$ 时，不同管径管道的 J 积分差距较为明显，随着载荷的进一步加大，管径对 J 积分的影响减弱。管道直径对工作载荷 $\sigma_1 = 0.9\sigma_0$ 条件下裂纹扩展驱动力 J_a 的影响如图 2-25 所示。当管道直径增大 55.6% (由 914mm 增大到 1422mm) 时，J_a 增加了 16.1%

(由 124.3kJ/m^2 增大到 144.3kJ/m^2)。综合分析来看，在正常的工作载荷条件下 ($\sigma_1/\sigma_0 = 0.6 \sim 0.8$)，在评估轴向裂纹的危险性时，需考虑管径的影响。

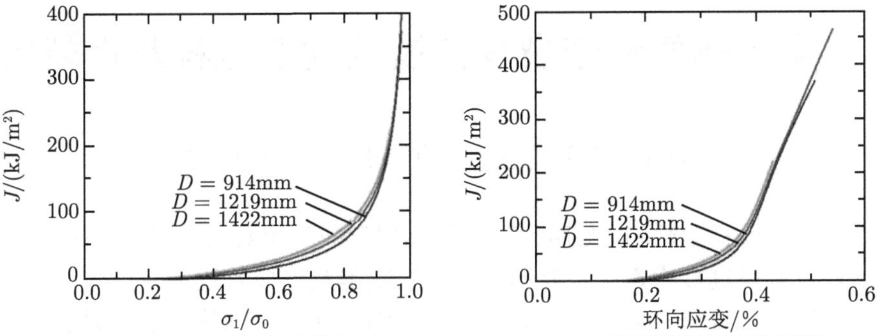

(a) 管道直径对 J 积分随着环向应力 σ_1/σ_0 演化规律的影响

(b) 管道直径对 J 积分随着环向应变演化规律的影响

图 2-24 径厚比 $D/t = 74.8$、裂深壁厚比 $d/t = 0.2454$、裂纹长度 $2a = 100$mm

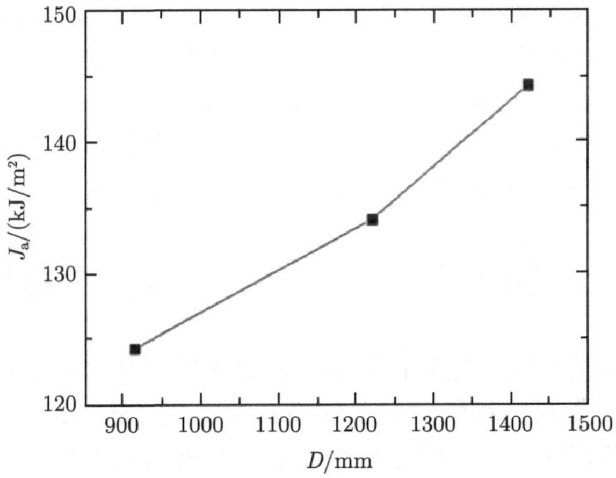

图 2-25 管道直径对工作载荷 $\sigma_1 = 0.9\sigma_0$ 条件下的裂纹扩展驱动力影响 (径厚比 $D/t = 74.8$、裂深壁厚比 $d/t = 0.2454$、裂纹长度 $2a = 100$mm)

第 3 章　输气管道裂纹扩展的动态过程及止裂机理

3.1　输气管道的裂纹起裂成因

裂纹也称面积型缺陷 (与腐蚀形成的体积型缺陷相对应)，在管道的制造、现场施工以及服役过程中都有可能形成。裂纹缺陷是造成管道低应力破坏的原因之一，载荷交变、过载、焊接中氢的渗入、低温、环境腐蚀等因素会促使裂纹形成和扩展，最终导致管道破坏。

从上一章的分析可知，当构件内部存在初始裂纹时，在外部载荷的作用下，裂纹尖端附近的应力场具有奇异性 (受力体由于几何关系，在求解应力函数时出现的应力无穷大，实际结构中是不存在的。应力过大使得物体产生裂缝或者热能，将大量能量释放出去，裂缝尖端就是一个应力奇异点)，当裂纹尖端驱动力大于断裂阻力时，裂纹将发生扩展，随着裂纹增大，扩展达到失稳时，裂纹速度猛增 (取决于材料的性质和温度)，破坏巨大。这种破坏在输气管道中尤为明显，在管内高压气体作用下，管道一旦破裂将扩展绵延数百米甚至上千米。

3.2　输气管道的裂纹扩展过程及特征

管道止裂韧性的研究，是对管道断裂现象不断深化认识的过程。早期，由于制造工艺的局限，管材的韧性较低，韧脆转换温度 (ductile-to-brittle transition temperature，DBTT) 高，故管道脆性断裂的事故时有发生。如何防止管道发生脆性断裂是当时主要的研究问题。

当管道运行温度低于韧脆转换温度时，管道容易发生脆性断裂，此时断口较为平直，塑性区域较小；裂纹扩展速度快 (大于 450m/s)；裂纹扩展轨迹为波形，多分支，如图 3-1 所示。管道一旦发生脆性断裂，往往很难止裂。因为脆性裂纹的断裂速度要比管内气体中的声速快，而气体在管内流动的速度比声速小，从而造成裂尖前缘气体的压力不变。即裂纹一直受到管内初始压力的驱动[55]。在一次管道失效事故中，管道发生多裂纹脆性扩展，断裂长度达 13km[2]。

管材的断裂模式与裂纹表面剪切面积的比例有着密切的关系。图 3-2 为大量全尺寸断裂试验获得的裂纹断裂速度与裂纹表面剪切面积的关系[8]。从图中可知当裂纹表面剪切面积小于 25%时，裂纹断裂速度预计超过 457m/s。随着裂纹表面剪切面积的增加，裂纹断裂速度下降。当裂纹表面剪切面积大于 85%时，裂纹断裂速度小于 250m/s，进入延性断裂状态。

特征		脆性裂纹(理解)	混合型裂纹	延性裂纹(剪切)
裂纹扩展速度/(m/s)		>450	250~450	120~250
裂纹形貌	正向	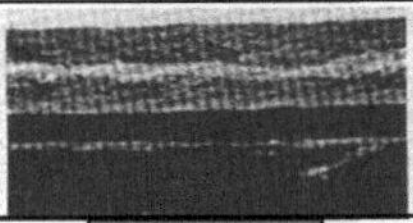		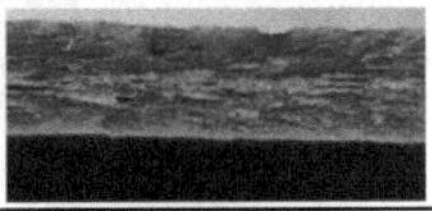
	侧向			
裂纹数量		>2	1~2	1
断裂模式		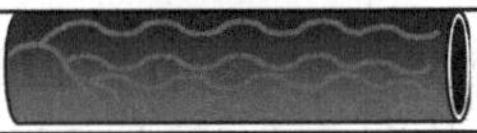	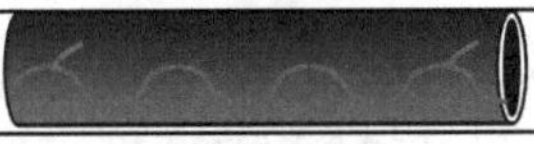	
范围		未发生止裂	未发生止裂	裂纹止裂

图 3-1 管道动态断裂特征比较

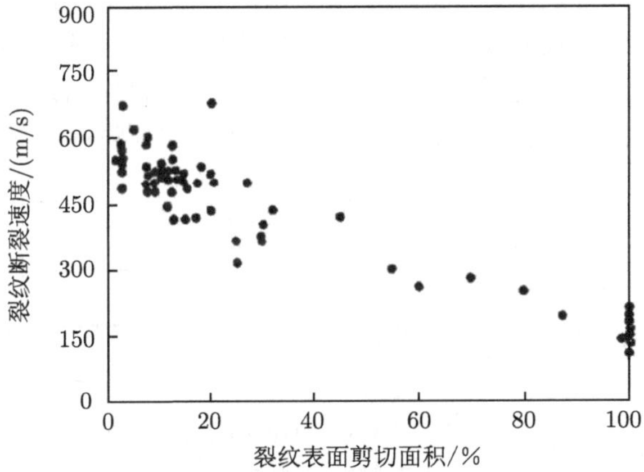

图 3-2 裂纹断裂速度与裂纹表面剪切面积的关系[8]

为防止管道发生脆性断裂事故，根据裂纹断裂模式与裂纹表面剪切面积的关系，提出了采用夏比 V 形缺口冲击试验和落锤冲击试验试样断口形貌转换温度作为判定管道是否发生脆性断裂的依据[8]。在工程设计中[100]，通常要求管道在小于 −20℃ 的环境下，其 DWTT 断口的剪切面积至少要达到 85%。

为验证 DWTT 试验在评估管道韧脆转换特性时的可靠性，West Jefferson[4]在意大利 CSM(Centro Sviluppo Materiali) 的试验场分别对 X80 和 X100 钢管在不同温度下进行全尺寸爆破试验，观测全尺寸试验断口的表观形貌，并与 DWTT 试验结果进行对比。图 3-3 为 West Jefferson 试验中钢管的爆破过程。

图 3-3　韧脆转换特性全尺寸爆破试验[4]

图 3-4 为 X80 钢管韧脆转换特性试验结果。West Jefferson 分别在 −33℃ 和 −50℃ 对 X80 钢管进行全尺寸试验 (WJ 试验)，从图 3-4 可知，在 −50℃ 时，全尺寸试验断口的剪切面积比例为 30%～50%；−33℃ 时，全尺寸试验断口的剪切面积比例超过 90%。从图中还可以看出，无论是减壁厚还是全壁厚 DWTT 试验，其韧脆转换温度都比全尺寸试验的高，且 DWTT 试验中断口剪切面积比例达到 85%的临界温度都比全尺寸试验的高。因此尽管 DWTT 试验偏于保守，但能够很好地预测输气管道的韧脆转换特性，防止管线发生脆性断裂。图中还表明，随着壁厚的增加，管材的韧脆转换温度升高，不利于控制脆性断裂的发生。

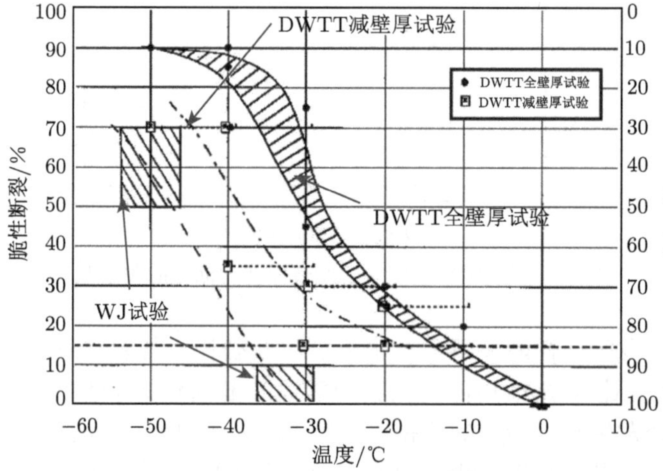

图 3-4　X80 钢管韧脆转换特性试验结果[4]

图 3-5 为 X100 全尺寸试验和 DWTT 试验断口的形貌，从图中可知试验温度为 −50℃ 时，全尺寸和 DWTT 试验的断口都出现断口分离的现象，剪切面积比例为 40%～50%。图 3-6 为 X100 钢管韧脆转换特性试验结果。从图中可知，

DWTT 试验仍然能可靠地评估 X100 钢管的韧脆转换特性。但夏比冲击试验的韧脆转换温度低于全尺寸试验的，故不适用于评估 X100 钢管的韧脆转换温度。

(a) X100 钢管 WJ 试验爆破效果

(b) WJ 试验中断口形貌（T=−50℃）

(c) DWTT 试验中断口形貌（T=−50℃）

图 3-5 X100 钢管韧脆转换试验结果[4]

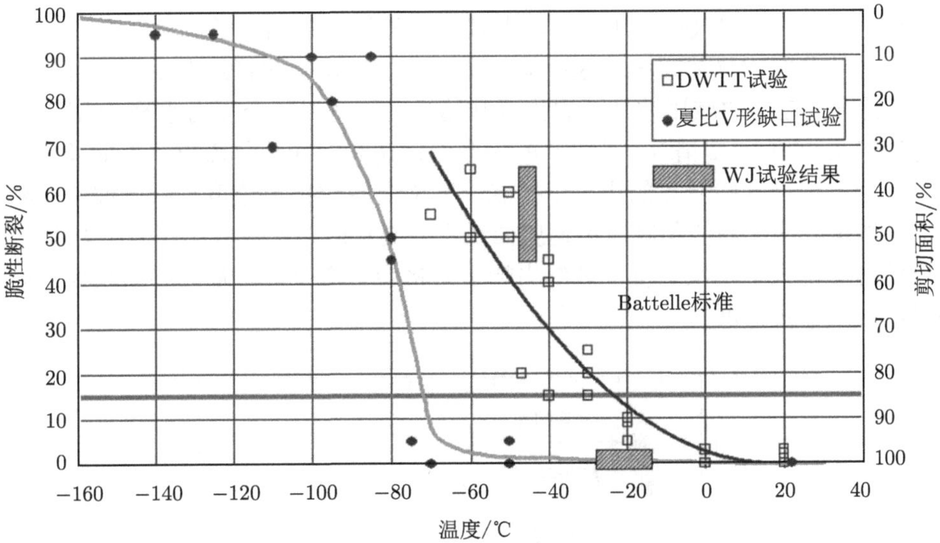

图 3-6 X100 钢管韧脆转换特性试验结果[4]

上述试验结果验证了 85%DWTT 剪切面积标准的有效性和 DWTT 试验能很好地预测高钢级管线的韧脆转换特性，只要确保管线在高于 DBTT 的环境下工作，则可以防止动态脆性断裂现象的发生。

近年来，随着低碳微合金钢板控轧技术的发展，钢管的韧性不断提高，现代管线在常温下通常不会发生脆性断裂。在此背景下，管道的延性失稳断裂及止裂成为人们关注的焦点。如图 3-1 所示，管道发生延性断裂时，其特征为：裂纹扩展轨迹单一，能自行止裂；断口具有明显的剪切特征，与管道表面成 45° 角；断口附近产生较大的宏观塑性变形；如发生止裂，通常裂纹先向轴线 45° 方向偏斜，然后迅速停止。

3.3　管道动态裂纹的止裂机理

3.3.1　Battelle 双曲线方法

管道裂纹的止裂是其尖端气体压力驱动和材料自身阻力相互作用的过程，而裂纹尖端的压力又与裂纹扩展速度和气体成分、温度、初始压力等因素相关。裂纹扩展速度又是管道力学特性、几何尺寸、气体成分、管线压力和气体温度的函数。综合研究裂纹扩展和气体泄压涉及的因素太多，且存在相互制约的关系，将会非常复杂。

Maxey 等[37]通过两个独立的步骤计算气体减压波的速度和裂纹扩展速度，提出了 Battelle 双曲线方法 (也称 BTC 方法)。该方法通过对比材料的阻力曲线 (裂纹扩展速度曲线) 和气体减压波速度曲线确定管道止裂所需的韧性。如图 3-7 所示，右边的曲线为气体减压波速度随气体压力的变化。在管线发生断裂时，气体从管内逸出，连续的减压波从断裂位置开始沿着管线以每个压力水平 P 对应一个固定速率 w 的方式传播[8]，其中，w 为当地声速和对应流体流出速率的差。与此同时，裂纹也在这些变化的压力下扩展，名义上裂纹扩展速度与减压波速度相互独立。当裂纹速度曲线与减压波速度曲线没有交点时，意味着在任何压力水平下，减压波速度都大于裂纹速度，裂纹尖端压力将会一直下降，最终导致裂纹驱动力不足，裂纹停止扩展。

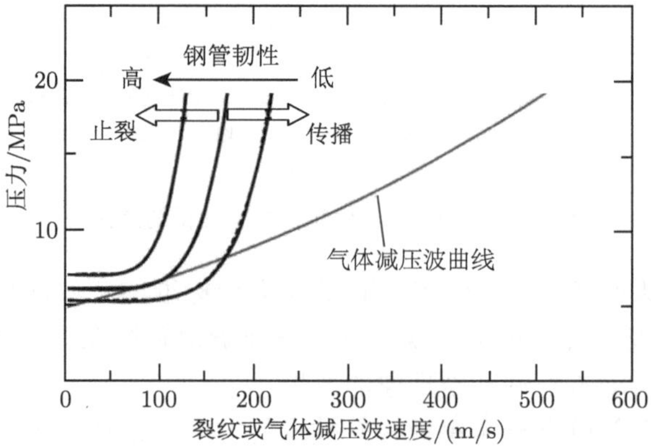

图 3-7　裂纹和减压波速度曲线

若裂纹速度曲线与减压波速度曲线相切或者相交，在交点位置裂纹速度与减压波速度相等，意味着裂纹尖端的压力保持稳定，裂纹将会稳态长程扩展。增加管道的韧性，使裂纹速度曲线与减压波速度曲线分离，是目前控制裂纹长程扩展的主要方法。

3.3.2 气体减压特性及其模型发展

气体的减压与管道裂口附近和裂纹尖端位置的气体流动现象相关。在断裂开始阶段，气体迅速从钢管裂口位置流出，使得管内的压力下降，进而在气体中产生一个减压波 (也叫膨胀波)。这个减压波以当地声速减去流体速度从裂口位置开始传播进入管道两端压缩的气体。图 3-8 所示为管道断裂过程中气体减压与裂纹传播相互作用示意图。从图中可以看出，如果裂纹速度 V_c 大于声速 V_a，则裂纹尖端的压力会保持在 P_{int} 状态，裂纹将会稳态持续扩展；如果裂纹速度 V_c 等于某一压力水平 P 下气体减压波的速度 w，则裂纹尖端的压力会保持在 P 状态，裂纹也会稳态持续扩展。因此要使管道发生止裂，必须使得在任何压力水平下裂纹速度都大于气体减压波速度。

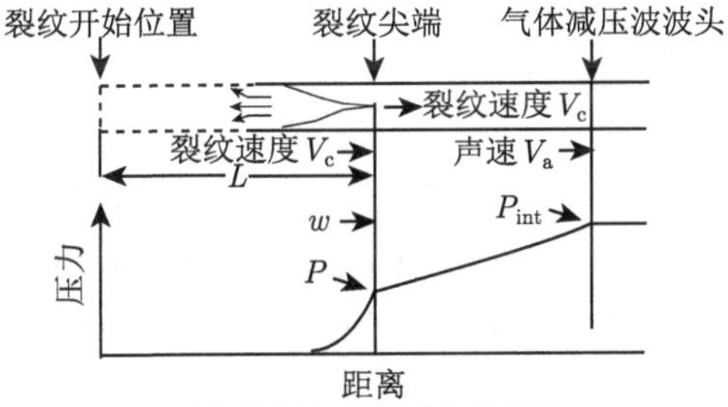

(a) 单相气体(贫气)的情况

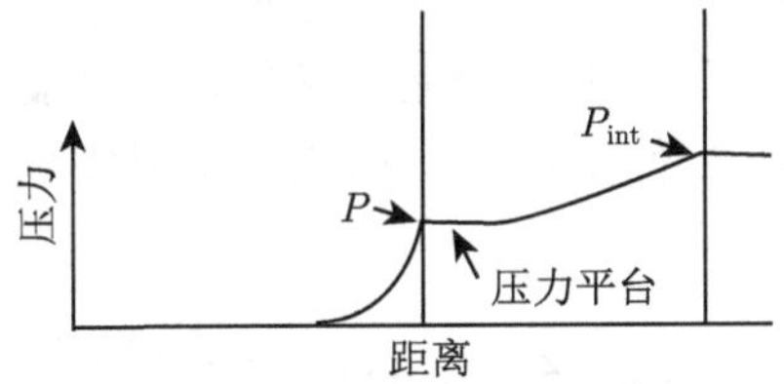

(b) 多相气体(富气)的情况

图 3-8 管道断裂过程中气体减压与裂纹传播相互作用示意图

从图 3-8 还可以看出，与单相气体相比，多相气体在裂纹尖端位置会产生压力平台，即裂纹尖端前沿一段距离的压力保持不变。压力平台的出现会使裂纹更容易进入稳定状态，增加止裂的难度。

气体从开放的等径孔道口泄漏膨胀被认为是一个等熵膨胀的过程[122,123]。由于出口气体的流动速度比正常气体流动速度大得多，因此在气体减压计算中通常忽略正常气体的流速。气体减压计算主要用于确定传播中裂纹尖端的压力。在裂纹尖端之前的减压波速度不受裂纹传播速度的影响，但裂纹尖端的气体压力和流动受裂纹前缘减压波传播特性的影响。因此，管内裂尖之前气体的减压过程与裂尖之后气体的流动无关。

图 3-9 为典型的甲烷压力波速度。管内气体从裂口流出是堵塞或受限的。图 3-9 中，当裂口压力下降到初始压力28%后保持在稳定状态 (即压力波速度为 0)，此时的压力称为堵塞压力。在管道裂口至减压波波头之间的位置，气体的压力比堵塞压力高，但比初始压力小。减压波波头以当地声速沿管道传播，比初始压力低的区域减压波的速度等于当地声速减去该位置气体的流出速度。

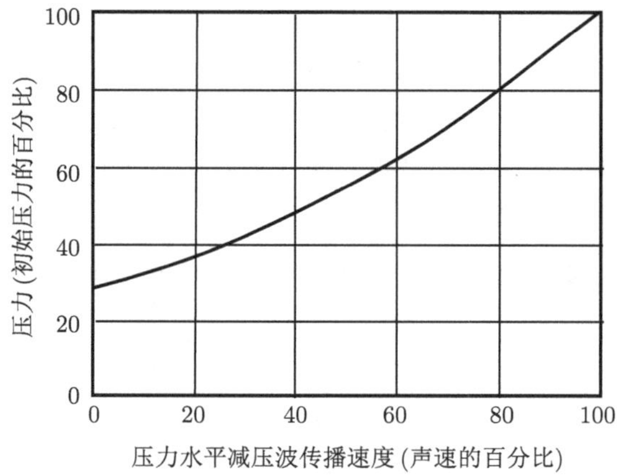

图 3-9 甲烷气体管道压力波速度曲线

过去研究表明[8]，当输送气体以单相气体为主 (如甲烷)，重烃含量较少时，气体减压过程中保持为气相状态。这些气体的减压行为可用理想气体定律进行描述。在理论推导过程中假设管道忽然发生全截面断裂，气体膨胀为等熵过程，且流体混合物保持均匀。式 (3-1) 为使用理想气体定律推导得到的局部压力与其压力波的传播速度的关系：

$$P_{\mathrm{d}} = P_{\mathrm{i}}\left[\frac{2}{\gamma+1}+\left(\frac{\gamma-1}{\gamma+1}\right)\frac{V}{V_{\mathrm{a}}}\right]^{\frac{2\gamma}{\gamma-1}} \tag{3-1}$$

式中，P_{d} 为给定的减压压力水平，MPa；P_{i} 为管内初始压力，MPa；V 为给定减压压力水平下压力波速度，m/s；V_{a} 为气体初始压力和温度条件下的声速，m/s；γ 为气体初始的比热容比。当延性裂纹从初始位置传播一定距离后 (10~15 倍钢管直径)，将裂纹传播速度代入式 (3-1) 中，可得到此时裂纹尖端的压力。

不同气体有不同的平衡状态，如图 3-10 所示。随着气体重烃含量的增加，气体两相区域从 “a” 扩大到 “e”。在高压输气管道中，气体初始状态为浓相，泄漏时随着压力的降低，气体温度沿着等熵线下降，导致气体状态进入两相区域[124]。因此，对于重烃类天然气 (也称富气)，在泄漏过程中会出现两相减压行为，减压波曲线会在相变中产生减压波平台，如图 3-11 所示，表明相变阻碍气体的逸出。减压波平台的出现使裂纹尖端长时间保持在高位压力状态，致使裂纹很难发生止裂。这类气体通常需要更完整的气体状态方程描述它们的减压行为。

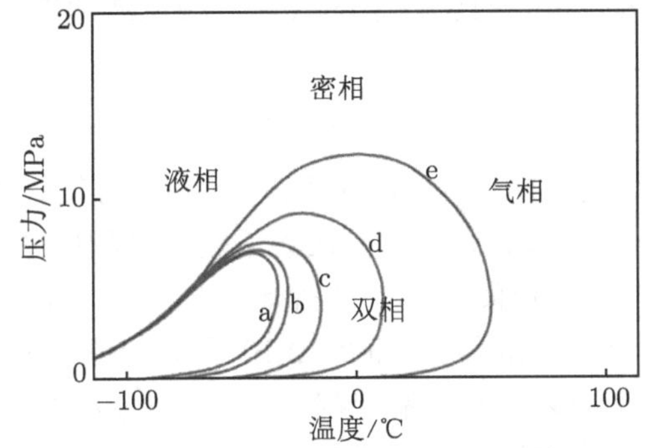

图 3-10 不同气体相态随温度和压力的变化

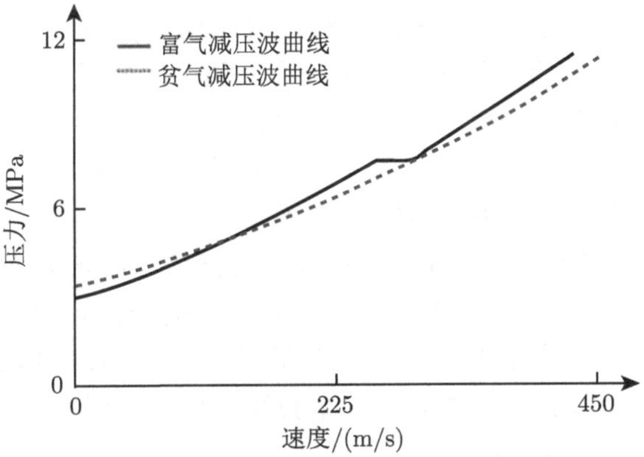

图 3-11 贫气和富气减压波曲线对比

GASDECOM[125,126]是一款基于 BWRS 状态方程的程序，可以计算含不同成分气体的减压曲线。如前面所述，气体的减压被认为是一个等熵过程，在 GASDECOM 程序中，减压计算是沿着等熵线确定气体压力和混合物的密度，使用压力和密度的增量来计算每个压力水平的声速和气体流出速度。这些速度可通过式 (3-2) 和式 (3-3) 计算：

$$c^2 = g\left.\frac{\partial P}{\partial \rho}\right|_s \tag{3-2}$$

$$u=\sum_{\rho_1}^{\rho_2}(\Delta u)_s,\quad (\Delta u)_s=c\cdot\frac{\Delta\rho}{\rho} \tag{3-3}$$

式中，$|_s$ 代表等熵过程；c 为在特定减压压力水平下的声速，m/s；g 为应力常数，$9.82\mathrm{m/s^2}$；P 为某一减压压力水平，Pa；ρ 为流体混合物在某一减压压力水平下的密度，$\mathrm{kg/m^3}$；u 为流体在某一减压压力水平下流向裂口的速度，m/s。

对于 GASDECOM 涵盖的更复杂的气体，减压波速度 v 等于当地声速和气体流动速度的差：

$$v=c-u \tag{3-4}$$

图 3-12 所示为使用 GASDECOM 程序计算出的某管内气体 (甲烷含量为 90%，初始压力 15MPa，初始温度 0℃) 在管道断裂过程中的物理参数的变化。其中图 3-12(a) 为气体在管内泄漏过程中的等熵线，当气体压力下降到约 8MPa 时，气体发生相变，进入气液两相状态。图 3-12(b) 为液体体积分数的变化，当气体发生相变后，由于压力和温度继续下降，导致液体体积分数不断增加。图 3-12(c) 为流体密度的变化，管内流体处于气相状态时，密度随着压力下降而减小；当处于气液两相时，压力继续降低时，液体含量增加，流体的密度下降减缓。图 3-12(d) 为声速、流体速度和减压波速度的变化曲线，可以看出减压波速度为声速和流体速度之差，且减压波速度曲线和声速曲线在气体相变过程中，产生压力平台。

GASDECOM 程序假设气体减压是一个均匀平衡的过程，即在模型中假设液体和气体的流动速度相同，视流体为均匀的介质，在计算中使用混合物的平均密度并假定介质流动是一维的。上述假设在对于裂纹尖端前的气体减压行为是合理的，但不能很好地描述裂纹尖端后的减压行为。

除了 GASDECOM 程序，计算气体减压特性的程序还有 CSM 开发的 GASMISC 和 Advantica 开发的 FRACPROP 等。大量的试验表明[8]，这些模型在预测单相气体 (贫气) 时取得较好的结果。对于富气，由于在减压过程中会出现气液两相的现象，这些模型的预测结果相比试验结果稍偏向保守。

3.3.3 裂纹断裂速度预测模型

在双曲线模型中表示断裂速率随压力变化的曲线称为“断裂速率曲线”。Battelle 双曲线法中裂纹扩展速率曲线的计算公式为[8]

$$V_{\mathrm{c}}=c\times\frac{\sigma_{\mathrm{flow}}}{\sqrt{R}}\times\left(\frac{P_{\mathrm{d}}}{P_{\mathrm{a}}}-1\right)^m \tag{3-5}$$

式中，V_{c} 为裂纹扩展速度，m/s；σ_{flow} 为流动应力，MPa，$\sigma_{\mathrm{flow}}=\sigma_{\mathrm{YS}}+68.95$，$\sigma_{\mathrm{YS}}$ 为钢管屈服应力；R 为钢管断裂阻力，$\mathrm{J/mm^2}$，$R=C_{\mathrm{v}}/A_{\mathrm{c}}$，$C_{\mathrm{v}}$ 为标准 CVN 吸收功，A_{c} 为标准 CVN 试样断裂面积；P_{d} 为裂尖气体压力，MPa；P_{a} 为止裂时

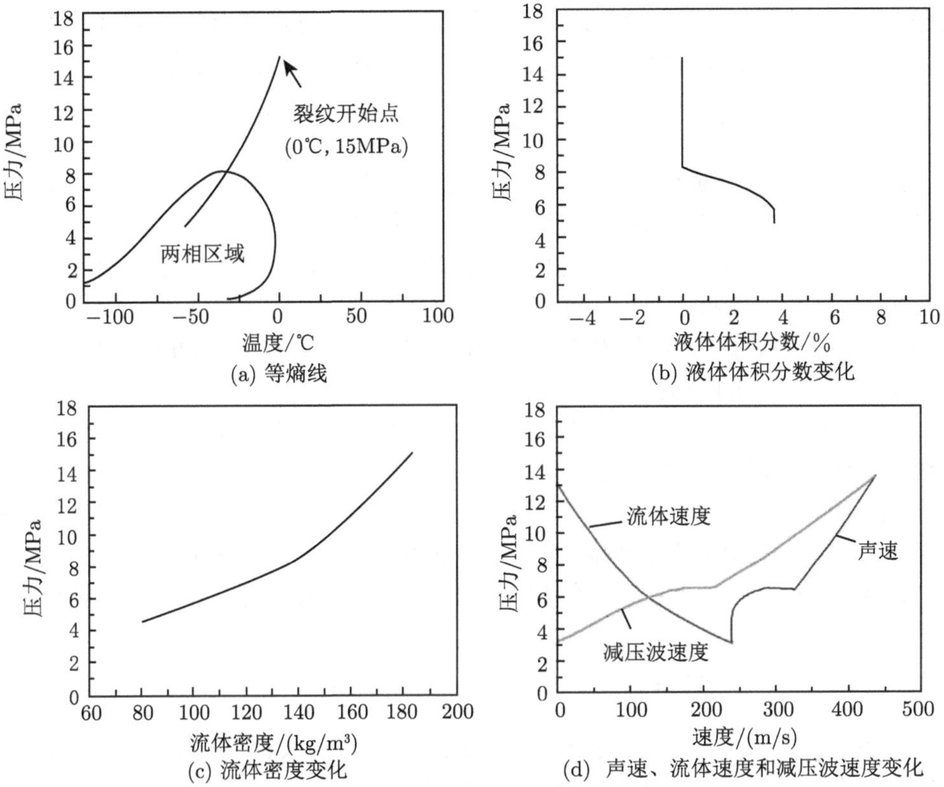

图 3-12 管内气体在断裂过程中的变化

气体压力，MPa；c 为常数，在回填土管道、裸露管道和海底管道中分别为 0.275、0.38 和 0.235；m 为常数，取值为 0.167。

根据 NG-18 公式的推导[108]，式 (3-5) 中止裂压力 P_a 为

$$P_a = \frac{t}{r}\sigma_{\text{arrest}} = \frac{t}{r}\frac{2\sigma_{\text{flow}}}{\pi M_T}\sec^{-1}\exp\left(\frac{\pi E R}{8\sigma_{\text{flow}}^2 C_{\text{eff}}}\right) \tag{3-6}$$

式中，t 为钢管壁厚，mm；r 为钢管外半径，mm；σ_{arrest} 为钢管止裂应力，MPa；σ_{flow} 为流动应力，MPa；E 为钢管弹性模量，MPa；R 为钢管断裂阻力，J/mm^2；C_{eff} 为有效裂纹长度，mm，通常取 $3(rt)^{1/2}$；M_T 为有效裂纹长度的膨胀修正系数，通常取 3.33。

由于 Battelle 裂纹断裂速率模型在预测 X65 以上钢级或钢管韧性超过 94J 时存在较大误差，日本的管道研究机构 HLP[12]对 Battelle 模型进行修正，提出 HLP 模型。该模型在式 (3-5) 的基础上，主要对钢管断裂阻力 R、流动应力 σ_{flow} 以及常数 c 和 m 进行修正。在 HLP 模型中，$\sigma_{\text{flow}} = (\sigma_{\text{YS}} + \sigma_{\text{TS}})/2$，$\sigma_{\text{YS}}$ 为钢管

屈服应力，σ_{TS} 为钢管拉伸强度；回填土管道、裸露管道和海底管道对应的 c 分别为 0.67、0.925 和 0.573；m 为 0.393；钢管断裂阻力 R 定义为[12]

$$R = D_{\mathrm{p}}(\mathrm{est})/A_{\mathrm{P}} = 3.29 \times t^{1.5} \times C_{\mathrm{v}}^{0.544}/A_{\mathrm{P}} \tag{3-7}$$

式中，$D_{\mathrm{p}}(\mathrm{est})$ 为预制裂纹 DWTT 总吸收能量的估计值，J；A_{P} 为预制裂纹 DWTT 试样的断口面积；其余参量与前面定义的参量相同。

基于预制裂纹 DWTT 吸收功计算裂纹扩展速度，并对断裂速率公式进行再校准是 HLP 模型的特点之一。式 (3-7) 是 CVN 吸收功和预制裂纹 DWTT 总吸收功的关联公式。该公式是 HLP 根据 X60~X100 钢级、10~32mm 壁厚钢管的试验结果归纳出来的经验公式。

尽管 DWTT 试验克服了 CVN 试验的一些缺点，但仍然存在着高韧性材料裂纹起裂所占的能量比例大、冲击部位大塑性变形损耗能量大等问题。DWTT 试验也无法满足高钢级管道断裂韧性表征的需求。因此，当钢管的 CVN 冲击能量大于 150J 时，HLP 模型在预测裂纹断裂速率时也存在较大偏差。

Leis 等[41]在 Battelle 双曲线模型的基础上，提出新的计算裂纹断裂速率的 RTCM 公式：

$$V_{\mathrm{c}} = a_0(\sigma_{\mathrm{dynamic}})^{a_1}\left(\frac{\sigma_{\mathrm{flow}}^2}{R}\right)^{a_2}\mathrm{e}^{a_3x/\sqrt{rt}} \tag{3-8}$$

式中，断裂阻力 R、流动应力 σ_{flow} 与 Battelle 双曲线模型定义相同，$\sigma_{\mathrm{dynamic}}$ 为裂尖动态环向应力，MPa；x 为裂尖的位置；a_0、a_1、a_2、a_3 为常数，分别为 −6.863、1.860、0.573、−0.000815。

住友金属研究机构的 Higuchi 等 [12] 基于上述模型难以准确预测高钢级管道止裂能力的情况，展开影响止裂韧性预测关键因素的研究，并开发出新的断裂速率计算公式，称为住友断裂速率模型：

$$V_{\mathrm{c}} = \alpha \times \frac{\sigma_{\mathrm{flow}}}{\sqrt{R}} \times \left(\frac{P_{\mathrm{d}}}{P_{\mathrm{a}}} - 1\right)^{\beta} \tag{3-9}$$

$$P_{\mathrm{a}} = \gamma \times 0.38 \times \frac{t}{D} \times \sigma_{\mathrm{flow}} \times \cos^{-1}\exp\left(\frac{-4.57 \times 10^7 \times R}{\sqrt{Dt} \times \sigma_{\mathrm{flow}}^2}\right) \tag{3-10}$$

$$\alpha = 0.67 \times [(Dt)/(D_0t_0)]^{1/4} \tag{3-11}$$

$$\beta = 0.393 \times (D/D_0)^{5/2} \times (t/t_0)^{-1/2} \tag{3-12}$$

$$\gamma = 3.42/\left[3.22 + 0.2 \times \left(\frac{t/D}{t_0/D_0}\right)^3\right] \tag{3-13}$$

式中，D 为钢管直径，mm；D_0 和 t_0 为常数，分别为 1219.2mm、18.3mm。在住友断裂速率模型中引入 α，β 和 γ 等参数是为了抵消钢管尺寸对裂纹扩展速度的影响。

3.3.4 预测止裂韧性的简化公式

为便于工程应用，世界各大管材研究机构在 Battelle 双曲线法的基础上，对大量试验数据进行归纳分析，总结给出简易的临界止裂韧性预测公式[8]：

Battelle : $$C_{\mathrm{v}2/3} = 2.382 \times 10^{-5}\sigma_{\mathrm{h}}^{2}(rt)^{1/3} \tag{3-14}$$

AISI : $$C_{\mathrm{v}2/3} = 2.377 \times 10^{-4}\sigma_{\mathrm{h}}^{1.5}(2r)^{1/2} \tag{3-15}$$

BGC : $$C_{\mathrm{v}2/3} = \sigma_{\mathrm{h}}\left(\frac{2.08r}{t^{0.5}} - \frac{Vr^{1.25}}{t^{0.75}}\right) \times 10^{-3} \tag{3-16}$$

Japanese : $$C_{\mathrm{v}2/3} = 2.498 \times 10^{-4}\sigma_{\mathrm{h}}^{2.33}(2r)^{0.3}t^{0.47} \tag{3-17}$$

CSM : $$C_{\mathrm{v}2/3} = -0.627t - 6.8 \times 10^{-8}\left(\frac{Hr^{2}}{t}\right) + 2.52 \times 10^{-4}r\sigma_{\mathrm{h}} + 1.245 \times 10^{-5}\left(\frac{rt\sigma_{\mathrm{h}}^{2}}{H}\right) \tag{3-18}$$

Mannesmann : $$C_{\mathrm{v}2/3} = 19.99 \times 10^{-8}e^{0.287}\sigma_{\mathrm{h}}^{1.76}(2r)^{1.09}t^{0.585} \tag{3-19}$$

式中，$C_{\mathrm{v}2/3}$ 为估算的 2/3 尺寸单位面积夏比冲击临界止裂韧性，J/mm²；σ_{h} 为钢管环向应力，MPa；r 为钢管半径，mm；t 为钢管壁厚，mm；V 为 BGC 公式中的常数，对于天然气取 0.396，空气取 0.36；H 为 CSM 公式中的埋深，mm。

上述公式的建立，主要基于止裂所需的 CVN 能量，受钢管环向应力、半径、壁厚等因素影响。图 3-13 为 Battelle 简化模型和 AISI 模型的预测止裂韧性值与实测结果的对比，其中实测的结果来自 X52 至 X100 钢级的钢管，管径范围为 406 ~ 1422mm，试验的压力超过 16MPa。从图中可见，当管材的韧性低于 140J 时，Battelle 简化模型的预测结果与实测结果吻合较好，当韧性大于该值时，预测结果出现偏差，且随着韧性的增加，偏差越大，预测该止裂的管线没有止裂，即高估了管材的止裂性能。对于 AISI 模型，当韧性大于 110J 时就开始产生偏差。其他简化模型的预测结果与 Battelle 简化模型和 AISI 模型的预测结果类似，当管材的韧性高于某一水平时预测结果与实测结果出现明显偏差。

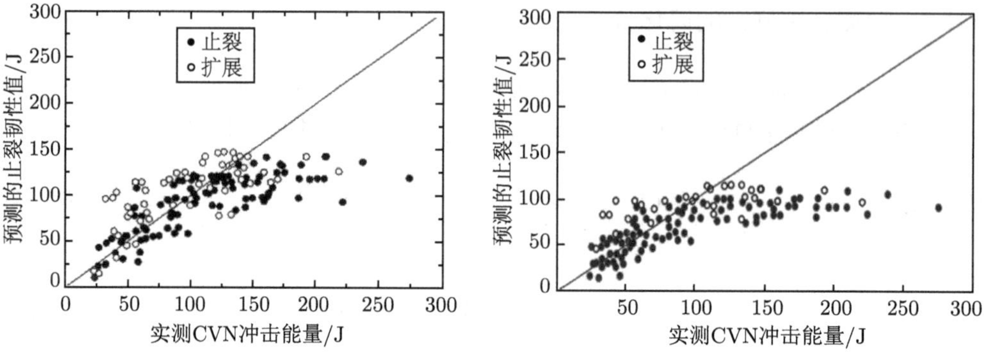

(a) Battelle简化模型　(b) AISI模型

图 3-13 简化模型预测止裂韧性与实测的对比

为了保留原有的经验算法，Leis[11]在对大量数据统计分析的基础上，通过非线性修正方法对不同 BTC 预测值的情况进行修正，并给出以下修正公式：

$$\mathrm{CVN_{Arrest}} = 0.985\mathrm{CVN_{BTC}} + 0.003\mathrm{CVN_{BTC}^2} \tag{3-20}$$

式中，$\mathrm{CVN_{Arrest}}$ 为 Battelle 双曲线法预测值大于 94J 时的止裂所需夏比冲击能量；$\mathrm{CVN_{BTC}}$ 为用 Battelle 双曲线分析法得到的止裂所需夏比冲击功。这种修正方法仅是在一定范围内根据真实试验结果的近似归纳，其原因是对于高韧性钢，传统的小尺寸冲击动态试验 (CVN 和 DWTT 等) 由于尺寸约束效应及工况的不同，测试得到的韧性值并不能完全等同于钢管实际的断裂韧性。

3.4 管道动态裂纹止裂的影响因素

由第 1 章的分析可知，基于 BTC 方法和一定的修正系数，可以满足参数相近的 X80 焊管止裂韧性预测的需求。BTC 方法是通过对比焊管的阻力曲线 (裂纹扩展速率曲线) 和管内气体减压波速度曲线确定满足止裂最低的韧性值 (CVN 能量)。从式 (3-5) 可知，裂纹扩展速率曲线的计算，受管径、壁厚和输送压力等因素的影响。管内气体减压波速度曲线与气体组分和温度相关。为分析上述因素对管线止裂韧性的影响，下面以西气东输二线工程为背景，使用 BTC 方法和修正系数，对不同输气组分、壁厚、管型 (管径不变时，设计系数随管道壁厚和输送压力改变而改变)、气体温度和初始压力对止裂韧性设计的影响进行系统分析。

3.4.1 气体组分对止裂韧性的影响

西气东输二线 (西二线) 的气源包括榆林气、土库曼气、塔里木气和中亚气。不同气源的气体组分如表 3-1 所示。

表 3-1 西气东输二线气体组分 (单位: %)

气源	C_{C_1}	C_{C_2}	C_{C_3}	C_{iC_4}	$C_{nC_{4+}}$	C_{CO_2}	C_{N_2}
榆林气 (A1)	94.3	2.68	0.45	0.08	0.08	1.9	0.37
土库曼气 (A2)	92.5	3.958	0.335	0.116	0.085	1.89	0.846
塔里木气 (A3)	96.2	1.77	0.3	0.062	0.075	0.473	0.967
中亚气 (A4)	> 92	$\leqslant 6$		< 3		< 2	< 2
西二线试验气 (A5)	$\leqslant 88$	$\geqslant 6.5$	> 1.0	> 0.35	> 0.15	> 2.5	> 1.5

过去研究表明[8,124]，重烃类天然气 (即 C_2、C_3、iC_4、nC_{4+}、CO_2 和 N_2 等含量较多) 在泄漏过程中会出现两相减压行为，阻碍气体的逸出，导致减压波曲线出现减压波平台，致使裂纹尖端长时间处于高压状态，且随着重烃含量的增加，减压波压力平台的压力越高，要使裂纹止裂所需的止裂韧性越大，如图 3-14 所示。图中减压波曲线由 GASDECOM 程序计算获得，5 组气体的重烃含量依次增加，且温度相同 (15℃)。

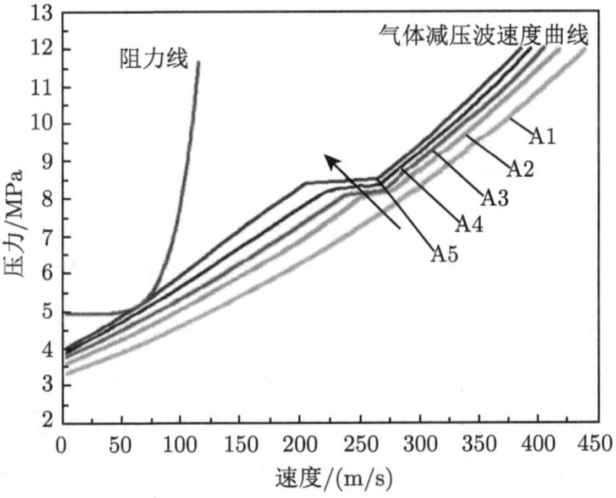

图 1-14 气体减压波速度随重烃含量的变化

为分析不同重烃含量对西气东输二线管道止裂韧性的影响，确定管线输送不同气体组分所需最低韧性值。下面以西气东输二线输送重烃含量最高的土库曼气 (中亚气气体组分不确定)、重烃含量最低的塔里木气和第一次全尺寸爆破试验用气 (西二线试验气) 为例，使用 GASDECOM 程序计算这 3 类气体组分的减压波曲线，采用 ISO 标准推荐的 BTC 方法计算管线的临界止裂韧性。GASDECOM 计算时对应 3 类气体的组分如表 3-2 所示。

图 3-15 表明塔里木气的减压波曲线没有产生压力平台，土库曼气的减压波曲线约在 3.6MPa 产生压力平台，西二线试验气在 5.8MPa 时产生压力平台，压力一定时，塔里木气的减压波速度最大，西二线试验气的减压波速度最小。因此，

重烃含量越高，管道越难止裂。将西二线试验气减压波速度的 GASDECOM 计算结果和测试结果进行对比，可发现两者吻合较好，证明使用 GASDECOM 程序计算大口径输气管道气体减压波速度是可行的。

表 3-2　GASDECOM 计算 3 类气体的组分　　(单位：%)

气源	C_{CH_4}	$C_{C_2H_6}$	$C_{C_3H_8}$	C_{C4+}	C_{CO_2}	C_{N_2}
土库曼气	92.5	4.0	0.4	0.2	2.0	0.9
塔里木气	96.5	1.7	0.3	0. 18	0.5	1
西二线试验气	87	6.5	1.0	0.5	2.5	1.5

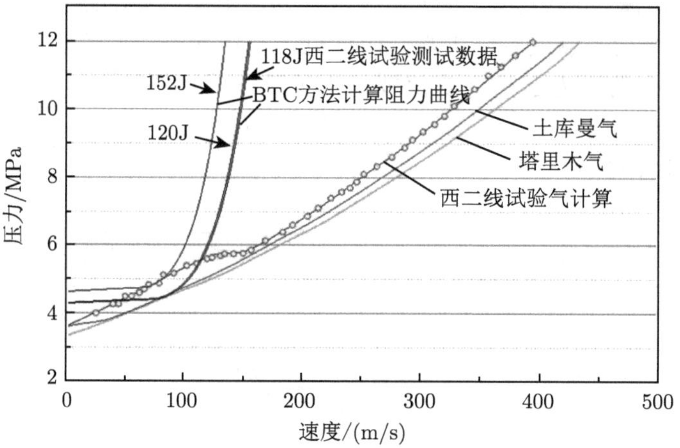

图 3-15　不同组分气体减压波曲线及所需的止裂韧性

已知西二线主干线的钢管直径为 1219mm，壁厚为 18.4mm，当输送塔里木气、土库曼气和西二线试验气时，由 BTC 方法计算得到的临界止裂韧性值 (夏比冲击能量) 分别为 118J、120J 和 152J，如图 3-15 所示，重烃成分越高的气体，需要的韧性越高。从上一节的分析可知，使用 BTC 方法计算 X80 钢管的止裂韧性时，需采用 1.46~1.66 的修正系数进行修正。不同组分气体修正后的临界止裂韧性值，如表 3-3 所示。

表 3-3　不同组分气体的临界止裂韧性值　　(单位：J)

气源	BTC	1.46×BTC	1.66×BTC
土库曼气	120	175.2	199.2
塔里木气	118	172.3	195.9
西二线试验气	152	221.9	252.3

3.4.2　管道壁厚对止裂韧性的影响

在输气管线设计中，为确保安全，管线经过不同级别地区会采用不同的壁厚，以较低管线的设计系数，但当壁厚增加时，钢管的韧性也会受影响。因此，管线壁厚改变时，需重新验证其止裂韧性。西气东输二线设计输送压力为 12MPa，经过不同级别地区采用的壁厚如表 3-4 所示。

表 3-4 西二线不同级别地区对应的钢管壁厚

输送压力/MPa	钢管壁厚/mm			
	1 类地区	2 类地区	3 类地区	4 类地区
12	18.4	22.4	26.4	33.4

保守起见，在计算不同地区管道止裂韧性时，采用西二线试验气的气体组分，由于初始压力和温度不变，其减压波曲线与图 3-15 的相同。随着地区级别的升高管线的壁厚也增加，而输送压力不变，亦即管线的设计系数和环向应力都降低。不同级别地区对于管道所需的止裂韧性计算结果如图 3-16 所示 (输送压力 12MPa，15℃)。图中表明，当管径不变时，随着壁厚的增加，管道所需的止裂韧性下降。鉴于已进行的 X80 全尺寸爆破试验中，没有止裂韧性低于 120J 的钢管发生止裂的情况，因此建议采用 1.66 的修正系数进行修正。

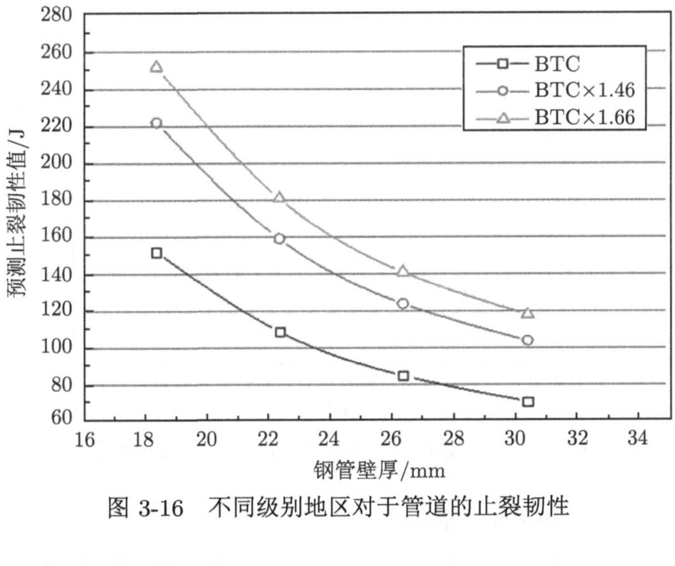

图 3-16 不同级别地区对于管道的止裂韧性

3.4.3 管型对止裂韧性的影响

从经济效益及安全等因素考虑，在管道建设过程中，在不同地区采用不同型号的钢管 (主要改变管径和壁厚)，以调节输气量及节省成本。对于 X80 管道，设计压力为 12MPa 和运行温度为 15℃ 时，使用 BTC 方法和西二线试验气减压波曲线计算得到的临界止裂韧性如表 3-5 所示。从表中可知，当径厚比和设计系数相同时，随着管型尺寸的增大，所需的止裂韧性也增大。

表 3-5 不同管型的临界止裂韧性值

编号	管径/mm	壁厚/mm	径厚比	设计系数	BTC/J	BTC×1.46/J
1	914	13.8	66	0.72	127	185
2	1016	15.3	66	0.72	136	199
3	1219	18.4	66	0.72	152	222
4	1422	21.4	66	0.72	171	250

3.4.4 气体温度对止裂韧性的影响

温度会对在气体介质中传播的声速造成影响，温度越高声音在气体介质的传播速度越快。从式 (3-1) 可知，减压波的传播速度与气体介质中的声速密切相关。同时从图 3-5 可发现，当温度过低时，即使低重烃含量的气体也会进入两相状态，导致减压波曲线出现压力平台。故管道在不同温度下运行，其减压波速度也不同，对止裂韧性的要求也不同。图 3-17 所示为塔里木气在不同温度下的减压波速度曲线 (初始压力为 12MPa)。图中表明，相同压力下，温度越低减压波速度越小，越不利于止裂；当气体温度为 −20℃ 时，曲线还出现压力平台，加大了止裂的难度。

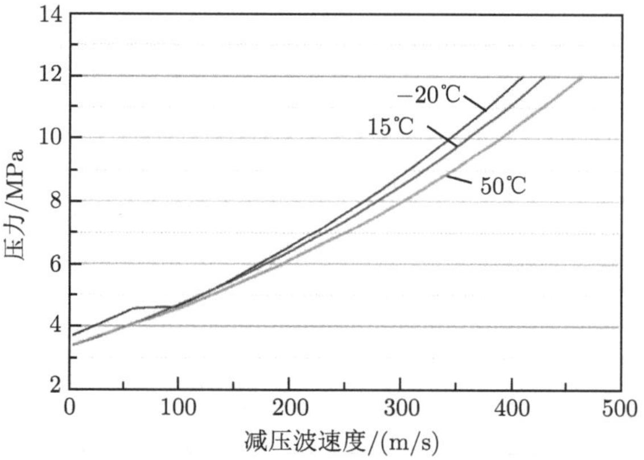

图 3-17 塔里木气在不同温度气体减压波速度曲线的对比

3.4.5 运行压力对止裂韧性的影响

图 3-18 所示为表 3-6 组分气体在不同初始压力下的减压波速度曲线，计算时温度取 0℃。图中 P_0 为初始压力，P 为某一减压水平压力。随着初始压力的上升，减压波速度曲线的压力比平台降低，且减压波的初始速度 (等于初始压力下的声速) 变得更大，导致减压波曲线向更大速度方向移动。这意味着在断裂过程中，气体降压更快，降低裂纹发生长距离扩展的风险。

为研究不同初始压力对管道止裂韧性的影响，下面设计管径和设计系数相同、初始压力不同的 4 种工况，如表 3-7 所示。利用 BTC 方法和表 3-6 组分的气体计算 4 种工况下，管道的临界止裂韧性，计算结果如图 3-19 所示。图中表明，在设计系数相同时，增加运行压力并不会增加管道延性裂纹扩展的风险，甚至管壁厚度的增加还降低了所需的止裂韧性。

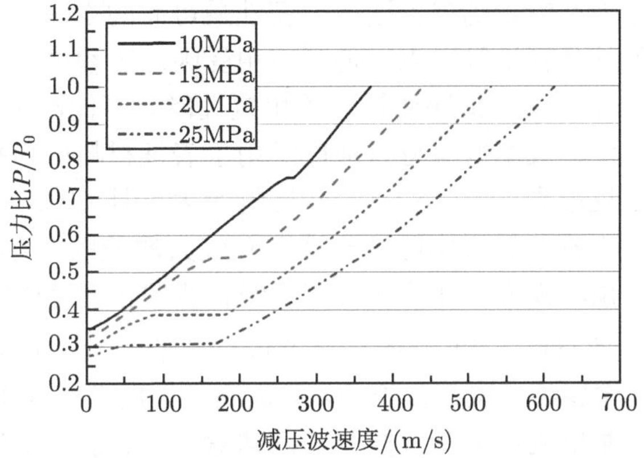

图 3-18 在不同初始压力下的减压波速度曲线

表 3-6 计算气体的组分 (单位: %)

CH_4	C_2H_6	C_3H_8	iC_4H_{10}	iC_4H_{10}	nC_5H_{12}	CO_2	N_2
89.57	4.7	3.47	0.24	0.56	0.134	0.72	0.5

表 3-7 初始压力对管道止裂韧性影响

编号	管径/mm	壁厚/mm	压力/MPa	设计系数	BTC/J	BTC×1.46/J
1	1219	15.3	10	0.72	185	270
2	1219	22.9	15	0.72	188	274.5
3	1219	30.5	20	0.72	158	231
4	1219	38.1	25	0.72	105	153

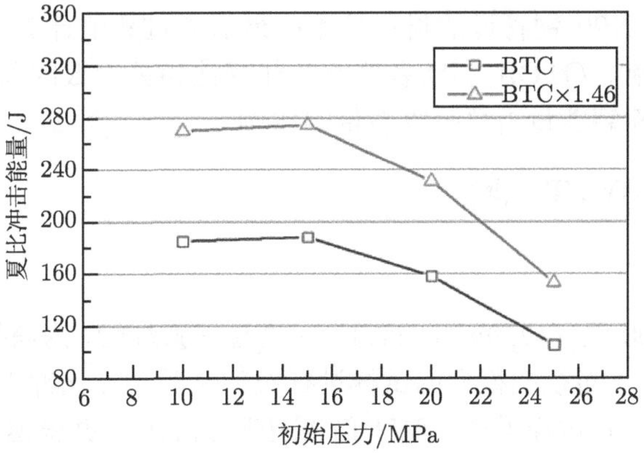

图 3-19 止裂韧性随初始压力变化曲线

3.5 含裂纹管道止裂基于微观损伤模型的管道断裂分析

尽管全尺寸爆破试验是确定管道止裂韧性最可靠的方法，但其耗费大、时间长，且结果特定于某类管道等特点，使其应用受限。工程中往往使用小尺寸试验结果结合半理论半经验模型来评估管道的止裂性能。夏比冲击试验 (CVN) 因试样尺寸小、操作简便、成本低等特点被广泛用于表征材料的止裂性能。但随着管道韧性的提高，裂纹起裂占 CVN 总能量比例增大，且 CVN 试样的约束条件和断裂速度较低等特点都与管道实际断裂情况有较大的差别[8,12]。故基于 CVN 能量的管道止裂韧性预测模型在评估现代高钢级管线的止裂性能时存在较大偏差。

落锤撕裂试验[38](DWTT) 克服夏比冲击试验的缺点，可对全壁厚的试样进行试验，由于其试样裂纹扩展韧带长，大大提高了扩展功在冲击功中所占的比重。但 DWTT 记录的能量包含整个试样冲击、摩擦、非裂纹尖端位置塑性变形等消耗的能量，很难将断裂能量 (裂纹生长消耗的能量，也称动态断裂韧性) 从总吸收能量中区分出来。同时，Shim 等[40]，Duan 和 Zhou[48]，Ren[115]等研究表明裂纹扩展速度对材料的动态断裂韧性有重要的影响，由于落锤高度的限制，DWTT 中试样的断裂速度通常小于 18m/s，而全尺寸爆破试验表明管道的实际断裂速度达 90~300m/s。因此，DWTT 在评估管道的实际断裂阻力时也存在偏差。近年来，研究发现 CTOA[42−46]与材料的断裂能量相关，且由于其在试验和模拟中便于测量，被认为是非常有发展前景的评估方法。

本节以 X90 钢为研究对象，首先通过仪器化 DWTT 和高速摄影观测，获得落锤载荷–位移曲线、裂纹扩展速度以及裂纹尖端张开角 (CTOA) 等表征裂纹扩展特性的参量；然后根据试验结果校核韧性微观损伤模型 (complete gurson model, CGM) 中适用于 X90 钢管道的材料参数；最后通过数值计算探讨裂纹速度对管道断裂阻力的影响、CTOA 和断裂能及其他韧性相关参数的关联，以及 DWTT 中稳态裂纹扩展断裂能量占总吸收能量的比例。

3.5.1 仪器化 DWTT 试验

1) 试验材料

试验采用 X90 级 Φ1219mm×17.3mm 直缝埋弧焊管，为获得试样的基本力学性能，在室温条件下对横向截取的试样进行拉伸试验和夏比冲击试验，详细力学参数见表 3-8。DWTT 试样 (PN-DWTT) 采用压制缺口，并根据 SY/T6476—2007 标准进行制作[37]，几何尺寸为 76mm×305mm×b (b 为壁厚，本试验为 17.3mm)，如图 3-20 所示。试验还在试样表面设置等间距的刻度以便观测裂纹的位置。

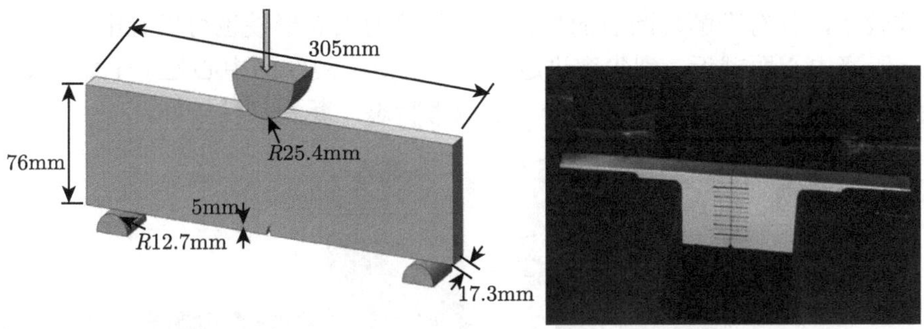

(a) 试样尺寸及 DWTT 试验示意图　　(b) 试验中试样的设置

图 3-20　试样尺寸和设置

表 3-8　试验管材 X90 的力学参数

弹性模量/GPa	泊松比	屈服强度 $R_{t0.5}$/MPa	抗拉强度 R_m/MPa	断后伸长率/%	屈强比	夏比冲击能量/J
206	0.3	715	807	24	0.89	294

2) 试验的设置

试验采用 JL-50000 型焦耳落锤试验机和 HIT 50kP 型摆锤试验机，两台试验机锤重分别为 2.52t 和 1.4023t，共进行 4 组 DWTT (表 3-9)。1 ~ 3 组在 JL-50000 上进行，主要采用高速摄影观测不同冲击速度下裂纹的扩展特性；第 4 组在 HIT 50kP 上进行，该机器可记录落锤载荷–位移参数，同时可以通过高速摄影观测裂纹的扩展过程。每组试验进行 2 次，为确保韧性，试验温度均高于上台阶温度。

表 3-9　试验工况

组号	仪器型号	锤高/m	锤重/t	次数
1	JL-50000	0.7	2.52	2
2	JL-50000	1	2.52	2
3	JL-50000	1.3	2.52	2
4	HIT 50kP	3.636	1.4023	2

3) 试验结果与分析

(1) 试样断口表面特征。

DWTT 试样断口具有典型延性断裂的特征，除起裂位置外均为韧性断口，且裂纹面与试样表面成 45° 角，如图 3-21(a) 所示。与全尺寸试验断口相比，DWTT 断口较为平齐，且断口两侧材料的屈服范围较小，而全尺寸断口表面呈现较多凹凸不平的花纹，且越靠近中心断口越粗糙 (图 3-21(b))，这可能是由于裂纹断裂速度不同造成金属材料断裂机理的差异。

图 3-21(a) 中标示的箭头为试样起裂时，裂纹尖端的轮廓。从图中可以看出，裂纹从缺口中心开始起裂，且起裂时出现断口分离现象，断口较粗糙，垂直断面

的裂纹较多，具有准解理断裂的特征。从裂纹的表观形貌也可以看出，在厚度方向上，距离中心面越近，裂尖突进越快。这是由于裂纹面中心处于平面应变状态，断裂韧性较差，而裂纹面边缘处于平面应力状态，断裂韧性较好。

(a) DWTT断口形貌　　(b) 全尺寸试验断口形貌

图 3-21　DWTT 断口

(2) 裂纹扩展速度及稳态 CTOA。

根据高速摄影记录的图片，可获得试样裂纹扩展距离、速度和 CTOA 等特征参量，在 HIT 50kP 上还可以结合落锤载荷–位移曲线，确定稳态裂纹的断裂能。图 3-22 所示为某一时刻高速摄影记录的裂纹位置及 CTOA。将裂纹长度和 CTOA 与时间进行关联获得如图 3-23 所示的演化规律 (图中给出的是 2 次试验的平均值)。

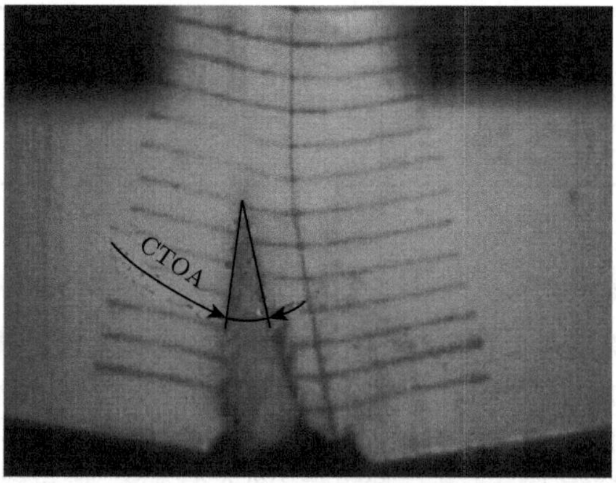

图 3-22　试验中 CTOA 的测量

从图中可以看出，标准的 DWTT，裂纹起裂扩展到 15～18mm 后进入稳态扩展阶段，扩展到 40～45mm 后裂纹稳态扩展状态发生改变，裂纹速度开始减小。稳态扩展阶段裂纹速度保持不变，裂纹尖端张开角在一定的幅度内振荡，表 3-10 统计了 4 组试验裂纹稳定状态下的速度和 CTOA 平均值。裂纹扩展是锤头做功和试样内能共同作用的结果。对比 1~3 组试验可知，随着锤头高度的增加，锤头冲击试样时的动能越大，裂纹扩展速度越快。从 4 组试验的结果可以看出，稳定状态下裂纹速度越大，CTOA 的均值越小，表明裂纹扩展速度与 CTOA 间存在着内在联系，确定一定扩展状态下的 CTOA 值可用于评估材料的动态断裂韧性。

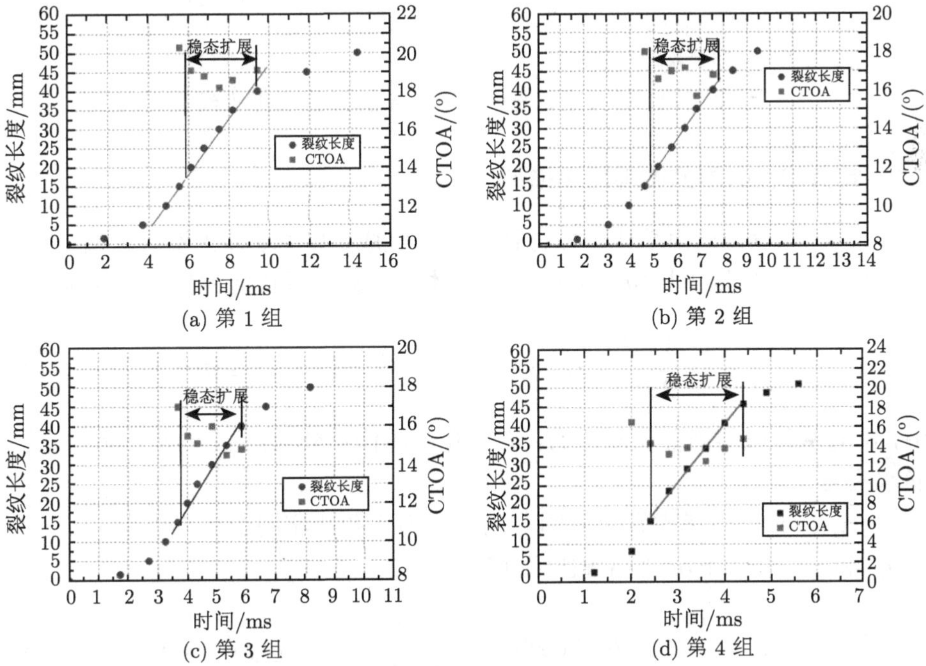

(a) 第 1 组　(b) 第 2 组　(c) 第 3 组　(d) 第 4 组

图 3-23 裂纹长度随时间的变化及稳态 CTOA

表 3-10 试验结果

组号	锤高/m	稳态速度/(m/s)	平均 CTOA/(°)
1	0.7	6.55	18.87
2	1	8.24	16.54
3	1.3	11.2	14.65
4	3.636	14.43	13.75

图 3-24 所示为第 4 组试验中落锤的载荷–时间曲线和载荷–位移曲线，结合高速摄影观测到的稳态裂纹扩展的距离和时间，可求得稳态阶段形成单位面积裂纹吸收的能量为 6.47J/mm^2。

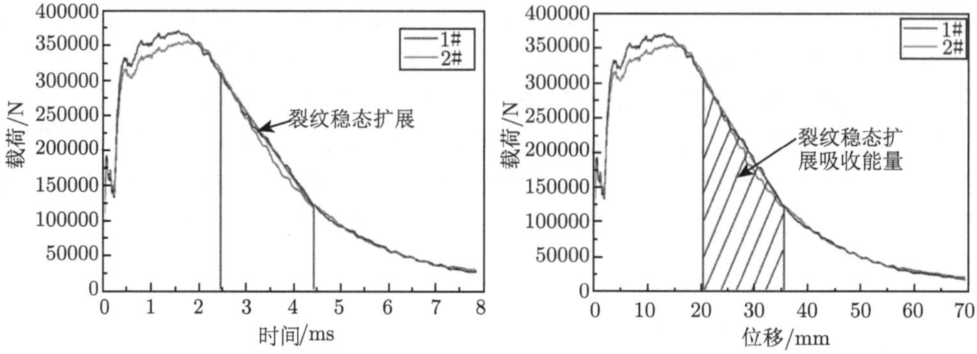

(a) 落锤载荷-时间曲线 (b) 落锤载荷-位移曲线

图 3-24 第 4 组试验中落锤载荷与时间、位移曲线

3.5.2 管道韧性断裂的微观损伤模型

Gurson 假设材料由基体韧性材料和孔洞组成，其中基体为不可压缩、均匀的刚塑性体，并提出以下屈服函数描述孔洞体积分数对材料塑性流动和屈服行为的影响[128,129]：

$$\Phi=\frac{3S_{ij}^2}{2\overline{\sigma}^2}+2f\cosh\left(\frac{3q_2\sigma_m}{2\overline{\sigma}}\right)-[1+f^2]=0 \tag{3-21}$$

式中，$\overline{\sigma}$ 为基体材料当前流动应力；f 为孔洞的体积分数；S_{ij} 为应力偏张量；σ_m 为静水应力。

Tvergaard[62,130]考虑孔洞周围非均匀应力场和孔洞间的相互作用，引入材料参数 q_1 和 q_3 对 Gurson 模型做以下修正：

$$\Phi=\frac{3S_{ij}^2}{2\overline{\sigma}^2}+2q_1f\cosh\left(\frac{3q_2\sigma_m}{2\overline{\sigma}}\right)-[1+(q_3f)^2]=0 \tag{3-22}$$

式中，q_1、q_2、q_3 为初始孔洞形状比。根据前人的研究表明[63,64]，对于高强度–韧性管线钢上述三个参数可取以下固定值：$q_1=1.5$，$q_2=1.0$，$q_3=2.25$。

材料在受力过程中，孔洞会随着周围基体材料塑性变形的增大而逐渐长大，当孔洞体积分数达到某一定临界条件时，会出现孔洞连接合并的现象，导致材料承载能力下降，从而造成材料断裂。为准确描述孔洞合并造成材料承载能力突然下降的现象，Tvergaard[61]使用有效孔洞体积分数 f^* 代替式 (3-22) 中的 f，并假设当孔洞体积分数达到临界值 f_c 时，孔洞迅速聚合，当孔洞体积分数达到 f_F 时，材料完成丧失承载能力，最终发展演化形成 GTN 模型：

$$\Phi=\frac{3S_{ij}^2}{2\overline{\sigma}^2}+2q_1f^*\cosh\left(\frac{3q_2\sigma_m}{2\overline{\sigma}}\right)-[1+(q_3f^*)^2]=0 \tag{3-23}$$

式中，有效孔洞体积分数 f^* 为

$$f^* = \begin{cases} f, & f \leqslant f_\mathrm{c} \\ f_\mathrm{c} + \dfrac{\bar{f}_\mathrm{F} - f_\mathrm{c}}{f_\mathrm{F} - f_\mathrm{c}}(f - f_\mathrm{c}), & f_\mathrm{c} < f \leqslant f_\mathrm{F} \\ \bar{f}_\mathrm{F}, & f_\mathrm{F} < f \end{cases} \tag{3-24}$$

式中，$\bar{f}_\mathrm{F} = \dfrac{q_1 + \sqrt{q_1^2 - q_3}}{q_3}$；$f_\mathrm{c}$ 是孔洞临界合并体积分数；f_F 是材料完全失效时孔洞临界体积分数。考虑到基体材料不可压缩性，孔洞体积分数增大：

$$\dot{f} = (1 - f)\dot{\varepsilon}_{ii}^{\mathrm{pl}} \tag{3-25}$$

式中，$\dot{\varepsilon}_{ii}^{\mathrm{pl}}$ 是塑性应变张量。本书没有考虑第二相粒子孔洞形核对材料断裂的影响。

GTN 模型假设 f_0 和 f_c 是材料常数，但研究发现 f_c 强烈依赖于 f_0，且不同的 (f_0，f_c) 组合可以得到相同的结果，因此，针对 f_c 是否为材料常数仍存在争议。

由于 Gurson 模型假设材料为均匀变形模式，因此，数值计算中不能自动判断孔洞合并的临界条件。为克服上述缺陷，Thomason 提出材料均匀变形和孔洞合并引起的局部变形的共同作用决定孔洞合并的状态，并以塑性极限载荷准则判断孔洞的合并[131]：

当

$$\frac{\sigma_1}{\bar{\sigma}} < \left[\beta_1\left(\frac{1}{r} - 1\right) + \frac{\beta_2}{\sqrt{r}}\right](1 - \pi r^2) \tag{3-26}$$

孔洞不会发生合并；当满足以下条件时，孔洞开始合并：

$$\frac{\sigma_1}{\bar{\sigma}} = \left[\beta_1\left(\frac{1}{r} - 1\right) + \frac{\beta_2}{\sqrt{r}}\right](1 - \pi r^2) \tag{3-27}$$

式中，σ_1 为是最大主应力；$r = \sqrt[3]{(3f/4\pi)\,\mathrm{e}^{\varepsilon_1+\varepsilon_2+\varepsilon_3}} \Big/ \left(\sqrt{\mathrm{e}^{\varepsilon_2+\varepsilon_3}}/2\right)$，$\varepsilon_1$、$\varepsilon_2$ 和 ε_3 为 3 个不同方向的主应变，且 $\varepsilon_1 > \varepsilon_2 > \varepsilon_3$；对于非硬化材料 $\beta_1 = 0.1$、$\beta_2 = 1.2$；对于硬化材料，Pardoen 和 Hutchinson[132]指出 β_1、β_2 为应变硬化指数 n 的函数，$\beta_1(1/n) = 0.1 + 0.217/n + 4.83/n^2$，$\beta_2(1/n) = 1.24$。

Zhang 等[133]在 GTN 模型的基础上引入 Thomason 的孔洞合并临界条件，建立完整 Gurson 模型，即 CGM 模型。该模型的孔洞合并临界体积分数 f_c 取决于式 (3-27) 确定的场量，能够完整地描述材料的韧性断裂过程。

3.5.3　管道韧性断裂数值计算及结果分析

1) 基体材料本构模型

研究对象为我国新一代管线钢——X90，主要分析其 DWTT 试样在动态冲击载荷下的断裂过程。对于率无关的基体材料性能，采用真实应力–应变关系描述其硬化性能，如图 3-25 所示。图中材料颈缩后的硬化流动特性由 Hollomon 幂次定律进行描述[64]：

$$\sigma = A\varepsilon_{\mathrm{p}}^{n} \tag{3-28}$$

式中，σ 为真实应力；ε_{p} 为真实塑性应变；A、n 为材料常数，根据 X90 材料应力–应变关系拟合得到上述两个参数分别为 985、0.053。

通过将强度乘以校正因子来考虑应变速率对材料性能的影响，其中校正因子可通过下面公式计算[64]：

$$f(\dot{\varepsilon}) = c_1 \cdot \ln(\dot{\varepsilon}) + c_2 \tag{3-29}$$

$$\sigma_{(\dot{\varepsilon})} = \sigma_{\mathrm{YS}} \cdot f(\dot{\varepsilon}) \tag{3-30}$$

式中，c_1，c_2 为材料动态参数，可通过高速拉伸试验的载荷–位移曲线进行确定；$f(\dot{\varepsilon})$ 为校正因子；σ_{YS} 为材料静态拉伸屈服强度；$\sigma_{(\dot{\varepsilon})}$ 为材料校正后的强度。本章通过分离式霍普金森压杆试验校核得到 X90 管线钢的动态参数 c_1=0.015，c_2=1.03。

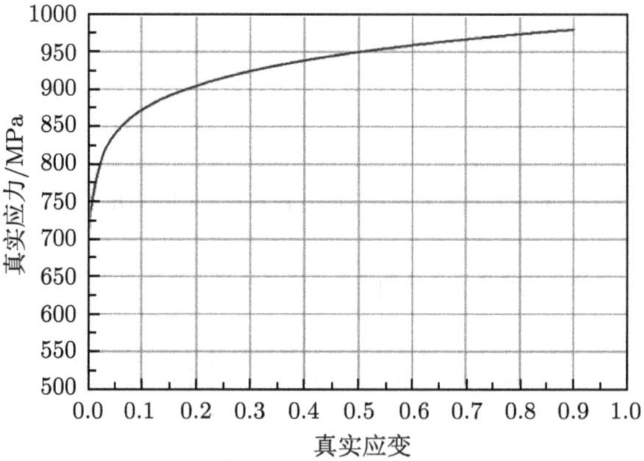

图 3-25　X90 管线钢材料真实应力–应变曲线

2) 有限元模型

本书采用 ABAQUS 软件进行数值分析，忽略绝热对材料屈服应力的影响。为提高计算效率，本书只进行二维有限元模拟。根据图 3-20(a) 的 DWTT 构型建立的有限元模型如图 3-26 所示。在有限元分析中，两个支撑设置为解析刚体，落锤设置为一般弹性体，试样设置为弹塑性体；采用的单元类型为二维平面应变四

节点缩减积分单元 (CPE4R) 和二维平面应变三节点积分单元 (CPE3)，整个共划分为 19586 个单元。由于采用韧性微观损伤模型 (CGM) 描述材料的损伤断裂机制，结构整体的动力响应与裂纹扩展路径上的特征单元尺寸 D 密切相关。特征单元尺寸 D 在物理意义上代表材料微孔洞或夹杂物之间的平均距离[64,65]，因而，对材料的止裂性能具有重要影响。

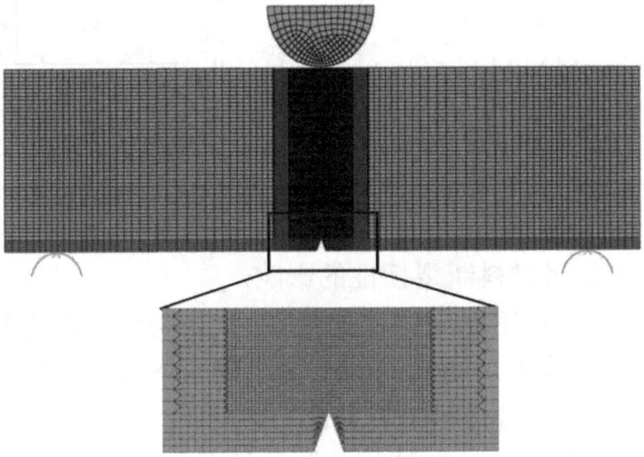

图 3-26　有限元模型

文献 [64] 和 [65] 研究表明高钢级管线钢的特征单元尺寸 D 可根据材料的性能不同选择 0.1~0.5mm。数值分析中，材料的初始孔洞体积分数 f_0 也对其断裂性能有重要影响，对于高钢级管线钢，f_0 通常为 0.01%~0.03%。本节根据试验结果校核适用于 X90 钢管道的韧性微观损伤断裂参数 D 和 f_0。

3) 数值计算结果分析

(1) 韧性损伤参数的校核。

通过设置不同的特征单元尺寸 D 和初始孔洞体积分数 f_0 对第 4 组试验工况下的 DWTT 试件冲击断裂过程进行大量的有限元分析，最终确定适用于 X90 管线钢的损伤参数：$f_0 = 0.01\%$，$D = 0.25\text{mm} \times 0.4\text{mm}$，其中 0.25mm 为垂直裂纹方向单元的宽度。

图 3-27 所示为第 4 组试验工况下，数值模拟与试验结果的对比，可以看出，两者的结果较为一致，其中，数值模拟中稳态阶段裂纹扩展速度为 13.2m/s，平均 CTOA 为 13.5°；试验中稳态裂纹扩展速度 14.43m/s，稳态阶段平均 CTOA 为 13.75°。但从图中可以发现，裂纹开始扩展阶段，模拟结果与试验结果的偏差相对较大，这是由于有限元模拟对试验构型进行简化，只进行二维分析。从试验的断口 (图 3-21) 可以看出，试样在断裂过程中，在厚度方向具有中心突进效应，且在起裂时中心突进效应更为明显，因此采用二维有限元分析时会存在一定的偏差。

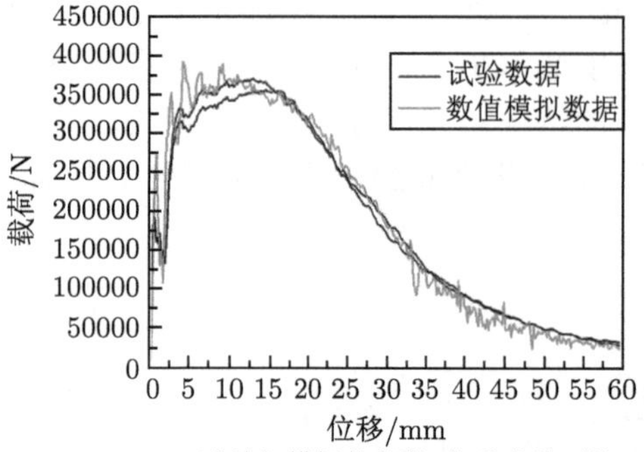

(a) 试验与模拟的载荷-位移曲线对比

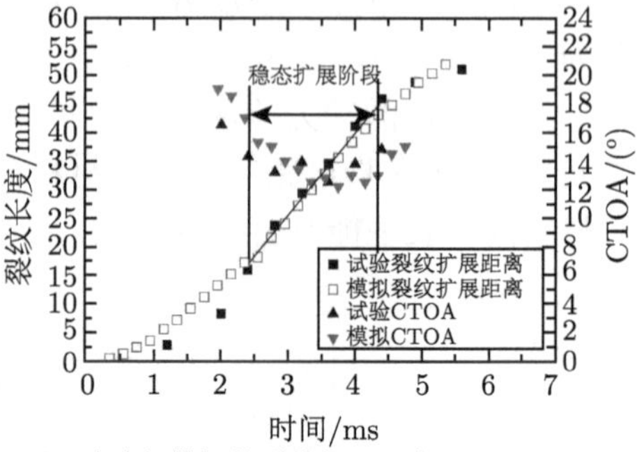

(b) 试验与模拟的裂纹扩展距离及CTOA对比

图 3-27 第 4 组试验工况下，数值模拟与试验结果的对比

(2) 模型损伤参数对材料断裂韧性的影响。

在 CGM 模型中，初始孔洞体积分数 f_0 代表材料的损伤程度，特征单元尺寸 D 代表材料微孔洞或夹杂物之间的平均距离。下面分别探讨初始孔洞体积分数 f_0 和特征单元尺寸 D 对材料断裂韧性的影响。

图 3-28 所示为不同初始孔洞体积分数条件下，材料 DWTT 模拟过程中的载荷–位移曲线和裂纹扩展距离–时间的变化。从图中可以看出，随着初始孔洞体积分数增大，材料损伤越严重，裂纹扩展相同距离吸收的能量越少，材料抵抗裂纹扩展的能力下降，相同工况下裂纹扩展速度也增大。表 3-11 总结了 $f_0 = 0.0001$、0.0005、0.001 三种初始孔洞体积分数下材料稳态断裂状态下的断裂参数。从表中可以看出，稳态阶段裂纹的尖端张开角 (CTOA) 与裂纹速度成反比，与断裂吸收能成正比，即裂纹速度越快，CTOA 越小，断裂吸收能量也越少。

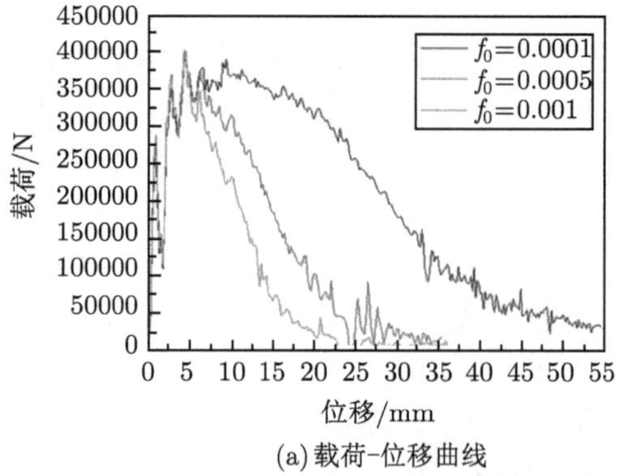

(a) 载荷-位移曲线

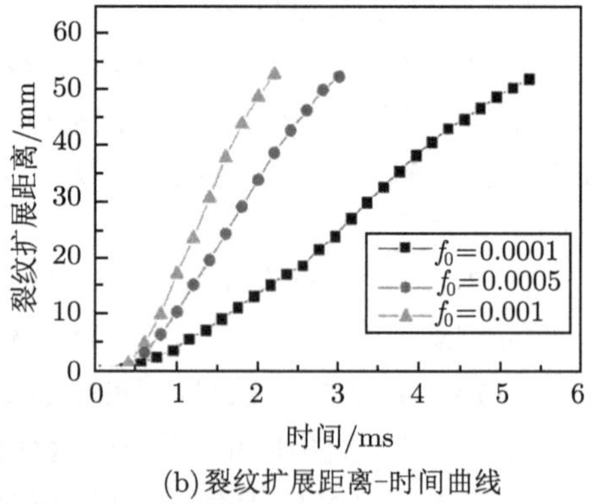

(b) 裂纹扩展距离-时间曲线

图 3-28 初始孔洞体积分数对材料断裂性能的影响

(特征单元尺寸 $P = 0.25\text{mm}\times0.4\text{mm}$)

表 3-11 初始孔洞体积分数对材料断裂性能的影响

初始孔洞体积分数	稳态扩展速度/(m/s)	稳态 CTOA/(°)	稳态断裂吸收能量/(J/mm^2)
0.0001	13.2	13.5	7.50
0.0005	23.6	7.0	4.66
0.001	33.9	4.6	2.70

图 3-29 所示为不同特征单元尺寸 D 条件下，材料 DWTT 模拟过程中的位移–载荷曲线和时间–裂纹扩展距离的变化 (本节只考察垂直裂纹方向单元宽度的影响)。从图中可以看出，随着特征单元尺寸的较小，物理意义上代表夹杂物的密度增加，材料断裂过程中吸收的能量越少，其抵抗裂纹扩展的能力下降，相同工况下裂纹扩展速度也增大。通过数值分析可知，D = 0.25mm×0.4mm 和 0.20mm×0.4mm 两种特征单元尺寸下，稳态阶段，裂纹扩展速度分别为 13.2m/s、21.3m/s，CTOA 分别为 13.5°、9.6°，稳态断裂能量分别为 7.50J/mm^2、5.25J/mm^2。

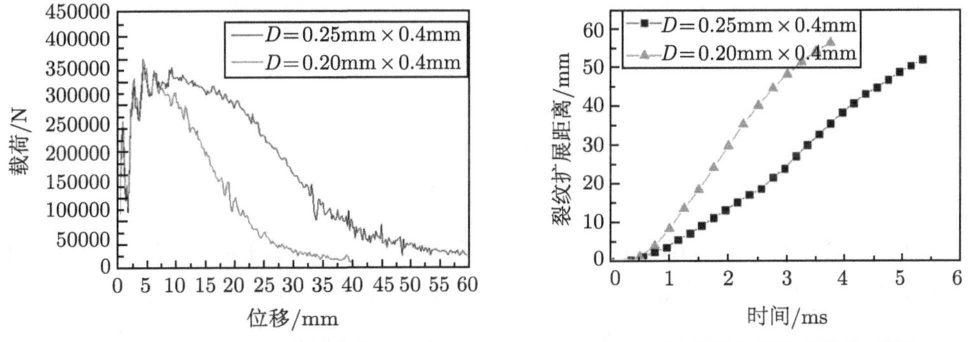

(a) 载荷-位移曲线 (b) 裂纹扩展距离曲线-时间

图 3-29 特征单元尺寸 D 对材料断裂性能的影响

(初始孔洞体积分数 $f_0 = 0.0001$)

(3) 裂纹扩展过程中试样吸收能量的分布特征。

由于 DWTT 的冲击断裂模式，试样冲击部位和支撑部位将产生大塑性变形，不可避免地吸收大部分能量。为准确获取管线钢的断裂能，需将试样冲击变形吸收的能量与断裂能加以区分。在这里，延性材料中的断裂能 (G_f) 包括形成新裂纹面以及伴随其形成时裂纹尖端前缘塑性区域吸收的能量。从能量平衡的角度来看，在稳态扩展阶段 G_f 应该与裂纹速度和 CTOA 一样保持稳定。

由于技术的限制，在裂纹扩展过程中很难通过直接测量获得试样的 G_f(形成新裂纹面吸收能量加上裂纹尖端的塑性能)，因此即使在仪器化 DWTT 中，断裂能也只是粗略地定义为裂纹稳态扩展阶段试样吸收的总能量 (G_t，忽略摩擦消耗的能量等于落锤输出的总能量)。然而从图 3-30 所示的数值模拟结果可以看出，除了裂纹附近发生塑性变形外，在试样与落锤、支撑接触部位也发生大范围塑性变形，因此 G_t 不但包含 G_f，还包含了试样冲击变形吸收的能量。在数值模拟中，可通过分别记录裂纹扩展区域和试样冲击及支撑区域吸收的能量将它们加以区分。

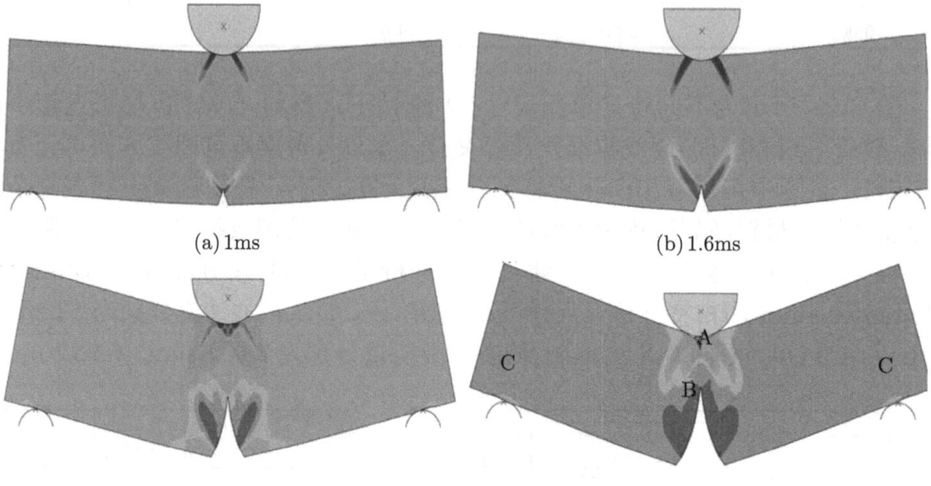

(a) 1ms (b) 1.6ms (c) 3.6ms (d) 4.8ms

图 3-30 裂纹扩展过程中标准试样塑性变形的分布特征 (第 4 组试验工况下有限元分析结果)

A 代表冲击锤引起的塑性区域；B 代表围绕移动裂纹尖端的塑性尾流区；C 代表支撑引起的塑性区域

从图 3-30 还可以看出，开始阶段在落锤的冲击下，预制缺口尖端产生应力集中并发生塑性变形；随着落锤进一步作用，裂尖开始扩展并在其周围发生大塑性变形；随着裂纹扩展距离的增加，其附近的塑性变形区域变小。这是由于缺口没有预制疲劳裂纹，试样的起裂需要吸收大量的能量，故在接近缺口的附近产生较大的塑性变形区域。

(4) DWTT 试样能量的吸收。

尽管仪器化 DWTT 测试可以获得试样的总吸收能量 G_t，但有必要通过数值模拟进一步估计当前测试系统不可能获得的断裂能 G_f。对于标准 DWTT 试样冲击断裂过程，图 3-31 所示为数值计算中获得的能量时程曲线。图中显示了试样总吸收能量 G_t、锤击区域塑性能 G_A、断裂能 G_f、支撑塑性区域塑性能 G_c 随时间的演化。从图中可以看出，试样支撑位置开始时吸收的能量较多，但进入稳态扩展阶段后 (约 2.4ms)，支撑位置的塑性能基本保持不变，因此在评估试样稳态阶段的断裂能时，可忽略支撑位置吸收的能量。

现在工程评估中，通常将试验中裂纹稳态扩展下的 G_t 粗略地视为材料的断裂能，但从图 3-31 的数值结果可以看出，这明显高估了材料的真实断裂能。因此，本节的主要目标之一是获得标准 DWTT 中驱动裂纹稳态扩展的能量占总吸收能量的比例。根据图 3-31 的数据可知，稳态阶段试样总吸收能 $G_t = 3374\text{J}$，断裂能

G_f=1497J，即断裂能为总吸收能量的 44%。该比例为评估管道真实的断裂性能提供了非常有用的参考，可将实际的断裂能与 DWTT 中标准试样测量获得的总吸收能量加以区分。例如，如果 DWTT 中标准试样在 15m/s 的断裂速度下，只有 44%稳态吸收能量为该速度下材料的动态断裂韧性。

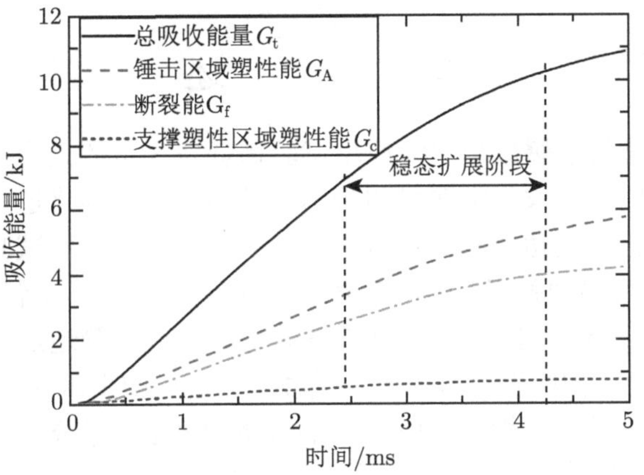

图 3-31 DWTT 试样不同区域能量的吸收 (第 4 组试验工况下数值模拟结果)

第 4 章　输气管道爆破模型试验研究

4.1　概　　述

高压输气管道气压爆破全尺寸原型试验需耗费大量的人力、物力和财力，且对试验环境和场地的要求非常严格和苛刻，试验一旦失误将造成重大损失。为确保全尺寸原型试验的成功、降低试验成本，应开展基于原型试验的小规模模型试验。本章以 X90 直缝埋弧焊管为研究对象，开展了 X90 钢单管 (T-1)、环焊缝强度 (T-2)、三管 (T-3 和 T-4) 气压爆破试验，探索解决管道爆破试验动态参量的获取、传感器密封、初始裂纹引入等关键技术问题，初步研究我国 X90 钢管道的止裂性能及环焊缝的可靠性，同时开展输气管道断裂危害效应研究 (具体见第 6 章)，为我国输气管道的工程建设和科学研究提供参考。

4.2　管道爆破系列模型试验设计

4.2.1　试验目的

试验的总体设计方案是将公称尺寸为 1219mm(直径)×16.3mm(壁厚) 的 X90 钢管道加压到 (12±0.5)MPa，然后利用线型爆炸聚能切割器在管道几何中心上侧沿轴向引入 500mm 长的贯穿型裂缝，使管道在高压作用下发生爆炸破裂，通过实测观测钢管的相关断裂参数。主要的试验目的包括：

(1) 开发输气管道气压爆破模型试验相关动态参量的测试技术；

(2) 设计一种适用于高强度管线钢初始裂纹引入的线型爆炸聚能切割器；

(3) 初步研究新型 X90 钢管道裂纹动态扩展特性及其止裂性能；

(4) 初步探讨新型复合材料止裂器对管道裂纹动态扩展的控制作用；

(5) 获取爆破试验中管道爆炸危害效应的特征参量 (压力波和振动速度信号)。

这些试验为管道爆炸危害效应的理论研究和防护措施的制定提供依据。有关管道爆炸危害效应相关特征参量的测试与分析将在第 6 章论述。

4.2.2　线型爆炸聚能切割器的设计和验证

(1) 线型爆炸聚能切割器的切割原理。

线型爆炸聚能切割器是一种带有金属药型罩的线型装药，其工作原理是，利用炸药的爆炸能量压垮药型罩生成金属粒子射流，并使其沿聚能槽法线方向高速运动，当药型罩两侧的射流发生碰撞时会在切割器中轴线上形成高速连续薄片状的射流 (通称“聚能刀”)，从而对各种坚硬目标实施切割，如图 4-1 所示。聚能切割器的切割能力与其药量、药型罩材料和药型罩形状等因素相关。

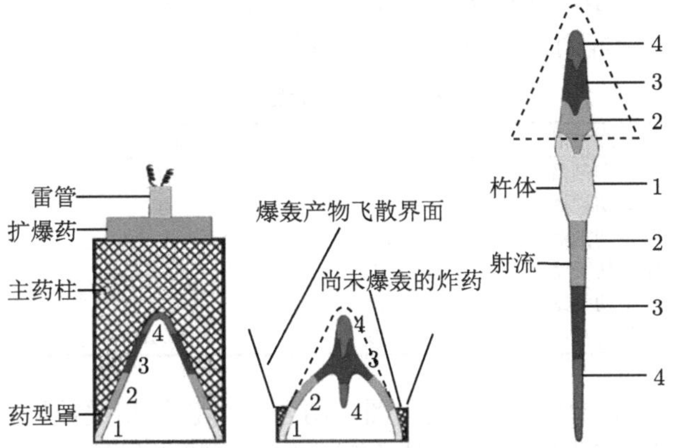

(a) 起爆前 (b) 开始形成射流 (c) 射流最终形态

图 4-1 聚能切割器射流形成过程示意图

图中序号表示射流形成过程中药型罩对应区域位置的变化

(2) 线型爆炸聚能切割器的设计。

根据试验切割目标的材质和厚度，采用理论计算和数值模拟手段设计出的 3 种不同类型线型爆炸聚能切割器，其截面形状如图 4-2 所示，各种线型爆炸聚能切割器的设计参数如表 4-1 所示。

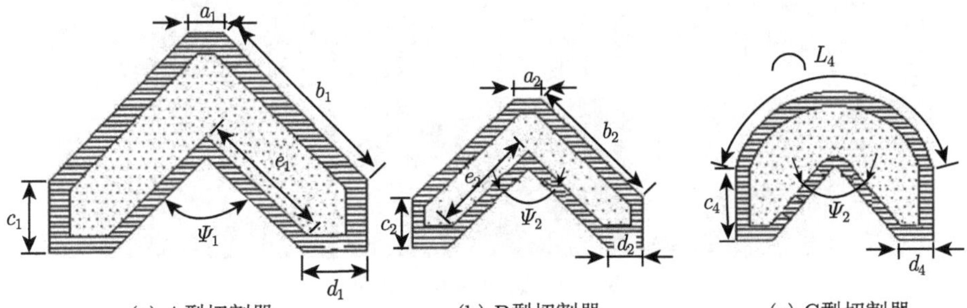

(a) A型切割器 (b) B型切割器 (c) C型切割器

图 4-2 线型爆炸聚能切割器截面图 (单位：mm)

表 4-1 线型爆炸聚能切割器设计参数

切割器类型	药型罩材料	装药成形方式	装药线密度/(g/m^2)	切割器线密度 (带外壳)/(g/m^2)
A 型切割器	锑铅合金	压装	841	4664
B 型切割器	锑铅合金	压装	326	2370
C 型切割器	紫铜	压装	462	1913

(3) 聚能切割器切割能力的实验验证。

为尽量与管道爆破试验的实际情况相贴近，试验的钢板取自爆破试验的样管，共进行 6 组试验，具体的设计如表 4-2 所示。对比分组情况如下：① S_1-S_2-S_3 主要研究不同尺寸和类型聚能切割器作用下钢板的毁伤效果。② S_2-S_4-S_5、S_3-S_6 主要研究不同炸高下聚能射流对钢管的破坏效应。

表 4-2　试验分组设计

实验序号	切割器类型	切割器长度/cm	炸高/cm	切割目标物
S_1	A 型切割器	30	0	17.3mm 厚钢板
S_2	B 型切割器	30	0	17.3mm 厚钢板
S_3	C 型切割器	30	0	17.3mm 厚钢板
S_4	B 型切割器	30	0.4	17.3mm 厚钢板
S_5	B 型切割器	30	0.7	17.3mm 厚钢板
S_6	C 型切割器	30	0.4	17.3mm 厚钢板

图 4-3 为 6 组试验切割钢板效果图。结合表 4-3 的相关数据可以看出，线型聚能切割器的尺寸、炸高及药型罩的类型对切割效果有重要的影响。由试验结果可知，S_1 组试验的切口宽度较大，切口周边钢板有较大的凹陷；S_2 组试验的切口较粗糙，有明显的撕裂现象；S_3 组试验的切口较平整，宽度较平均；S_4 和 S_5 组试验未能把钢板切开；S_6 组试验的切口大小不均匀。综合考虑切口的平整度、宽度的均匀性以及对钢管整体变形的影响，管道爆破试验选用 S_3 组试验的线型聚能切割器。

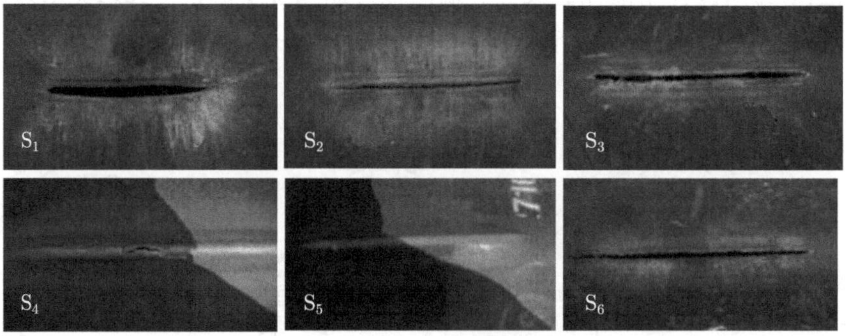

图 4-3　切割钢板效果图

表 4-3　分组试验结果

实验序号	切割效果
S_1	切口较均匀，平均宽度 2cm；切口周边钢板有较大凹陷
S_2	切口平均宽度 0.9cm；断裂切口较粗糙
S_3	切口较平整，平均宽度 0.8cm
S_4	切口平均宽度 0.5cm，深 1.2cm
S_5	切口平均宽度 0.8cm，深 1.0cm
S_6	切口平均宽度 1.0cm，切口大小不均匀

(4) 起爆方式对切割效果的影响。

由于单管爆破试验时，线型爆炸聚能切割器采用一端起爆的方法，形成的初始裂纹两端不对称，造成钢管两边裂纹不能同时扩展，影响试验的准确性，因此为降低起爆方式对钢管裂纹扩展的影响，对同一类型的线型爆炸聚能切割器，采用不同的起爆方式对钢板进行切割，对比分析不同起爆方式的切割效果，为管道爆破试验提供可靠依据。

试验总共分 3 组，各组试验的线型爆炸聚能切割器分别采用一端起爆、两端起爆和中间起爆，如图 4-4 所示。

(a) 一端起爆 (b) 两端起爆 (c) 中间起爆

图 4-4 不同起爆方式的聚能切割器

图 4-5 为 3 组不同起爆方式试验切割钢板效果图。从图中可以看出一端起爆组试验，切口正面不对称，背面近起爆端部分隆起；两端起爆组试验，爆轰波由两端向中间传播，在中间汇聚，形成的初始裂纹两端较为对称；中间起爆组试验，切口两端基本穿透，钢板正面和背面都形成较为对称的初始裂纹。综合考虑切口的平整度、对称性以及装药的安全性、起爆的可靠性，钢管爆破试验时线型爆炸聚能切割器采用两端起爆的方法。

(a) 一端起爆 (b) 两端起爆 (c) 中间起爆

图 4-5 不同起爆方式聚能切割器的切割效果

4.2.3 管道断裂相关动态参量测试方法的设计

(1) 裂纹扩展速度的测试方法的设计。

试验通过设计时间线来记录裂纹到达时间。时间线是基于通断电路原理进行设计，采用 UDTC 2UEWB 0.40×1 的单根漆包铜线作为感应线，其绝缘层是“聚氨酯漆膜”，内部为 0.4mm 粗的铜线。如图 4-6 所示，试验时，将漆包线和 100Ω 的电阻串联，使用电源为电路供电，并从电阻两端输出通断信号。感应线断裂前，数据采集仪输入电阻两端的电压；当裂纹到达感应线时，感应线断裂，数据采集仪输入的电压为零，电压信号发生改变，从而记录裂纹到达的时间，图 4-7 所示为其测试原理框图。根据两个时间线断裂的时间差以及它们之间的距离，可求得裂纹经过两根时间线的平均扩展速度。本章节试验中，在启裂位置 (管道中心) 安装一根时间线，并以管道中心为起点在管壁上每隔 0.25∼1.0m 布置一根时间线。

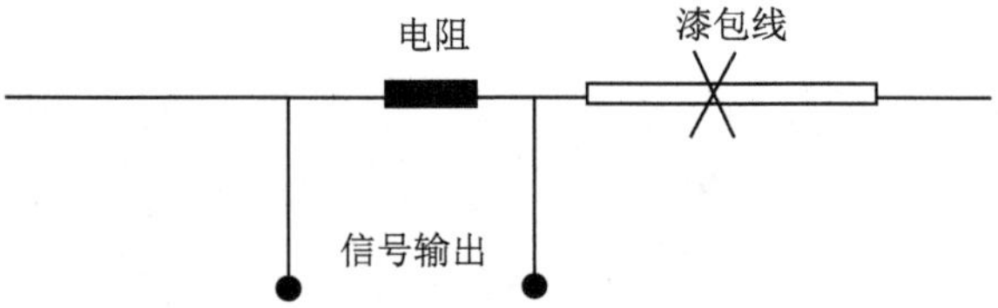

图 4-6 时间线连接电路图

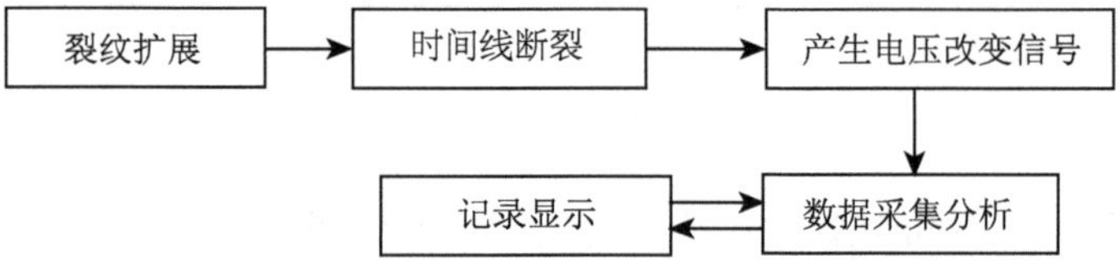

图 4-7 时间线测试原理框图

试验时将漆包线缠绕在管壁上，并用硅树脂橡胶固定，如图 4-8 所示。

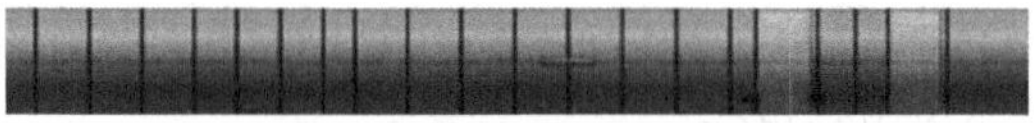
(a) 效果图

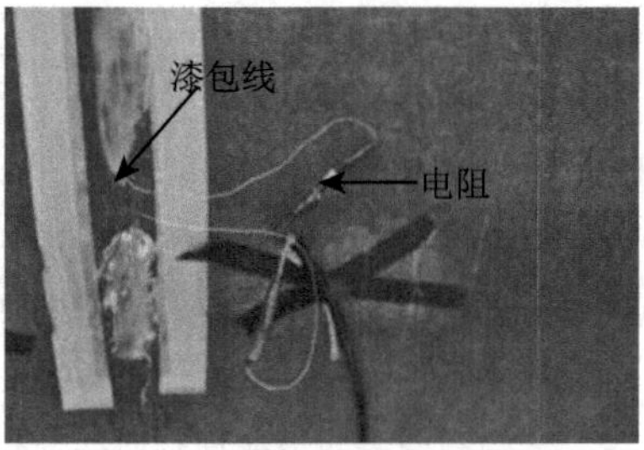

(b) 安装示意图

图 4-8 时间线安装示意及效果图

(2) 管内气体压力测量方法的设计。

管道爆裂后，高压气体从裂缝处高速喷出，管内压力迅速降低。因此测试管内的泄压过程需采用具有良好静态、动态性能的压力传感器。本章试验采用 CYG401

型压阻式高频动态压力传感器。该传感器以单晶硅为基体，通过平衡电阻臂组成一个惠斯通电桥。其工作原理是，利用传感器感应部位的受力变形使惠斯通电桥失衡，从而输出一个与压力成正比的电信号，再通过放大器、数据采集系统转换成数字信号，其测量原理框图如图 4-9 所示。

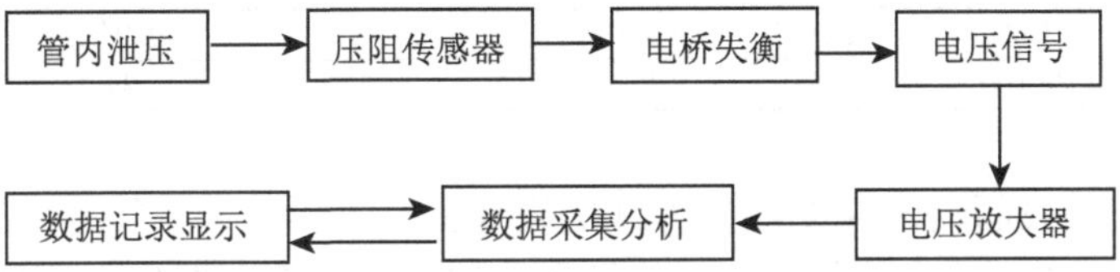

图 4-9　管内气体压力测量原理框图

该传感器采用了管腔全齐平结构，具有低噪声、高分辨率和高信噪比的特点，且兼顾优良的静态和动态响应特性，可用于各种爆炸冲击波测量及动态压力测量，其具体技术参数见表 4-4。

表 4-4　CYG401 压阻式高频动态压力传感器技术参数

型号	非线性	量程/MPa	固有频率/kHz	使用温度/°C	螺纹尺寸
CYG401	±0.2%～±1%	15	50	−50 ～ 120	M8

采用在管壁上开孔焊接螺母的方法安装压力传感器，如图 4-10 所示。传感器的感应部位通过螺母孔与管内气体接触。通常压力传感器安装在管道环向 45° 或环向 90°，且沿管道轴向每隔一定距离布设一个测点。

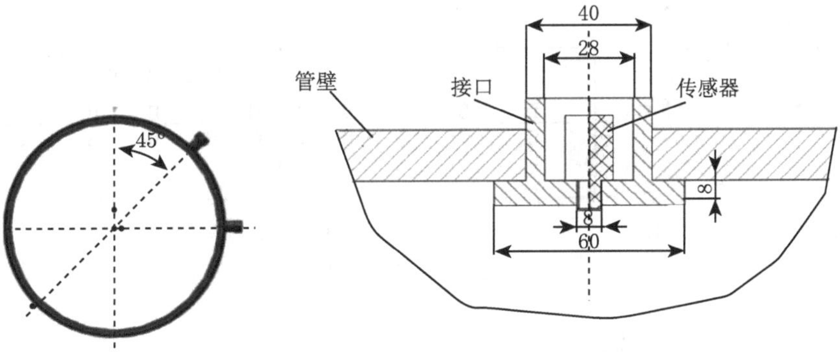

(a) 传感器在管道环向的安装位置　　(b) 安装位置剖面 (单位：mm)

图 4-10　压力传感器安装示意图

(3) 气体温度测量方法的设计。

测量气体温度目的是确定管道内气体的状态及其变化过程，为进一步的理论分析和数值模拟提供必要的参数。本章试验采用感温元件为 PT100 的温度传感

器 (具体参数见表 4-5) 测量管内加压过程气体温度的变化。该温度传感器主要是基于金属导体的电阻值随温度变化的特性进行温度测量。与管内压力传感器的安装方法类似，温度传感器也是通过在管壁上开孔焊接螺母方法进行安装。

表 4-5 温度传感器技术参数

型号	输入类型	误差/°C	测温范围/°C	响应时间/s	供电电压/V	输出信号/V
JCJ100ZB	PT100	±1.5	0~100	1	24	0~10

(4) 管壁外表面动态应变测量方法的设计。

管道在裂纹扩展过程中，由于其优良的韧性管壁将会发生大塑性变形，监测裂纹附近管壁的变形规律可为管道韧性断裂机理的分析提供重要的依据，也是验证理论模型和数值模拟的重要手段。试验采用 BE120-3AA 型应变片测量管道外壁面的动态应变，其具体技术参数见表 4-6。

表 4-6 应变片技术参数

型号	生产厂家	灵敏系数	应变极限/%	敏感栅尺寸/mm	基底尺寸/mm
BE120-3AA	中航电测	2.22	2	2.8×2	6.4×3.5

将根据试验研究的需要确定应变测点的位置，如果研究管壁张开过程的变形规律，应变测点将沿管壁环向布设，如图 4-11(a) 所示；如果研究裂纹扩展过程中裂尖附近受力变形规律，应变测点将沿裂纹拟扩展轨迹布设，如图 4-11(b) 所示。

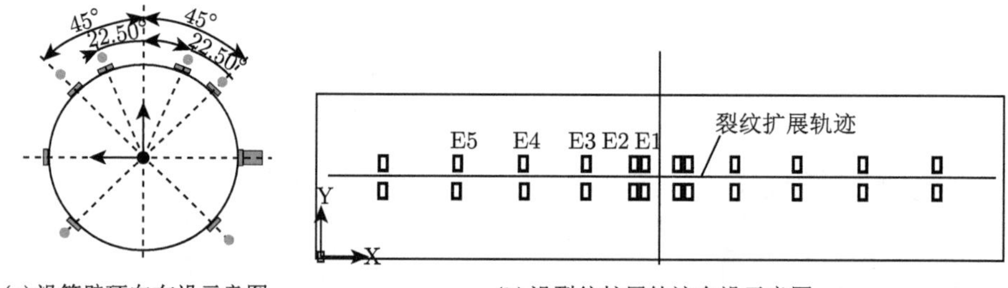

(a) 沿管壁环向布设示意图　　(b) 沿裂纹扩展轨迹布设示意图

图 4-11 应变测点的布置

4.2.4 试验总体方案的设计

(1) 单管试验 (T-1) 方案设计。

实施的单管试验是我国在输气管道全尺寸气压爆破试验领域的首次实践探索。T-1 的主要目的是：初步测试 X90 钢管道动态断裂特性；验证测试技术和方法；验证止裂器对裂纹动态扩展的控制作用；探索一套安全有效的试验流程和方法。

T-1 钢管的整体布置如图 4-12 所示。长约 10.4m 的钢管布置在 1m 深的沟槽里，采用半掩埋的方式进行试验，其尺寸和力学参数见表 4-7。

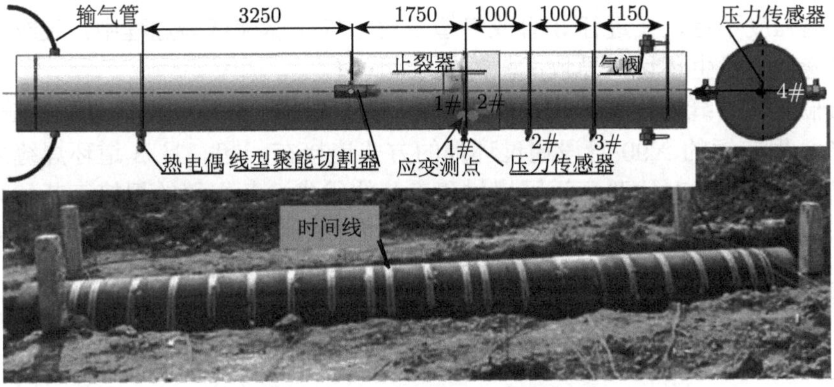

图 4-12 T-1 钢管的布置及仪器的设置 (单位：mm)

表 4-7 T-1 样管尺寸和力学参数

材质	生产厂家	管径/mm	壁厚/mm	长度/m	屈服强度 $R_{p0.2}$/MPa	抗拉强度 R_m/MPa	屈强比	断后延伸率/%	CVN/J
X90	南钢	1219	17.3	10.4	670	805	0.83	26	294

如图 4-12 所示，T-1 钢管在试验样管右侧距离钢管中心 1.75m、2.75m、3.75m 和 4.9m 的位置分别安装一个压力传感器，用于监测管道断裂过程中不同位置压力随时间的衰减演化特性；在样管左侧距离中心 3.25m 的位置安装一个温度传感器，用于监测加压过程管内气体温度的变化；在样管右侧距钢管中心 1.8m 位置安装一个宽 0.5m、厚 9.5mm 的碳纤维止裂器，用于控制裂纹的扩展；在止裂器的边沿及其前缘管壁上设计应变测点 (设置在管道环向 45°)，用于监测裂纹经过止裂器时，管壁与止裂器应变随时间的演化规律。其中，碳纤维止裂器由碳纤维布和环氧树脂胶组成，通过胶水的黏着力与管道外壁面紧密结合，其具体力学性能参见表 4-8。

表 4-8 碳纤维止裂器的尺寸和力学参数

厚度/mm	长度/m	杨氏模量 */GPa	拉伸强度 * R_m/MPa	剪切强度/MPa
9.5	0.5	98～105	1228～1457	19～23

* 沿止裂器环向截取试样测试。

考虑到安全因素，T-1 钢管中采用空气作为加压介质，并设计 2 台高压空气压缩机进行加压，爆破过程中钢管两端未采取固定措施。

(2) 环焊缝强度爆破试验 (T-2) 方案设计。

在管道建设过程中，环焊缝及其热影响区往往是管道的薄弱环节，对于 X90 钢管配套的环焊焊接工艺和材料技术尚未成熟，且缺乏试验验证。研究表明[12,101]，若环焊缝强度不足，在进行 3 管或多管全尺寸气压爆破试验过程中，裂纹往往会在环焊缝位置发生环切，导致试验的失败。

为验证环焊缝的强度，以确保在 3 管和多管试验中裂纹能穿过环焊缝，T-2 钢管将 3 根较短的 X90 管段通过环焊的方式连接在一起，且 2 道环焊缝采用不同的焊材和工艺，对比验证不同焊材和工艺的优劣。各焊缝的焊接工艺和焊材见表 4-9，其中 1# 环焊缝 (图 4-13(a)) 采用 GMAW(熔化极气体保护焊)+FCAW-S(自保护药芯焊丝半自动焊) 的焊接工艺，根焊和热焊各焊 1 道，排焊 (填充/盖面) 焊 5~6 道，共焊 7~8 道；2# 环焊缝采用 GMAW(熔化极气体保护焊)+FCAW-

表 4-9　环焊缝焊接工艺和材料

编号	焊接工艺	根焊焊材	排焊焊材
1#	GMAW+FCAW-S	BOHLER SG3-P Φ1.2	Hobart Fabshield 91T8 Φ2.0mm
2#	GMAW+FCAW-G	BOHLER SG3-P Φ1.2	京群 AFR-91K2 Φ1.2mm

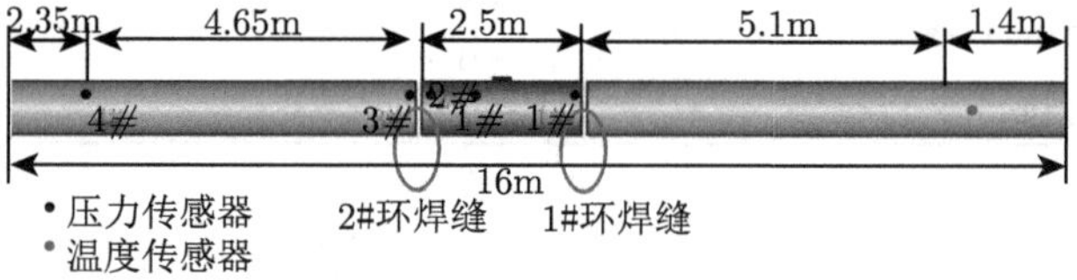

(a) 试验样管布设及传感器位置示意图

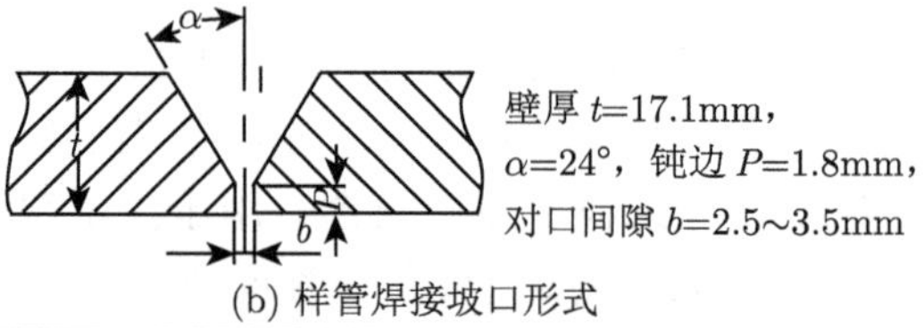

(b) 样管焊接坡口形式

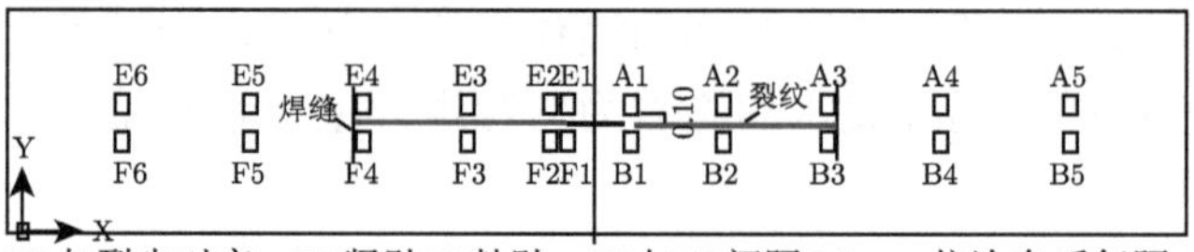

E1与裂尖对齐，E2紧贴E1粘贴，E3与E2间隔0.5m，依次向后每隔0.5m贴一个，应变片与裂纹间距(100±20)mm

(c) 应变测点布设示意图

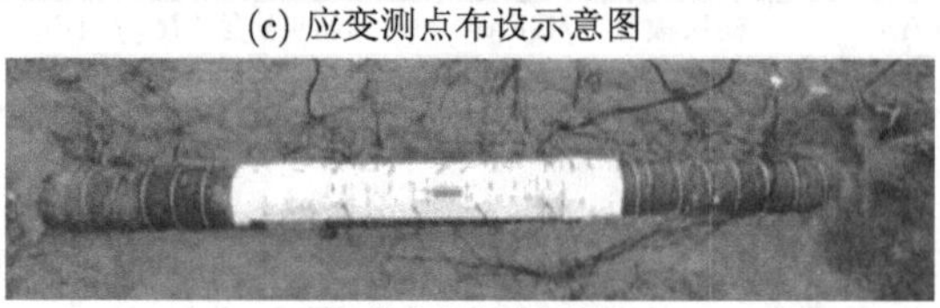

(d) 钢管实际设置效果

图 4-13　环焊缝强度爆破试验

G(气体保护药芯焊丝半自动焊) 的焊接工艺，根焊和热焊各焊 1 道，排焊 (填充/盖面) 焊 3~4 道，共焊 5~6 道。2 道焊缝都采用 90~100℃ 的预热温度，层温控制在 60~80℃，且皆采用如图 4-13(b) 所示的焊接坡口形式。

T-2 的试验样管的尺寸和力学参数见表 4-10。该试验管道也采用半掩埋的方式，但与 T-1 不同的是两端使用钢筋混凝土墩固定，如图 4-13(d) 所示。该试验在环焊缝两侧 (距焊缝约 10cm) 及靠近管道的端部位置都设置有压力测点 (设置在管道环向 45°)，共安装 5 个压力传感器，如图 4-13(a) 所示。为研究裂纹扩展过程中其附近材料动态应变的演化规律，T-2 钢管在裂纹拟扩展轨迹两侧设置应变测点，具体设置方式见图 4-13(c)，其中 E1 与裂尖对齐，E2 紧贴 E1 粘贴，E3 与 E2 间隔 0.5m，依次向后每隔 0.5m 贴一个，应变片与裂纹间距 (100±20)mm。

表 4-10 T-2 样管尺寸和力学参数

材质	生产厂家	管径/mm	壁厚/mm	长度/m	屈服强度 $R_{p}0.2$/MPa	抗拉强度 R_{m}/MPa	屈强比	断后延伸率/%	CVN
X90	南钢	1219	16.91	16	705	804	0.88	26	286J

T-2 钢管也采用空气作为加压介质，为观测裂缝的形成及气体的泄漏过程，该试验在管道南侧 20m 位置设置一个高速摄影仪观测点，如图 4-14 所示。摄影仪安装在由三角钢、保护箱和透视防弹玻璃组成的支架上。

图 4-14 高速摄影仪的安装

(3) 第一次三管试验 (T-3) 方案设计。

T-3 的目的主要是研究管道动态裂纹扩展的特性及验证止裂器的作用。该试验共安装 4 个止裂器，其中，2 个碳纤维止裂器安装在管道左侧，分别距离中心 3.5m、6.75m；2 个玻璃纤维止裂器安装在管道右侧，分别距离中心 3.5m 和 7.25m，如图 4-15(a) 所示。其中碳纤维止裂器和第一玻璃纤维止裂器的宽都为 0.5m，第二个玻璃纤维止裂器的宽为 1m。

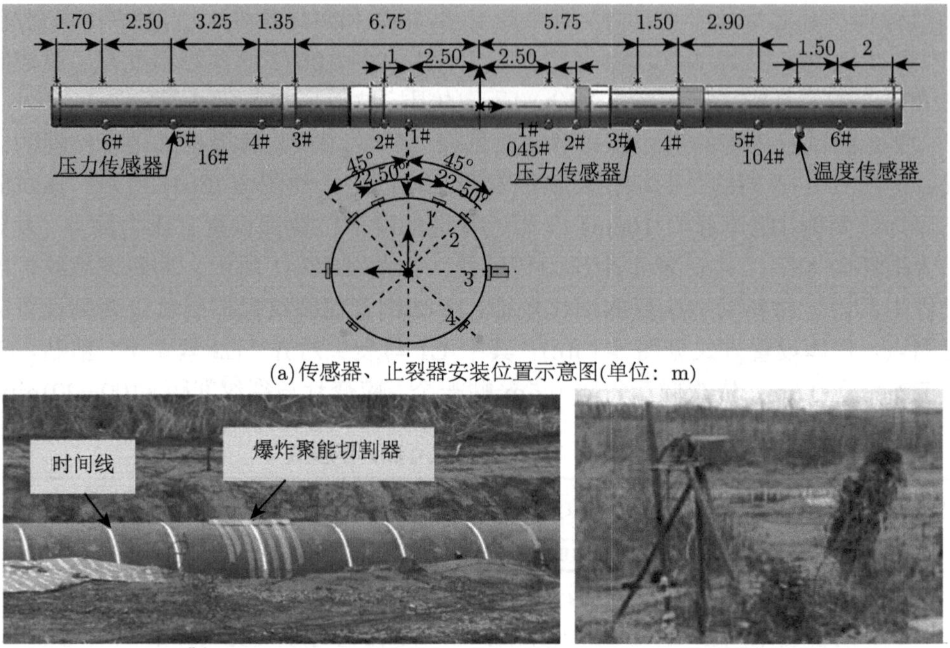

(a) 传感器、止裂器安装位置示意图(单位：m)

(b) 管道实际设置效果　　(c) 高速摄影系统架设

图 4-15　第一次三管试验 (T-3)

T-3 在管道轴向不同位置共设置 12 个压力测点 (设置在管道环向 45° 位置)，具体位置见图 4-15(a)。为获得管道断裂张开过程中管壁动态应变的演化规律，该试验在管道中心左侧 2.5m 的截面上沿环向布设 4 个应变测点，测试管壁的动态应变。T-3 样管的尺寸和力学参数见表 4-11。该试验也采用空气作为加压介质，且管道只掩埋一半，两端无固定，如图 4-15(b) 所示。为验证时间线测试的准确性及观测气体和裂纹的动态特性，T-3 在管道南侧 20m 位置设置高速摄影观测点，如图 4-15(c) 所示，其设置方法与 T-2 类似。

表 4-11　T-3 样管尺寸和力学参数

管号	生产厂家	材质	管径/mm	壁厚/mm	长度/m	屈服强度 $R_{\mathrm{p}}0.2$/MPa	抗拉强度 R_{m}/MPa	屈强比	断后延伸率/%	CVN/J
045#	济钢	X90	1219	16.3	9.5	739	827	0.89	26	278
104#	济钢	X90	1219	17	10.7	715	806	0.887	26	285
16#	济钢	X90	1219	17.3	11.1	705	825	0.85	27	252

(4) 第二次三管试验 (T-4) 方案设计。

由于在 T-3 中试验场地松软，且管道的约束条件与实际的相差甚远，在管道开裂后，中间出现严重下沉现象，受到弯力矩的作用，裂纹未能按设定路径扩展，未能达到理想的试验目的。T-4 在 T-3 的基础上，将试验场地的管槽底部进行加固，并在管道两端浇筑混凝土墩固定，如图 4-16(a) 所示。

(a) 管道实际设置效果

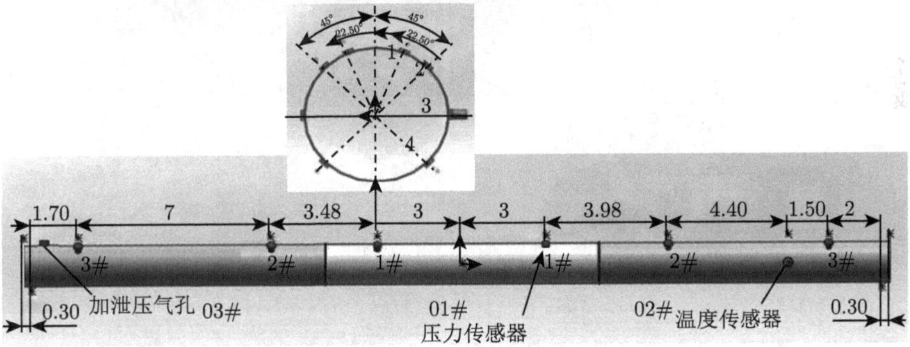

(b) 传感器、应变片安装位置示意图(单位：m)

图 4-16 第二次三管试验 (T-4)

T-4 在管道轴向不同位置共设置 6 个压力测点，在管道中心左侧 3.0m 的截面上沿环向布设 4 个应变测点，具体位置见图 4-16(b)。T-4 样管的尺寸和力学参数见表 4-12。该试验管道也采用空气作为加压介质，且采用半掩埋式进行爆破。

表 4-12 T-4 样管尺寸和力学参数

管号	生产厂家	材质	管径/mm	壁厚/mm	长度/m	屈服强度 $R_p0.2$/MPa	抗拉强度 R_m/MPa	屈强比	断后延伸率/%	CVN/J
01#	济钢	X90	1219	16.67	8.95	709	817	0.868	25.5	288
02#	济钢	X90	1219	17.1	10.6	712	816	0.873	27	265
03#	济钢	X90	1219	16.9	11	702	820	0.856	26	257

4.3 管道爆破系列模型试验结果及分析

4.3.1 管道总体爆裂效果

(1) T-1 管道爆裂效果。

T-1 最终爆破时的压力为 12.3MPa，温度为 25℃。根据现场的观察，在聚能射流的侵彻作用下，管道中心上侧形成了约 50cm 长的初始裂缝，切口较为平整。初始裂缝在内压的驱动下从两端开始沿管道轴向扩展，其中向右侧扩展到管道的端部，止裂器被撕裂；向左侧扩展到距离端部约 0.7m 时裂纹方向发生 45° 偏转，并在距离堵头约 15cm 位置处停止扩展，如图 4-17 所示。左侧裂纹偏转止裂是典型的因裂纹驱动力不足而发生的自身止裂现象。

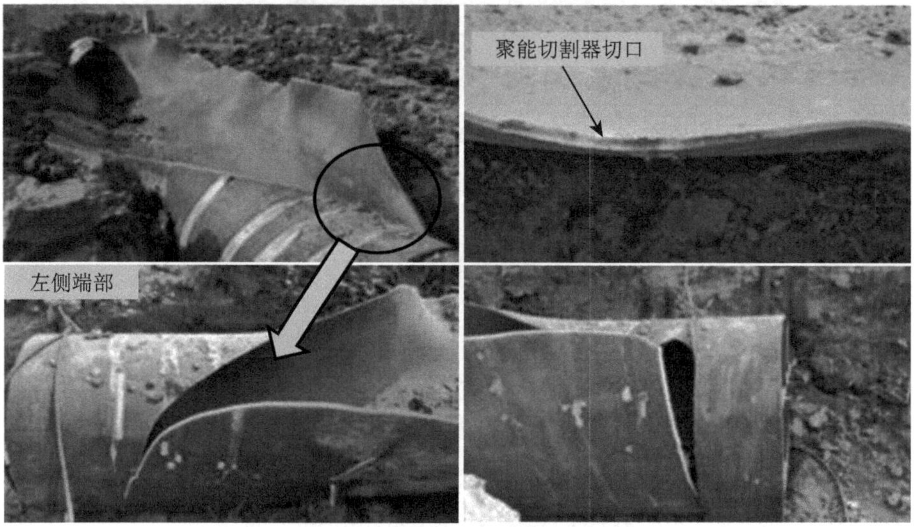

图 4-17　T-1 管道爆裂效果

(2) T-2 管道爆裂效果。

T-2 的爆破压力也是 12.3MPa，温度为 18℃。与 T-1 相似，切割器起爆后，初始裂缝从两端开始沿轴向扩展，向左侧 (这里的左侧与图 4-13 的方位相对应) 扩展到环焊缝位置时，裂纹沿环焊缝环切，并将管道在该位置切断；裂纹向右扩展到环焊缝位置时，发生分叉形成两条裂纹，其中一条裂纹穿过焊缝沿斜向扩展，另一条沿环焊缝环切，如图 4-18 所示。

图 4-18　T-2 管道爆裂效果

(3) T-3 管道爆裂效果。

T-3 的最终爆破压力为 12.3MPa，温度为 18.2℃。切割器起爆后，裂纹向右扩展到距中心 2.30m 时发生分叉形成两条裂纹，分别沿管道轴向 45° 方向扩展，最终在底部汇合切断管道；左侧裂纹扩展的情况与右侧相似，裂纹扩展到 2.45m 后发生分叉，并沿斜向扩展将管道切断。管道最终断成 3 部分，如图 4-19 所示。

图 4-19 T-3 管道爆裂效果

管道分离成 3 段后，中间管段在原地张开；两侧管段在气体压力推动下，分别朝管道两端飞掷，如图 4-20 所示。最终，右侧管段飞掷约 80m，左侧飞掷约 70m。

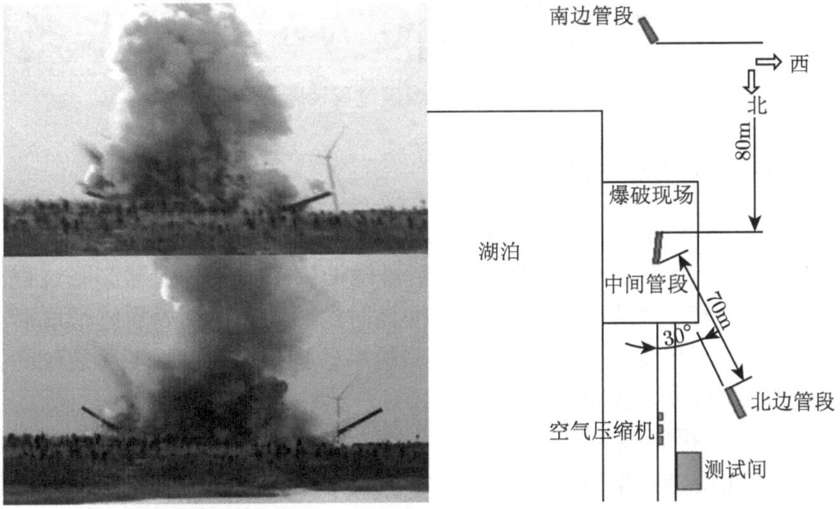

(a) 管道断后飞掷过程　　(b) 跌落方位示意图

图 4-20 T-3 管道断后飞掷过程与跌落方位示意图

(4) T-4 管道爆裂效果。

T-4 的最终爆破压力也是 12.3MPa，温度为 46℃。如图 4-21 所示，切割器起爆后裂纹向左扩展到距中心 2.0m 时发生分叉形成两条裂纹，分别沿管道轴向 45° 方向扩展，并在扩展一段距离后发生止裂；裂纹向右扩展到距中心 2.0m 时，裂纹传播方向发生偏转，并沿管道环向传播。在裂纹环向传播的过程中，受到气体向下的力矩作用，管道右侧环焊缝整体被撕裂，裂纹发生偏转至环焊缝的管段整体被撕裂抛掷约 180m，剩余管段在气体的推力作用下将钢筋混凝土墩端部冲击断裂，并向前移动约 10m。

图 4-21　T-4 管道爆破过程及断裂情况

4.3.2　高速摄影观测结果及分析

(1) T-2 管道高速摄影观测结果及分析。

图 4-22 所示为 T-2 中爆炸聚能切割器侵彻管道和气体泄漏膨胀过程。从图中可以看出聚能切割器从起爆到完成侵彻耗时约 0.5ms。初始裂缝形成后，气体从裂口泄漏膨胀。起爆 4ms 以内气体泄漏速率较慢；4ms 以后随着裂纹的扩展和裂口的增大，气体的泄漏速率迅速增大。

(2) T-3 高速摄影观测结果及分析。

T-3 中高速摄影仪架设在管道正前方 20m 位置，主要观测管道左侧裂纹扩展的情况。图 4-23 方框内为其拍摄区域，主要为管道左侧第二根时间线至第一个碳纤维止裂器之间的管段。从图中可以看出，切割器端部、① 号时间线、② 号时间线、③ 号时间线、④ 号时间线、⑤ 号时间线、⑥ 号时间线相邻之间的间距依次为 0.5m、0.5m、0.75m、0.5m、0.5m、0.5m。

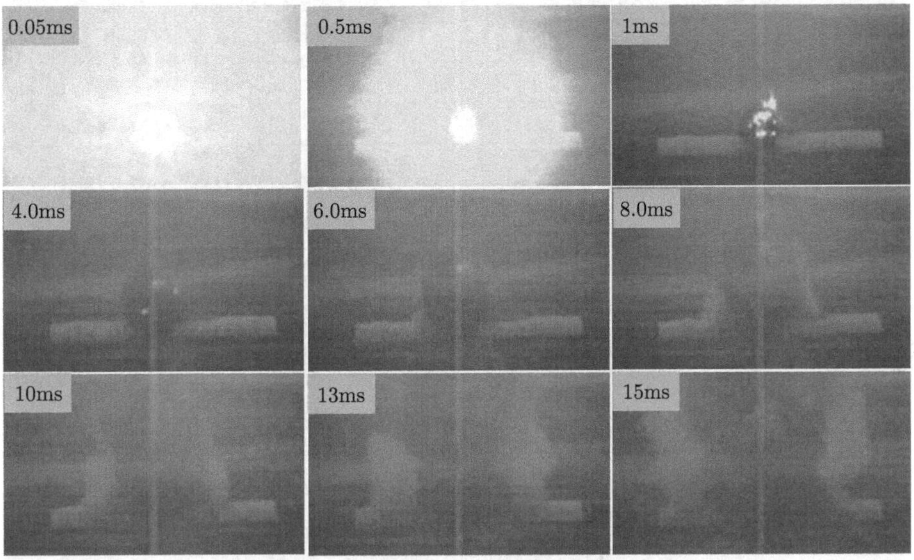

图 4-22 T-2 管道高速摄影观测结果

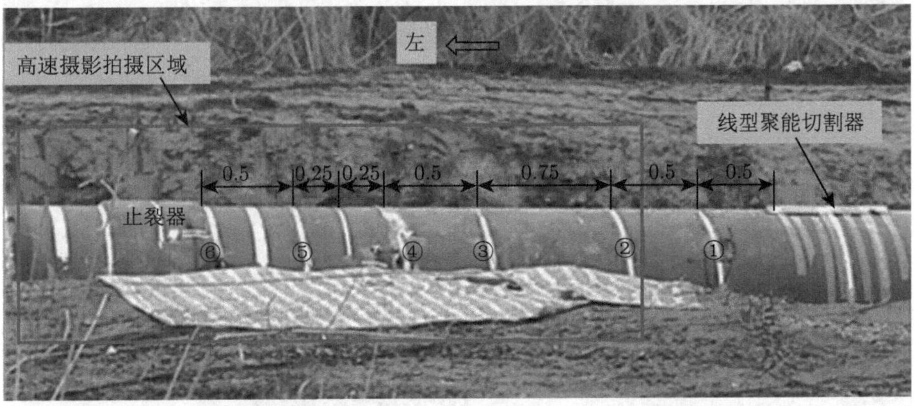

图 4-23 T-3 管道高速摄影观测区域 (单位：m，①②··· 为时间线编号)

图 4-24 为高速摄影记录获得的管道左侧裂纹扩展过程。从图中可以看出，初始裂纹形成 5.28ms 后，裂纹到达 ② 号时间线；10.56ms 时，裂纹扩展到距离 ④ 号时间线约 5cm 时发生分叉，形成两条裂纹分别沿钢管轴向 45° 方向扩展；约 20ms 时，分叉的两条裂纹在管道底部汇合将管道切断，左侧剩余的管段在高压气体作用下开始飞掷。

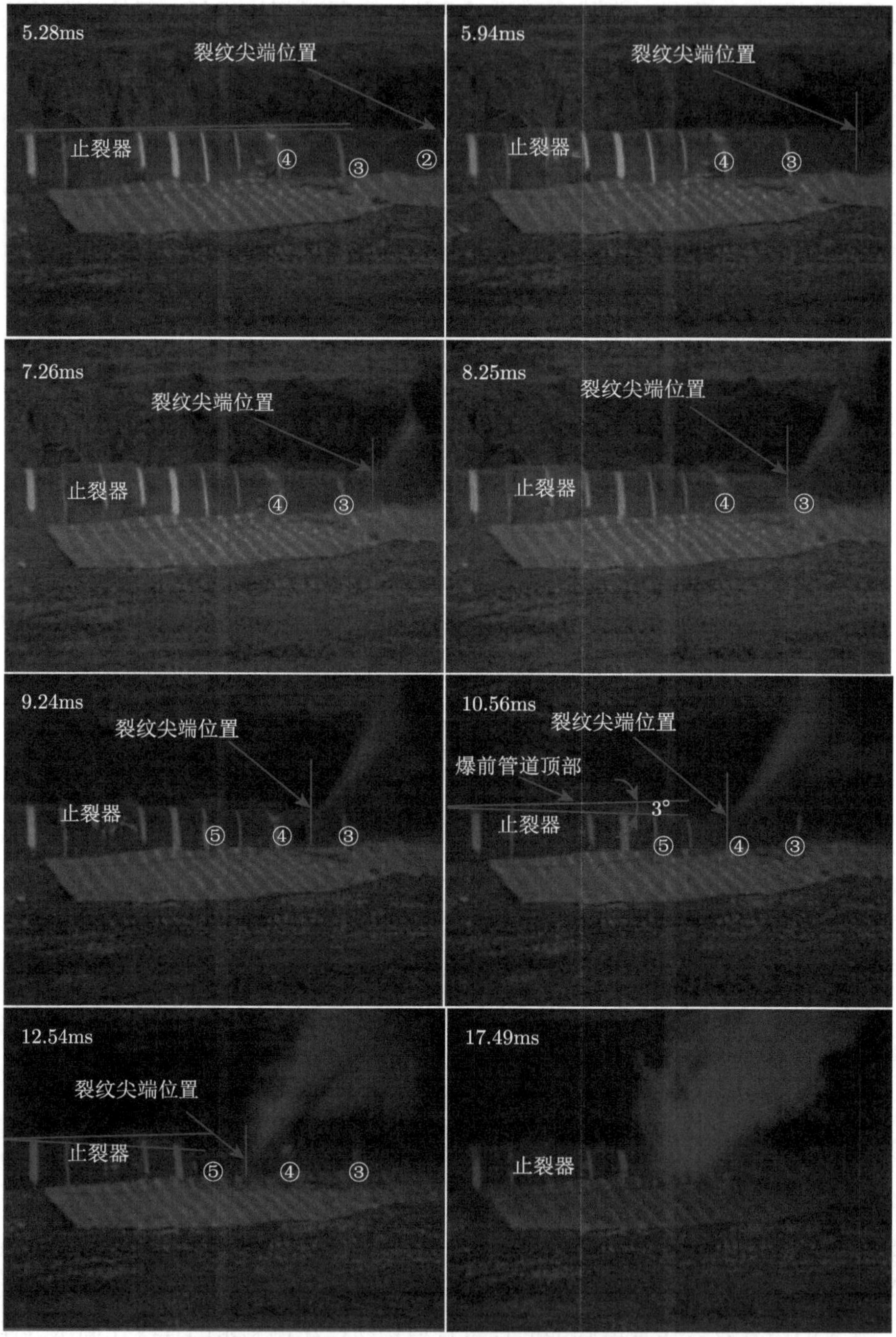

图 4-24　高速摄影记录的裂纹扩展过程

根据裂纹扩展到管道上标记位置的时间及 2 个标记点之间的距离，可求得裂纹经过 2 个标记点的平均速度，如图 4-25 所示。从图中可以看出，裂纹开始扩展时速度不断增大，约到 1m 位置后扩展速度开始减小，经过 ② 号和 ③ 号时间线时的平均速度最大为 252.5m/s。裂纹扩展到 2.45m 时发生分叉，此时裂纹的扩展速度约为 175m/s。

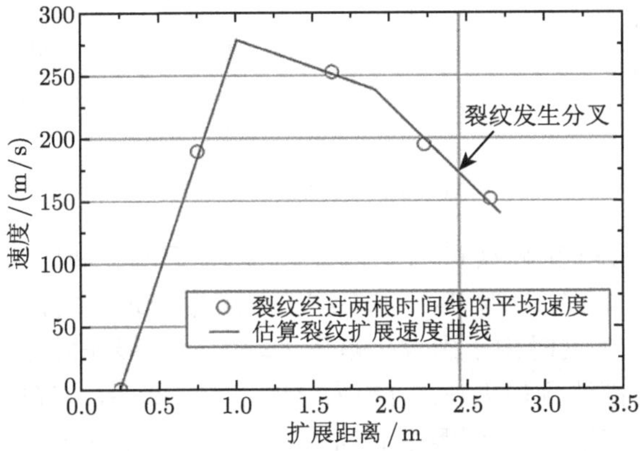

图 4-25 根据高速摄影观测获得的裂纹扩展速度随扩展距离的变化

对比文献 [8,12] 的研究成果及 T-1 的试验结果可知，T-3 管道没有发生自身止裂。在 T-3 中裂纹发生分叉说明此时气体的驱动力较为充足，且裂纹分叉时仍处于高速扩展状态。因此可以推测 T-3 中的管道裂纹发生分叉和改变扩展方向是由外力的作用造成的。从图 4-24 可以看出，由于地基松软，管道断裂后在气体喷射的反作用力作用下管道中部不断下沉，裂纹分叉时，管道顶部轴线与原来相比倾斜 3°。正常情况下，管道主要受到环向应力的作用，轴向应力较小，故其裂纹主要为轴向扩展的 I 型裂纹。但是，在管道刚断裂时，若地基松软会造成管道断裂位置出现严重的下沉，从而导致裂纹尖端承受较大的轴向荷载。根据断裂力学原理，当裂纹尖端承受环向和轴向双向荷载的作用时，会沿着应变能释放率达到最大的方向扩展。因此 T-3 中裂纹发生分叉并改变扩展方向主要是受到管道下沉造成的轴向应力的影响。

4.3.3 裂纹扩展速度测试结果及分析

试验采用时间线记录裂纹扩展到设定位置的时间，进而求得裂纹经过两个相邻设定位置的平均扩展速度。图 4-26 所示为 T-2 中管道左侧时间线断裂前后输出的电压信号，图中显示时间线断裂前电路输出电压为 1.6V，断后电路输出电压迅速跌落到 0V，分析时根据输出电压的变化确定时间线的断裂时间。

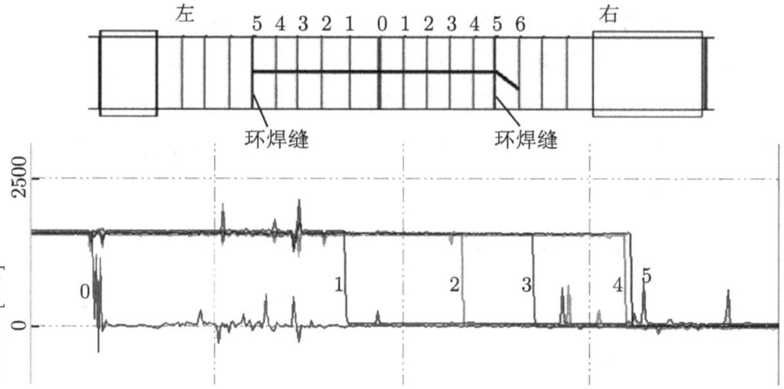

图 4-26　时间线断裂信号

分析时间线记录的数据可获得裂纹扩展速度随扩展距离的演化情况，如图 4-27 所示。图 4-27(a) 为 T-1 中裂纹扩展速度随距离的演化情况，从图中可以看出，裂纹开始扩展时由于裂纹尖端压力较大，扩展速度迅速增加，两侧裂纹在扩展约 0.5m 后都达到最大速度 (约为 248m/s)；此后，左侧裂纹随传播距离增加速度缓慢减小，直至扩展到距中心约 3.5m 时，其速度才迅速减小并在距中心 4.2m 的位置发生偏转止裂，裂纹偏转时的速度约为 100m/s，属于高钢级管线发生自身止裂的典型速度；右侧裂纹经过止裂器前的速度约为 220m/s，经过止裂器的平均速度为 156m/s，经过止裂器后，重新恢复到 220m/s，说明止裂器对裂纹具有一定的减速作用，但还不足以使裂纹发生止裂。

图 4-27(b) 为 T-2 中裂纹扩展速度随扩展距离的演化情况。从图中可以看出，裂纹向左扩展过程中，速度逐渐增加，最大扩展速度达到 322.6m/s。裂纹向右扩展过程中，速度波动较大，说明裂纹扩展过程中发生振荡，最大的扩展速度达 340m/s。右侧裂纹到达环焊缝时的速度约为 275m/s，说明此时的环向驱动力仍比较大，裂纹经过焊缝斜向传播并非发生自身止裂。

图 4-27(c) 为 T-3 时间线断裂时间及裂纹扩展速度随扩展距离的演化情况。从图中可以看出，T-3 中两侧裂纹的扩展具有较好的对称性，最大扩展速度都接近 280m/s，达到最大速度后都开始减小；左侧裂纹约在 10.6ms 时扩展到 2.45m 位置并发生分叉，此时裂纹扩展速度约为 165m/s；右侧裂纹约在 9.5ms 时扩展到 2.3m 位置并发生分叉，此时裂纹扩展速度约为 175m/s。从裂纹分叉的现象及其分叉时的速度可知，裂纹分叉时裂纹尖端仍具有较大的驱动力，没有发生自身止裂。

图 4-27(d) 为 T-4 中时间线断裂时间及裂纹扩展速度随扩展距离的演化情况。从图中可以看出，T-4 中裂纹最大扩展速度约为 265m/s；左侧裂纹约在 7.84ms 时扩展到 2.0m 位置并发生分叉，该时刻裂纹扩展速度约为 210m/s；右侧裂纹约在 7.98ms 时扩展到 2.0m 位置并发生分叉，该时刻裂纹扩展速度约为 220m/s。

图 4-28 为 T-3 中高速摄影系统记录结果与时间线测试结果的对比。从图中

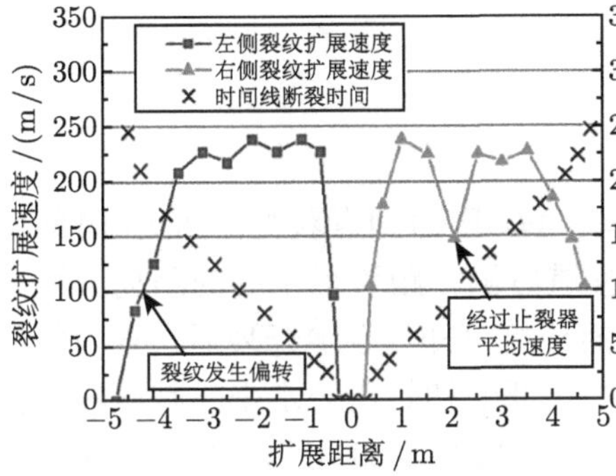

(a) T-1

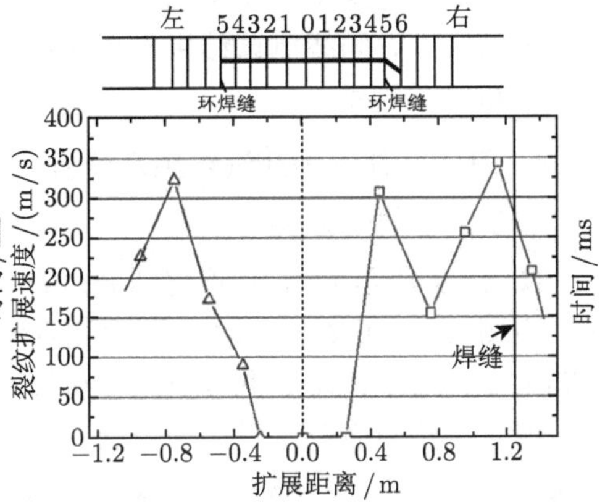

(b) T-2

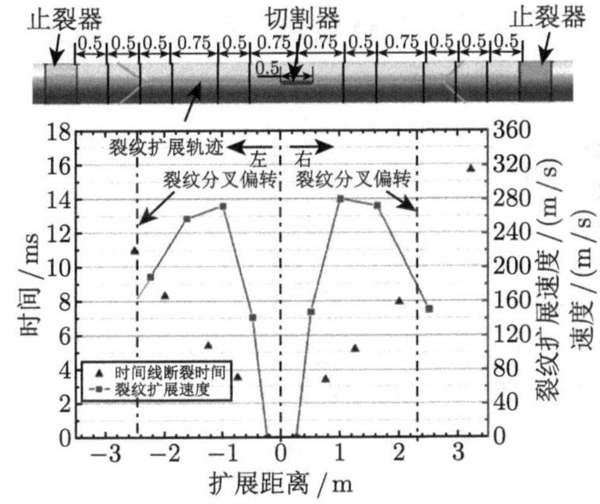

(c) T-3

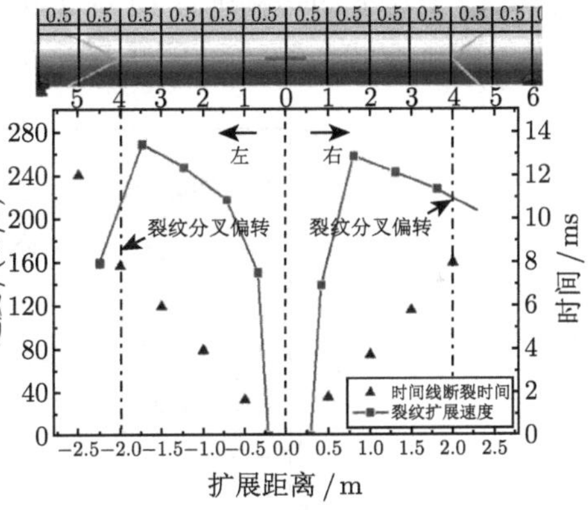

(d) T-4

图 4-27 T-1~T-4 时间线断裂时间及裂纹扩展速度随扩展距离演化

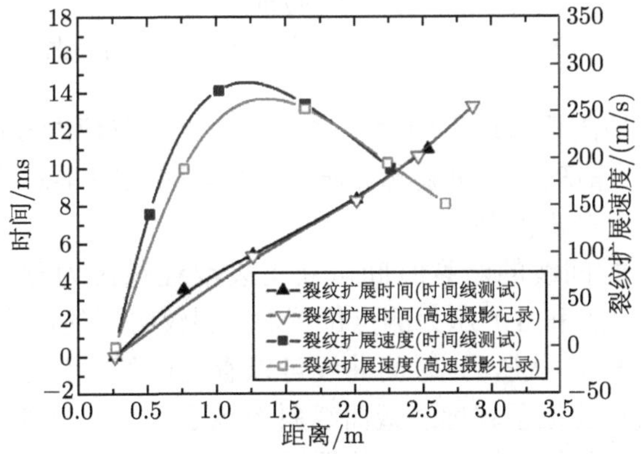

图 4-28 T-3 中高速摄影记录结果与时间线测试结果对比

可知，裂纹从 0.25m 扩展至 1.25m 的时间线测试结果与高速摄影记录结果存在约 0%~9%的误差，这是由于高速摄影未记录这一阶段的裂纹扩展情况引起的；1.25m 以后，时间线测试结果与高速摄影记录结果一致。因此，时间线采用的测试方法和仪器可靠。

4.3.4 管内气体压力测试结果及分析

1. T-1 管内压力变化

图 4-29 所示为 T-1 管道断裂过程中 1#~4# 压力测点获得的压力–时间曲线，由图 4-12 可知 1#~4# 压力测点位于管道右侧，距管道中心的距离分别为 1.75m、2.75m、3.75m 和 4.90m。从第 3 章的分析可知，管道开裂后，管内气体减压波波头从断裂位置以当地声速向两侧传播，低于初始压力水平时减压波传播速度等于该状态下当地声速减去气体流动速度[8]。从图 4-29 可以看出，减压波波头 (第一个减压波) 约 13.6ms 时到达 4# 压力测点位置 (管道端部)，结合传播距离可计算得到其平均传播速度约为 360m/s，即管内气体初始状态下的声速约为 360m/s。减压波波头到达后，测点压力开始急剧降低。

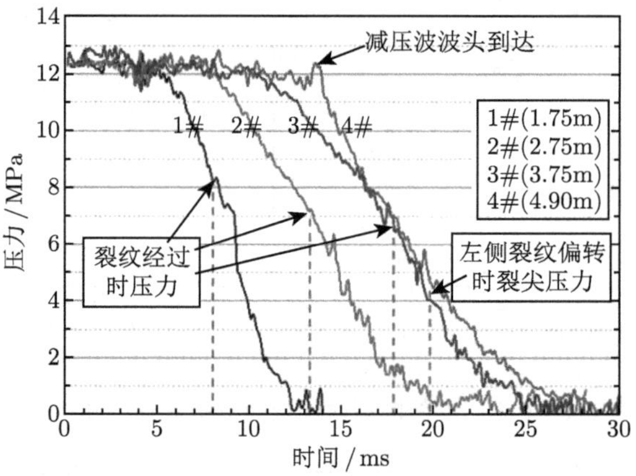

图 4-29 T-1 中 1#~4# 压力测点压力–时间曲线

聚能切割器在切割管道过程中会产生空气冲击波在管内传播，导致测点形成增压，冲击波后面的稀疏波又引起测点压力降低，因此图 4-29 的压力曲线在减压波波头到达前会产生多次振荡。

根据压力测点时间线的断裂时间可获得裂纹经过压力测点时裂纹尖端的压力。裂纹经过 1#、2# 和 3# 压力测点位置时，裂纹尖端的压力分别为 8.27MPa、7.15MPa 和 6.51MPa。从压力–时间曲线可以看出，裂纹到达前，测点压力基本呈线性衰减，且距起裂位置越远衰减曲线斜率越小，说明气体泄漏越慢；裂纹经过后，随着管壁的张开裂口增大，气体泄漏速度加快。

初始裂纹形成后，管道两侧气体泄漏速率相同，且 T-1 中管道两侧裂纹基本对称扩展，因此可以认为管道两侧对称位置的泄压过程基本相同，即图 4-29 中的数据可用于分析管道左侧对称位置的泄压情况。左侧裂纹扩展到距中心约 4.2m 位置发生偏转止裂，结合 3# 和 4# 测点的数据分析可知，裂纹偏转止裂时，裂纹尖端的压力约为 4.5MPa。结合裂纹偏转止裂时的扩展速度可知，试验管道的发生轴向裂纹长程扩展时，其临界止裂压力约为 4.5MPa，临界止裂扩展速度约为 100m/s。

2. T-2 管内压力变化

图 4-30 所示为 T-2 管道断裂过程中各压力测点获得的压力–时间曲线，由图 4-13 可知左侧 1#~4# 压力测点距管道中心的距离分别为 0.40m、1.15m、1.35m 和 5.90m，右侧 1# 压力测点距管道中心的距离为 1.15m。左侧 2# 测点和右侧 1# 测点位于管道中心的对称位置上，对比它们的压力–时间曲线可以发现在裂纹到达前两个测点的压力几乎相同，说明管道断裂后两侧气体对称泄漏。

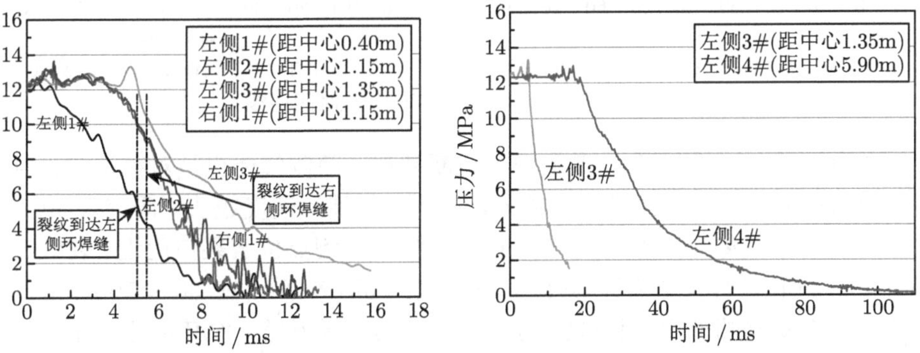

(a) T-2中左侧1#~3#和右侧1#压力测点　　(b) T-2中左侧3#和4#压力测点

图 4-30　T-2 中各测点压力–时间曲线

左右两侧裂纹分别在扩展 4.95ms 和 5.45ms 后到达环焊缝。从图 4-30(a) 可以看出裂纹扩展到左侧环焊缝 (距中心 1.25m) 时，位于环焊缝左右两侧的 3# 和 2# 压力测点的压力分别为 12.3MPa 和 10.3MPa，可以推测此时环焊缝位置的压力约为 11MPa，而距环焊缝 0.85m 的左侧 1# 测点的压力已下降到 5.6MPa。裂纹扩展到右侧环焊缝时，右侧 1# 测点的压力为 9MPa，结合此时左侧 3# 测点的压力可以推测此时环焊缝位置的压力约为 10MPa。因此 T-2 中裂纹到达两侧环焊缝时，裂纹尖端仍具有很大的环向驱动力。

从图 4-30(b) 可以看出，减压波波头在 4.9ms 时到达左侧 3# 测点，在 17.1ms 时到达左侧 4# 测点，根据两个测点之间的距离可以求得减压波波头的传播速度约为 373m/s。

3. T-3 管内压力变化

图 4-31 所示为 T-3 管道断裂过程中部分压力测点获得的压力–时间曲线，由图 4-15(a) 可知左侧 1#、2#、4# 和 6# 压力测点距管道中心的距离分别为 2.50m、3.50m、8.10m 和 13.85m，右侧 1#、4# 和 6# 压力测点距管道中心的距离分别为 2.50m、7.25m 和 13.15m。根据前文的方法，可求得减压波波头的传播速度约为 364m/s。

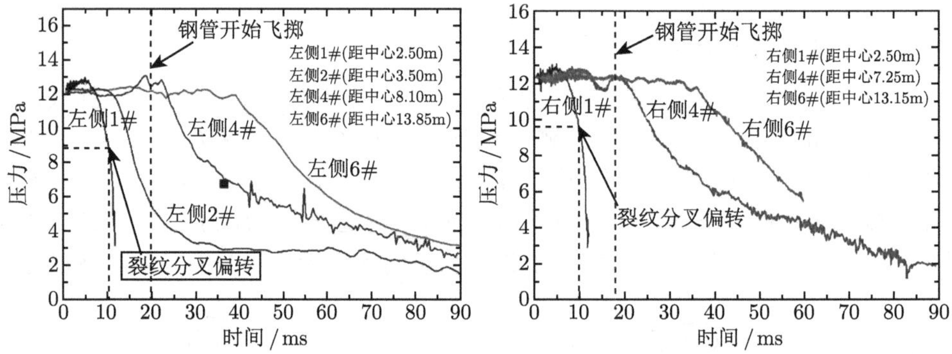

(a) T-3中左侧1#、2#、4#和6#测点　　(b) T-3中右侧1#、4#和6#测点

图 4-31　T-3 中各测点压力–时间曲线

与 T-1 和 T-2 相类似，T-3 中管道断裂后，两侧气体也是对称泄漏，且距离裂纹越近的测点，泄压曲线斜率越大，说明气体泄漏速度越快。研究表明[3,4]，管内未开裂位置气体流出裂口是堵塞的，左侧 2# 测点位于裂口附近 (裂纹在距中心 2.45m 的位置分叉止裂)，其压力下降到约 3MPa 后，在 30 ~ 70ms 期间保持不变，直至受到端部反射稀疏波的影响才继续缓慢泄压，3MPa 这一压力水平称为试验管道的 “堵塞压力”。

从图 4-27(c) 中时间线记录的数据可知,左右两侧裂纹分别在 10.6ms 和 9.5ms 时发生分叉，结合图 4-31 中压力曲线的数据可知，两侧裂纹分叉时裂纹尖端的压力分别为 8.8MPa 和 9.5MPa，故此时裂纹尖端仍具有充足的环向驱动载荷，说明管道并不是发生自身止裂。根据时间线及高速摄影系统记录的数据可知，管道左侧和右侧分别在 19ms 和 18ms 时被裂纹切断，管道被切断后，剩余管段仍有大量高压气体，从而使其发生大范围飞掷。

4. T-4 管内压力变化

图 4-32 所示为 T-4 管道断裂过程中左侧和右侧 1# 测点及裂纹分叉位置的压力–时间曲线。左侧和右侧 1# 测点距管道中心的距离都为 3m(图 4-16(b))，两侧裂纹发生分叉的位置距中心距离都为 2m(图 4-27(d))。从图 4-32 可以看出，左右两侧对称位置的压力–时间曲线具有较好的一致性。

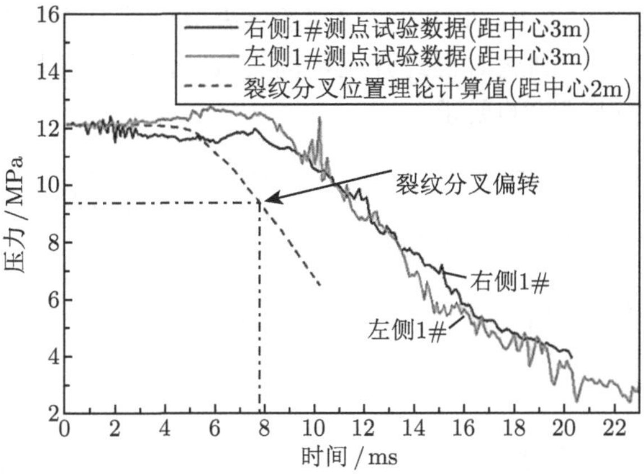

图 4-32 T-4 中左侧和右侧 1# 测点及裂纹分叉位置压力–时间曲线

从第 3 章的分析可知，裂纹的扩展不会影响其前缘减压波的传播，因此只要知道气体减压波在每一个压力水平下的传播速度，即可根据左侧 (或右侧)1# 测点的实测数据计算得到裂纹到达前，裂纹分叉位置的压力–时间曲线。利用 GAS-DECOM 程序计算试验条件下气体减压波的速度，最终计算获得裂纹分叉位置的压力–时间曲线如图 4-32 虚线曲线所示。T-4 中左右两侧裂纹分别在 7.84ms 和 7.98ms 时发生分叉，裂纹分叉时裂纹尖端的压力约为 9.4MPa。

4.3.5 管壁动态应变测试结果及分析

1. T-1 应变测试结果

图 4-33 所示为 T-1 中 1# 和 2# 应变测点 (图 4-12) 的应变–时间曲线，其中 1# 测点设置在止裂器前缘管壁上，2# 测点设置在紧邻 1# 测点的止裂器边沿上，所有应变测点都位于管道环向 45°。对比 1# 和 2# 测点的环向应变–时间曲线可以发现，它们的变化规律相似，都在裂纹到达后迅速增大，说明止裂器与管壁黏合较好。从 2# 测点的轴向应变曲线可以看出，测点轴向在裂纹到达前应变值不断增大，说明裂纹传播过程中，测点受到轴向拉伸载荷作用 (T-3 中高速摄影记录结果可看到这种现象)；裂纹接近测点位置后，由于管道的膨胀和外翻效应，造成测点的轴向应变不断减小。从上述现象表明，裂纹止裂器时其环向主要受拉伸作用，轴向主要受压缩作用。

2. T-2 应变测试结果

图 4-34 为 T-2 中 B2、B3、E3、E4、F3 和 F4 测点 (图 4-13(c)) 的环向应变–时间曲线，这些测点到裂纹线的距离为 (10 ± 2)cm。E4 和 F4 测点紧邻左侧环焊缝边沿，从图 4-34(b) 可以看出这两个测点应变在 4.5~5ms 期间就发生变形失效，而根据时间线的记录可知，此时裂纹到环焊缝的距离超过 20cm，结合图 4-27

中位于左侧环焊缝的 5# 时间线与其相邻的 4# 时间线几乎同时断裂的现象，可推测环焊缝在裂纹尚未到达时已经开始环向失效，故左侧环焊缝的工艺和焊材未能满足管道气体爆破试验的要求。

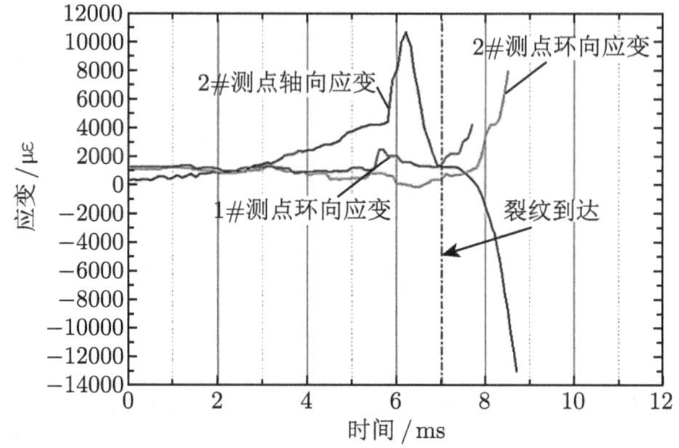

图 4-33　T-1 中 1# 和 2# 应变测点应变–时间曲线

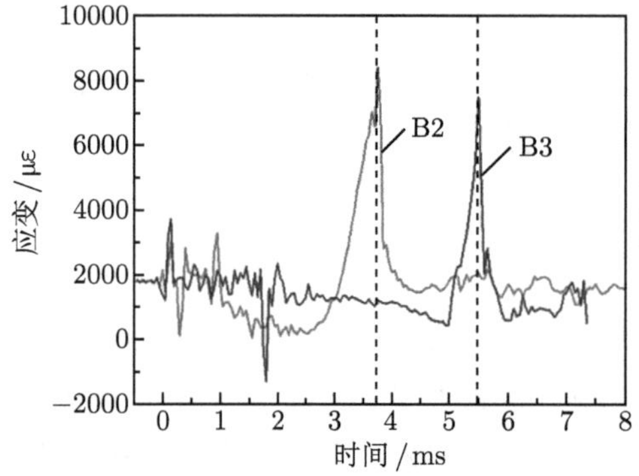

(a) T-2中B2和B3测点环向应变–时间曲线

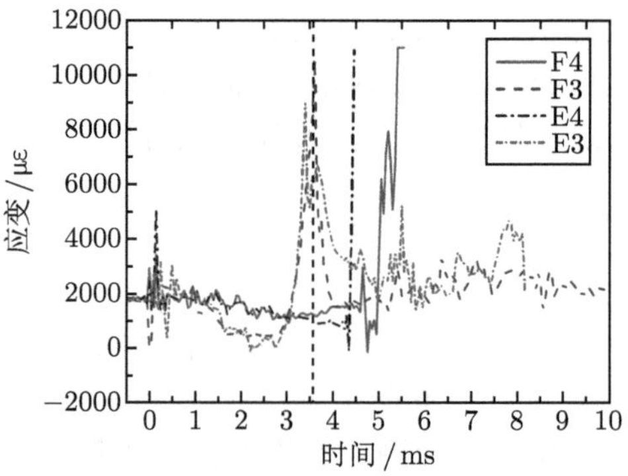

(b) T-2中E3、E4、F3和F4测点环向应变–时间曲线

图 4-34　T-2 中环向应变–时间曲线

从 B2、B3、E3 和 F3 测点的应变曲线可以看出，当裂纹经过时，测点的应变呈指数级增加，并在到达最大值后呈指数级跌落，应变曲线顶部出现尖锐的拐点，这表明裂纹尖端存在奇异性，裂纹尖端经过时，测点的环向应力理论上趋于无限大。

如图 4-35 所示，经典的 Dugdale[25]弹塑性断裂分析模型认为，在与拉应力 σ_0 垂直方向上含有长为 $2c(2c = 2d + 2s)$ 穿透裂纹的无限大板，其裂纹上、下表面长为 $2d$ 的范围不受力，为自由面，而在两端长为 s 的塑性区域上，裂纹上、下表面受均布拉应力 σ_s 作用，裂纹尖端没有奇异性，裂纹外是广大的线弹性区域；Barenblatt[25]模型认为裂纹尖端塑性区上，裂纹上、下两层之间的距离极小，其间受原子或分子的吸附力作用，这些吸附力与原子或分子间拉开的距离有一定的函数关系，指出塑性区裂纹上、下表面的应力不是均等的，但该模型仍认为裂纹尖端实际不存在奇异性。

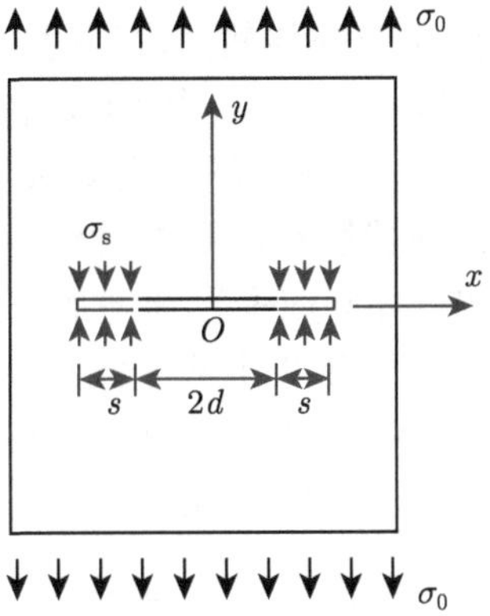

图 4-35 Dugdale 模型裂纹尖端应力分布示意图

测试结果表明，裂纹塑性区上、下表面的应力并不是均等的，而是随裂纹尖端张开距离发生变化，且裂纹尖端存在奇异性。根据裂纹尖端应变场的变化特征，对 Barenblatt 模型进行修正可得到试验管道裂纹尖端应力分布的特征，如图 4-36 所示。图中 V 为裂纹的速度，本次试验取平均速度约为 200m/s；t_1 为裂纹经过时测点应变或应力增加过程的时间，根据图 4-34 的试验数据取 0.45ms；t_2 为裂纹经过时测点应变跌落过程的时间，根据试验数据取 0.15ms；b 为塑性区中应力增长区的长度；a 为塑性区中应力衰减区长度；S 为裂纹尖端的塑性区长度，根据裂纹扩展速度及裂纹尖端场的变形时间求得本次试验塑性区长度约为 12cm。从图 4-36 可以看出，裂纹尖端应力呈指数函数分布，裂纹尖端奇异点的应力理论上

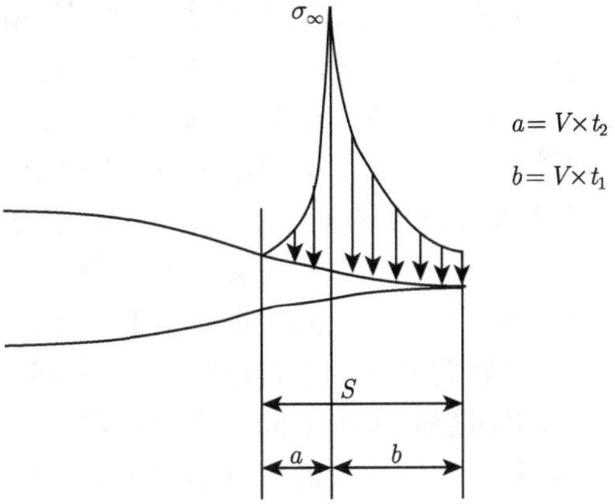

图 4-36 试验裂纹尖端应力分布示意图

趋于无穷大，随着到奇异点距离的增加，裂纹尖端应力呈指数级减小。

3. T-3 应变测试结果

T-3 中应变测点设置在距管道中心 2.5m 的截面上，具体位置见图 4-15(a)，从前面的分析可知，裂纹扩展到应变安装截面附近时发生分叉偏转。图 4-37(a) 为 1#、3# 和 4# 测点的环向应变曲线。从图中可以看出，受到中间管道下沉变形的影响，位于环向 90° 位置的 3# 测点环向应变从 5ms 开始不断增加，说明测点环向受到拉伸作用，这与高速摄影观测到的管道变形情况相符。裂纹发生分叉偏转时，距裂纹最近的 1# 测点环向应变迅速增加，并在到达最大值后迅速跌落，应变曲线顶部出现尖锐的拐点，与 T-2 中应变测点观测到的现象相似，是裂纹尖端的奇异性造成的。3# 和 4# 测点的环向应变在裂纹环向扩展过程中皆呈下降趋势，这是由于裂纹斜向扩展造成轴向拉伸变形而引起的现象。

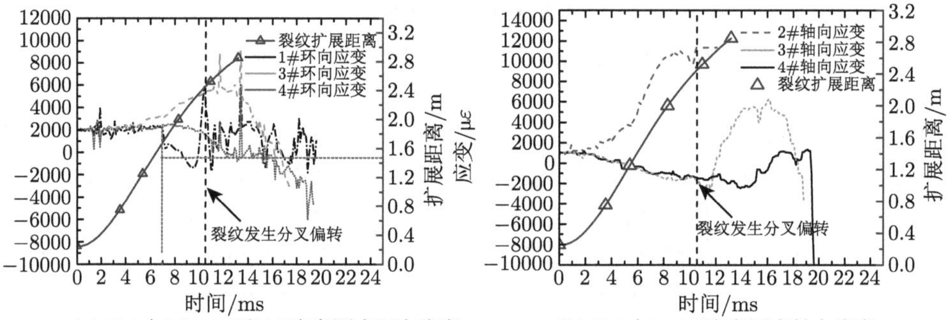

(a) T-3中1#、3#和4#应变测点环向应变　　(b) T-3中2～4#应变测点轴向应变

图 4-37　T-3 中各测点应变–时间曲线

图 4-37(b) 为 2#～4# 测点的轴向应变–时间曲线。位于环向 45° 的 2# 测点轴向应变从初始裂缝形成后就不断增大，直至裂纹发生分叉偏转时其应变值到达 10000$\mu\varepsilon$，表明测点的轴向载荷一超过管材的屈服应力，测试截面环向 45° 位置就受到剧烈拉伸作用。而位于环向 90° 和 135° 的 3# 和 4# 测点的轴向应变在裂纹扩展过程中不断减小，说明测点轴向受到压缩作用；12～17ms 期间，3# 测点轴向应变从 $-3000\mu\varepsilon$ 增加到 $7000\mu\varepsilon$，这是由裂纹斜向扩展造成轴向拉伸变形引起的现象；4# 测点在裂纹斜向扩展过程中，也产生类似变形规律。

综合高速摄影观测和应变的测试结果可知，T-3 中管道由于中部下沉，裂纹扩展过程中，其尖端承受环向和轴向双向复杂载荷的作用，环向载荷由于气体的泄漏随裂纹扩展而降低，而轴向载荷由于管道变形随裂纹扩展而增加，从轴向应变曲线可以看出，裂纹分叉时裂纹尖端轴向载荷超过屈服强度。当环向载荷和轴向载荷的变化达到临界值时，裂纹应变能释放率最大的方向会发生改变，进而使裂纹扩展方向发生改变，从而出现分叉偏转现象。

4. T-4 应变测试结果

T-4 中应变测点设置在距管道中心 3m 的截面上，具体位置见图 4-16(b)，从前面的分析可知，裂纹扩展到距应变安装截面 1m(即距中心 2m) 时发生分叉偏转，裂纹未经过测试截面。故本小节主要分析测点的轴向应变。

图 4-38 为 1#～3# 测点的环向应变–时间曲线。从图中可以看出，裂纹扩展过程中，位于管道环向 22.5° 和 45° 的 1# 和 2# 测点轴向应变不断增大，1# 测点的应变片在裂纹分叉时达到测试极限 (20000με) 后失效，表明测点的轴向载荷超过管道的屈服强度，说明测试截面上半部位在裂纹扩展过程中受到剧烈的拉伸作用。3# 测点位于管道环向 90° 位置，其轴向应变在裂纹扩展过程中不断减小，但与 1# 和 2# 测点的变形相比，其变化幅度较小。

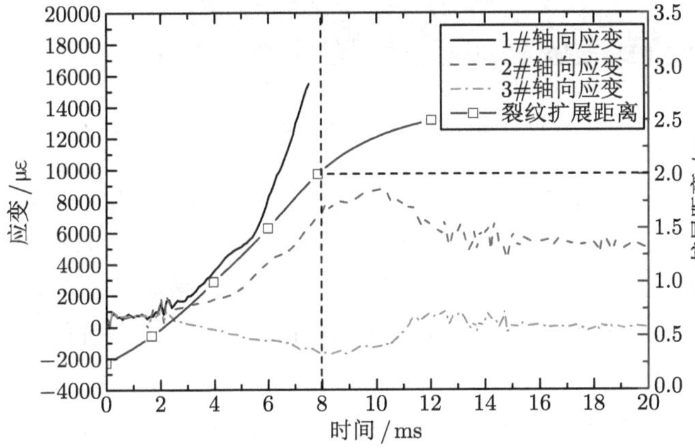

图 4-38　T-4 中 1#～3# 应变测点轴向应变–时间曲线

T-4 中尽管对管槽底部进行处理，两端也进行固定，但试验时，仍出现下沉现象。从应变测试结果可以看出，与 T-3 的现象相似，裂纹扩展过程中，其尖端也受到双向载荷的作用，且在分叉时轴向载荷超过管道屈服强度，故其裂纹应变能释放率最大方向也发生改变，出现分叉偏转现象。

4.3.6　管道裂纹表面形貌特征及大范围屈服断裂分析

图 4-39(b) 所示为爆破管道轴向裂纹的表面形貌特征。从图中可以看出，断口呈现典型的延性断裂特征，裂纹面较均匀平齐，出现放射形及人字形山脊状花纹，断口边缘常呈现周期性的箭头状。在显微镜下观察裂纹表面 (图 4-39(c))，可发现延性断裂特有的韧窝形貌，说明 X90 管线钢在断裂过程中发生 “微孔聚合” 现象。从裂纹截面图 (图 4-39(d)) 可以看出整个裂纹面与管壁面成 45° 为明显的剪切断裂特征，且裂纹面附近出现明显的 “颈缩” 现象，说明管壁在断裂前发生剧烈的塑性变形。

(a) 断裂管道 (b) 裂纹表面形貌特征

(c) 裂纹面的显微镜观察 (d) 裂纹截面特征

图 4-39 爆破管道轴向裂纹的表面形貌特征

综合分析来看，管道轴向裂纹的扩展经历了延性断裂的 3 个明显阶段：首先是材料出现局部的“颈缩”现象，且在“颈缩”区域产生分散的空穴；其次，这些小空穴在外力进一步作用下会增长、扩大，最终形成微裂纹；最后，裂纹沿剪切面扩展到材料表面，且剪切面与拉伸方向成 45°。上述 3 个阶段最终形成了典型的“杯锥”失效断面。

大口径 X90 钢级管道属于超高韧性金属材料，其断裂过程往往伴随着裂纹附近的大范围屈服变形。过去全尺寸断裂试验表明管道的止裂性能与其裂纹扩展过程中吸收的能量相关，管道扩展过程吸收能量越多其止裂性能越好。对于大范围屈服断裂的管道，其裂纹附近管壁的塑性变形量是衡量其吸收能量多少的重要指标。因此，在全尺寸试验中可通过测量裂纹附近管壁的塑性变形量来评估管道的止裂性能。管壁的塑性变形量可通过测量裂纹断裂前壁厚的缩减量及裂纹线两侧 (即管道环向) 塑性变形的宽度来表征。全尺寸断裂试验研究结果表明[6]，塑性变形宽度为 40~50cm、壁厚最大缩减量为 35%~40%的试验管道成功地在两根样管以内将裂纹止住；而塑性变形宽度为 25~30cm、壁厚最大缩减量为 10%~20%的试验管道未能发生自身止裂。

如图 4-40 所示，本章选择不同的截面测量壁厚沿环向方向的变化。图 4-41(a)~(d) 分别为 T-1~T-4 中断裂样管壁厚随环向位置的变化，图中 d 为测量位置到管道中心的距离，负号代表在管道中心左侧。从图中可以看出，随着到裂纹线距离的增加，管壁的壁厚不断增加，直至等于原来的壁厚；T-1 和 T-2 的塑性变形宽度 (壁厚减少的宽度) 为 35~40cm，壁厚的最大缩减量为 20%~ 38%；T-3 和 T-4 的塑性变形宽度超过 50cm，壁厚的最大缩减量为 34%～51%。将测量结果与过去的研究对比发现，T-1 和 T-2 的样管虽具有较好的止裂性能，但是否满足短距离发生自身止裂的要求尚需进一步试验确定；按照以往测试的标准[6,112]，T-3 和 T-4 的断裂样管表现出优良的止裂性能，远远满足短距离发生自身止裂的需求。

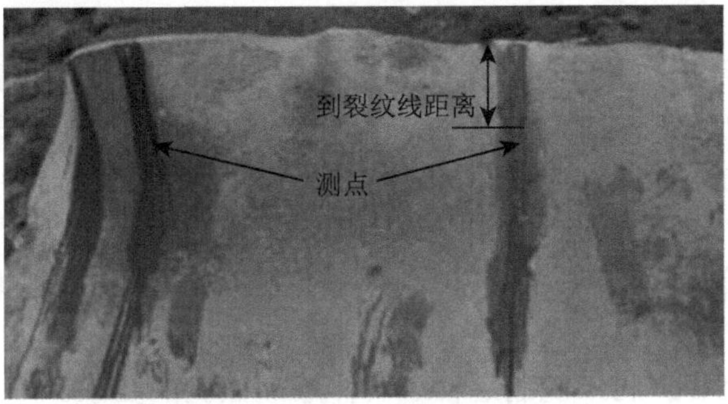

图 4-40 断裂管道壁厚测量位置

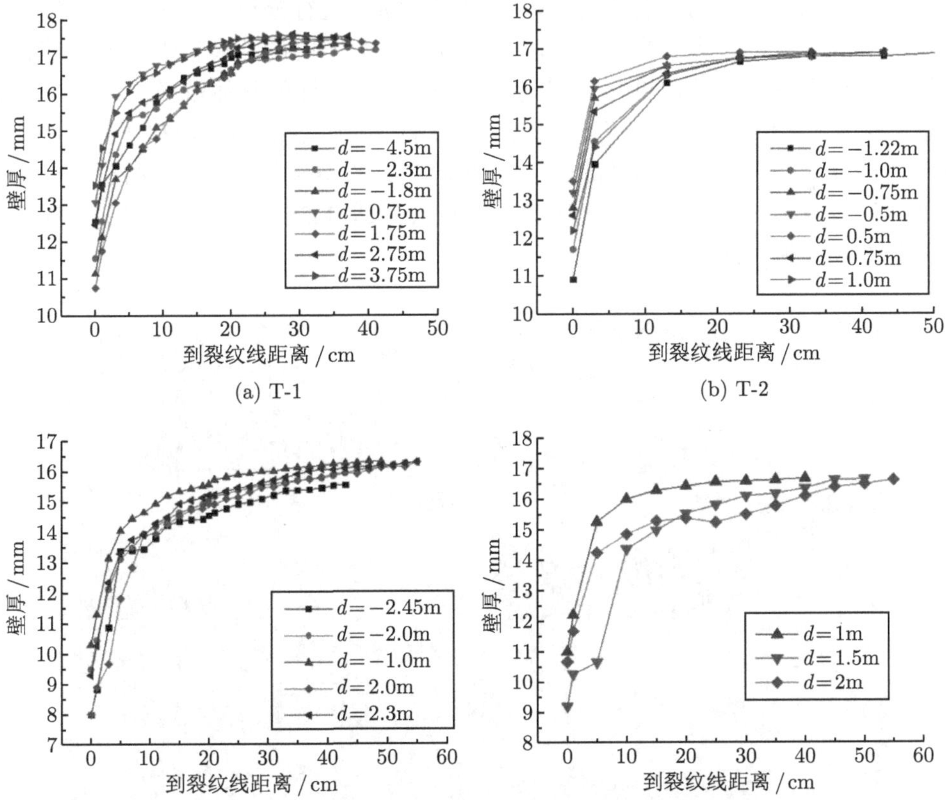

(a) T-1 (b) T-2

(c) T-3 (d) T-4

图 4-41 T-1、T-2、T-3 和 T-4 中断裂样管壁厚随环向位置的变化

需补充说明的是，T-1 和 T-2 的 X90 样管产自南京钢铁集团公司，而 T-3 和 T-4 的 X90 样管产自济南钢铁集团公司，这两种样管使用的配方和工艺不同，但从试验结果来看，济南钢铁集团公司生产的 X90 钢管道的止裂性能要更好。

4.3.7 环焊缝强度测试 (T-2) 结果分析

T-2 的主要目的是验证两条不同焊接工艺和材料焊缝的强度，观测裂纹经过焊缝时的扩展特征及材料的动态特性，为 3 管、多管和管道建设中环焊缝的焊接工艺和材料选择提供依据。从 4.3.1 节中的试验结果可知，T-2 中裂纹在 2# 环焊缝 (图 4-13(a)) 位置发生环切；在 1# 环焊缝位置发生分叉，其中一条裂纹穿过环焊缝进入邻近管道并沿斜向扩展，另一条沿环焊缝环切。根据 4.3.5 节中 T-2 的应变测试结果分析可知，2# 环焊缝在裂纹尚未到达时已经开始环向失效，故 2# 环焊缝的工艺和焊材未能满足管道气体爆破试验的要求。

尽管裂纹经过 1# 环焊缝，但裂纹未能沿轴向直线扩展而是发生分叉，生成的另一条裂纹也发生环切。着重对 1# 环焊缝的断口进行分析，为下一步焊接工艺及材料的选择提供参考。为了解 1# 焊缝及其热影响区的断裂韧性，本小节分别对焊缝和热影响区的试样进行 6 组夏比冲击试验，试样的具体取样位置如图 4-42 所示。从表 4-13 的试验结果可以看出，热影响区和焊缝的冲击功都严重偏小，远没有达到设计要求 ⩾150J 的标准，且与实验室试验结果相差较大。由于热影响区的韧性值较低，故裂纹经过该区域时速度较大，达 350m/s (图 4-27(b))，高于其余试验裂纹的最大速度。

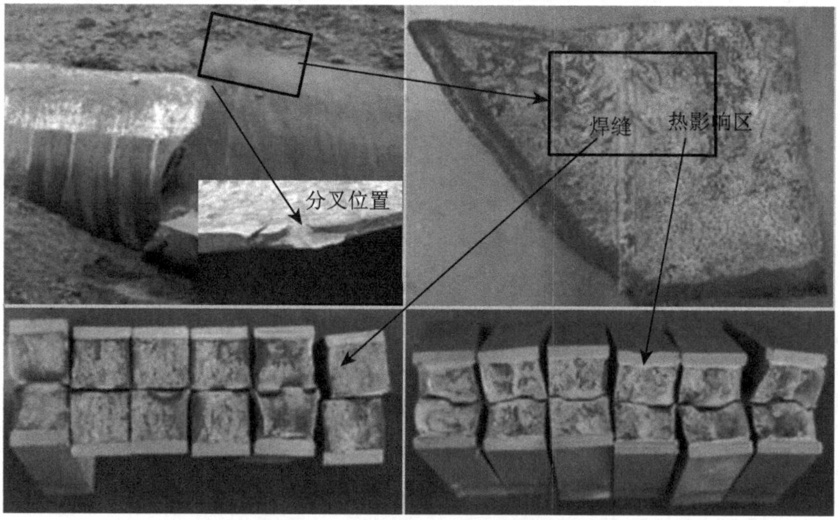

图 4-42 夏比冲击试验取样位置

表 4-13 1# 环焊缝及其热影响区夏比冲击能量 (单位：J)

组编号	1	2	3	4	5	6
焊缝	37	34	37.5	31	59	14.5
热影响区	47.5	137	87.5	36	50.5	64.5

为深入了解裂纹在环焊缝位置的断裂机理，在环切位置和裂纹偏转 (图 4-43) 取样，并进行电子显微和能谱分析，其中环切位置 (① 号试样) 位于焊缝上，裂纹偏转位置 (② 号试样) 刚好位于焊缝与母材的熔合区。

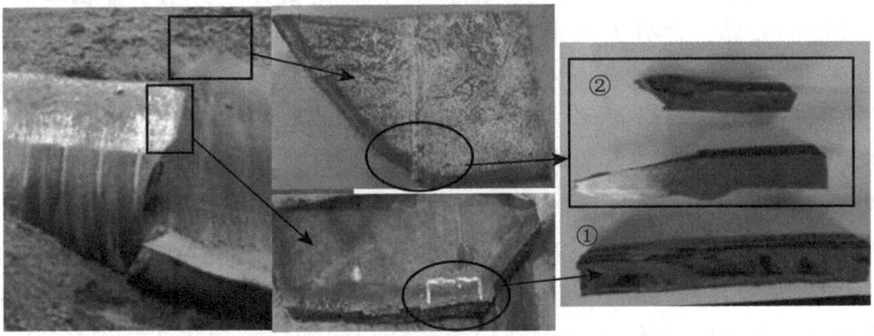

图 4-43 1# 环焊缝断口分析取样位置

图 4-44 为 ① 号试样的微观断口形貌及电子能谱分析图。从图 4-44 (a) 可以

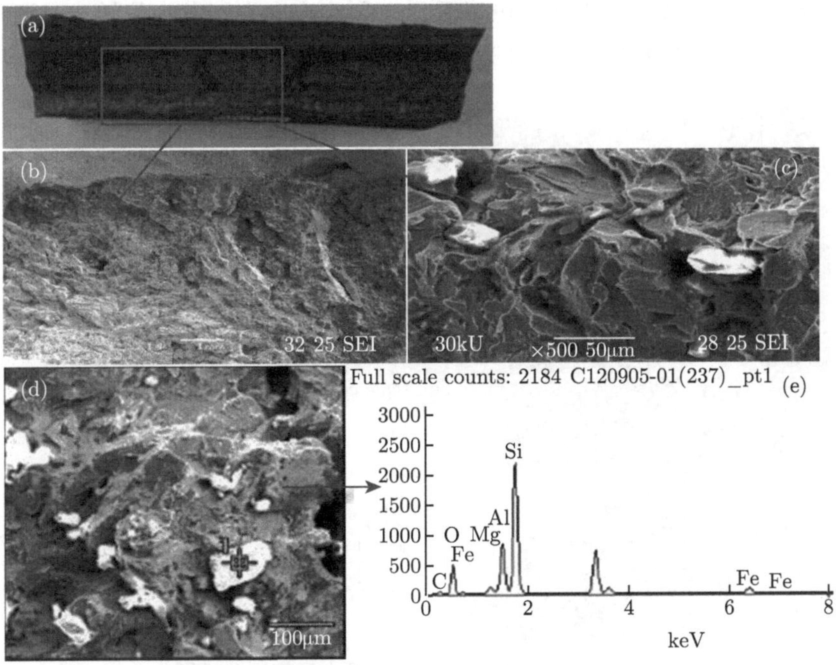

图 4-44 ① 号试样断口形貌及电子能谱分析图

看出，焊缝环切断口宏观上未发生大范围屈服变形，但表面凹凸不平存在明显撕裂的痕迹，边沿可观察到反光的小刻面。从断口的微观形貌来看，其具有不同于解理断裂的撕裂岭 (图 4-44 (b))，但又具有解理断裂特征的“舌状花样”(图 4-44 (c))，为准解理断裂面，表明焊缝环切过程中解理裂纹与已发生塑性变形的晶粒间存在相互作用。

从图 4-44(d) 可以看出，断口上存在大量的夹杂物，最大夹杂物的直径达 80μm，电子能谱分析发现夹杂物主要含有 C、Mg、Al、Si、O、Fe 等元素，它们以氧化物、碳化物以及复杂的铝酸盐或硅酸盐等形式存在。由于金属基体与夹杂物力学性能的差异，在外力作用下，它们的结合部位容易形成应力集中，从而产生微裂纹，并在应力作用下长大、聚集生产孔洞，最终导致焊接接头的断裂。从前面的分析可知，在裂纹扩展过程中，由于气体喷射的作用会在裂纹尖端形成轴向载荷，而焊缝又含有较多的夹杂物，因此裂纹经过焊缝时发生环切现象。

图 4-45 所示为 ② 号试样的微观断口形貌及电子能谱分析图。从图中可以看出，裂纹方向偏转前，断口可以看到河流状花样的存在，能观察到大而浅的韧窝和较多的撕裂岭特征，结合裂口的宏观大变形，可以判断裂口属于以延性断裂为主的韧-脆混合断裂；裂纹方向偏转位置的断口出现层裂现象 (图 4-45(c))，层裂断口与周围断口相比较为平齐，具有解理断口的特征；裂纹方向偏转后，断口的撕裂岭及韧窝逐渐减少，表面逐渐变平整光滑，说明断口逐渐由准解理断裂过渡到解理断裂。从断口的形貌特征可以看出，裂纹方向突然发生偏转，且断口由准解理状态过渡到脆性断裂状态，说明裂纹尖端的受力状态发生改变。

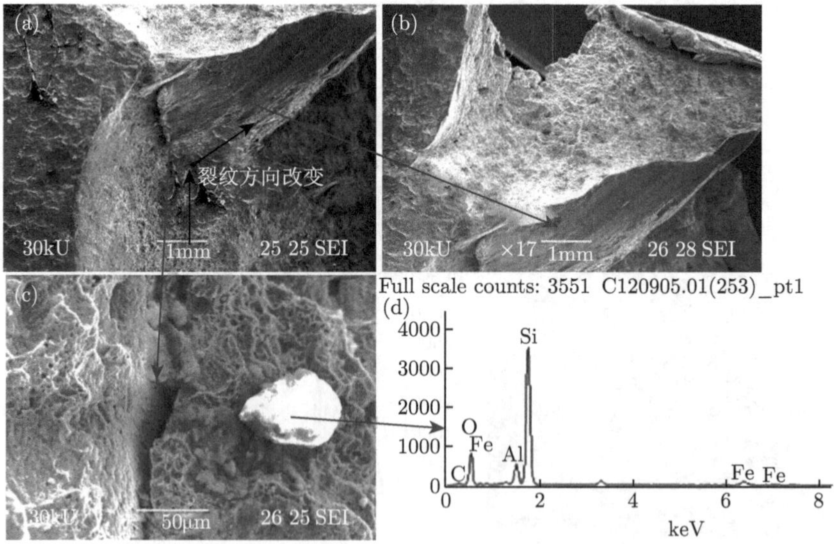

图 4-45 ② 号试样断口形貌及电子能谱分析图

从图 4-45(c) 能观察到断裂含有直径约为 50μm 的夹杂物，但夹杂物的数量较少，电子能谱分析发现夹杂物含有 C、Al、Si、O、Fe 等元素，它们也主要以氧化物、碳化物以及复杂的铝酸盐或硅酸盐等形式存在。从上面的分析可知，夹杂物会对裂纹的萌生及扩展造成影响。但这些因素都不是裂纹发生偏转的主要原因。当裂纹在焊缝位置发生分叉时，由于一条裂纹沿焊缝环切，会使穿过焊缝的裂纹尖端两侧受力不均匀，环切一侧管壁的张力忽然从裂纹尖端消失，在另一侧管壁的张开力驱动下，裂纹方向发生改变。

从上面的分析可知，焊缝夹杂物多、冲击韧性低造成裂纹在焊缝位置发生分叉环切，进而导致穿过焊缝的裂纹发生偏转是裂纹未能沿直线穿过焊缝的主要原因。因此在后续的试验中需改变焊接工艺和材料，减少焊缝中的夹杂物含量，提高焊缝及热影响区的冲击韧性。

在 T-2 实施前，我国尚未在野外进行过 X90 钢管道环焊的试验，因此对野外环境、湿度等因素的影响考虑不周全，对焊接现场的施工管理也缺乏经验，这些都是野外焊接接头冲击韧性与实验室结果相差较远的原因。特别是 X90 自保护药芯焊丝容易受到焊接热输入和环境湿度的影响。以往的试验表明[113,114]，焊接接头的冲击韧性随焊接热输入的增大而降低。而现场的焊接施工则发现随着环境湿度的增加，焊接接头容易生产“孔洞”型夹杂缺陷。

根据 T-2 的试验结果和焊接经验，为确保在 3 管和多管试验中，裂纹能顺利穿过环焊缝，完成试验的目标，后续的试验中，X90 钢管道焊接的工艺和选材在 1# 焊缝的基础上做了以下修改和要求：① 适当减低焊接热输入；② 覆盖焊材的直径从 2mm 降为 1.2mm；③ 严格控制焊接环境的湿度；④ 加强焊接现场的密封保护，防止风进入焊接保护棚内；⑤ 加强现场管理，严格执行焊接工艺。多管试验结果表明，按照上述的焊接工艺、选材和施工要求进行焊接，裂纹能顺利穿过环焊缝，实现了试验的目的。

4.4 研究结论

本章以 X90 直缝埋弧焊管为研究对象，进行线型爆炸聚能切割器的设计和试验验证，分别实施了 X90 单管 (T-1)、环焊缝强度 (T-2)、3 管 (T-3、T-4) 气压爆破模型试验，解决了管道爆破试验中管道的封堵、初始裂纹的引入、传感器的安装及密封、动态参量 (裂纹扩展速度、管内压力变化和管壁动态应变等) 的测试以及测试系统的构建等关键技术问题。爆破后，采用超声波测厚仪测量了裂纹塑性场管壁的厚度，并利用电子显微镜和电子能谱分析法对母材和焊缝裂纹的微观形貌进行观测分析。最后，结合获取的视频、图片和数据等资料对管道爆破试验结果进行综合分析，得出以下结论：

(1) 设计的爆炸聚能切割器成功地在管道设定位置引入初始裂纹，且切口平齐，两侧裂纹尖端较为对称，满足管道爆破试验的要求；时间线的测试结果与高速摄影的观测结果一致，说明时间线的设计方法可行，测试结果可靠。

(2) T-1 中，裂纹经过止裂器时，扩展速度从原来的 220m/s 降为 156m/s，但经过止裂器后扩展速度又恢复到原来的速度，说明设计的止裂器对裂纹具有一定的减速作用，但还不足以使裂纹发生止裂；裂纹发生偏转时尖端的压力约为 4.5MPa，扩展速度约为 100m/s，表明裂纹发生自身止裂的临界裂尖压力为 4.5MPa、临界扩展速度为 100m/s。

(3) T-2 中，裂纹在 2# 环焊缝位置发生环切，在 1# 环焊缝位置发生分叉，对比可以看出，1# 焊缝的强度较好。通过夏比冲击试验和裂纹表明微观形貌的观察分析发现焊缝夹杂物多、冲击韧性低是造成裂纹未能按设定方向穿过 1# 焊缝的主要原因。基于上述现象，在后续试验中采用控制环境湿度、降低焊接热输入及改变焊材等方法来提高焊接质量，以提高焊缝和热区的冲击韧性及控制焊缝夹杂物的产生，并在多管试验中证明新修改的焊接工艺和方法可实现裂纹在焊缝位置的直线传播。

(4) T-3 和 T-4 中，裂纹分叉时裂纹尖端的气体压力为 8.8~9.5MPa，表明此时裂纹尖端仍具有充足的驱动载荷，说明管道并非发生自身止裂。通过分析高速摄影和应变的测试结果可知，爆破过程中，由于地基松软造成管道中部下沉，导致裂纹尖端承受过大的轴向载荷，使裂纹应变能释放率最大方向发生改变，最终造成裂纹发生分叉偏转。其次，T-3 和 T-4 中起裂管的韧性过高，导致裂纹起裂速度过慢，也是造成裂纹过早分叉偏转的原因之一。因此，在管道气压爆破试验中应尽量选择地基密实的场地和韧性值较低的起裂管，且尽量使试验管道的约束条件与管道实际运行条件相符。

(5) 裂纹扩展过程中，其尖端附近应变出现尖锐的拐点，表明管道发生大范围屈服断裂时其裂纹尖端存在奇异性。根据裂纹尖端附近应变的演化特征，结合模型，获得裂纹尖端应力分布规律。

(6) 从管道轴向裂纹的截面形状及微观形貌特征可知，管道轴向裂纹的扩展经历了屈服“颈缩”—“微孔聚合”—剪切断裂等过程，属于典型的“杯锥”失效断面。

(7) T-1 和 T-2(南京钢铁集团生产的钢管) 中裂纹两侧的塑性变形宽度为 35~40cm、壁厚最大缩减量为 20%~38%，T-3 和 T-4(济南钢铁集团生产的钢管) 中裂纹两侧塑性变形宽度超过 50cm、壁厚最大缩减量为 34%~51%，故后者样管的止裂性能较好。根据以往试验的标准[6,112]，济南钢铁集团生产的 X90 钢管能满足短距离发生自身止裂的条件。

第 5 章　X90 全尺寸输气管道断裂爆破试验研究

5.1　概　　述

API SPEC 5L 中将 X90、X100 和 X120 三个钢级列为高强度管线钢[134]。从前面的分析可知，X100 和 X120 钢级管道的断裂控制技术尚未完善，且传统的止裂韧性预测方法也不适用于这两种等级管道。因此，截至目前 X100 和 X120 钢级的工业化应用进展缓慢[10]。

考虑到采用 X100 以上钢级管道的巨大风险与挑战，其近期应用几乎不可能。ISO TC67/SC216 工作组会议召集人 John Hammond[111] 指出："X90 是 X80 和 X100 强度等级之间的一个理想跨接点。" 基于我国在 X80 钢级管道应用方面的大量研究以及超高强度钢管研发刚刚起步的情况，我国决定力争在 X90 钢管道的相关研究上首先取得突破[10]，并计划在未来建设的管线中使用 X90 钢管。

为满足我国钢级管道建设的需求，亟须开展 X90 钢级管道止裂性能的研究。在传统止裂韧性预测方法存在不确定性的情况下，全尺寸气压爆破试验成为验证管道止裂性能最可靠的方法。然而，国内在高压输气管道全尺寸气压爆破试验研究方面基本属于空白。过去，为验证管道的止裂性能需依托国外相关研究机构进行全尺寸爆破试验，这样不但花费大量时间和经费，而且无法获取许多关键的试验数据，严重制约我国管道动态断裂相关理论的发展。本章以 X90 直缝埋弧焊管为研究对象，依托国家重点实验室哈密管道断裂控制试验场进行 X90 管道全尺寸气压爆破试验，为我国输气管道的工程建设和科学研究提供参考。

根据课题研究需要，通过全尺寸管道气压爆破试验完成以下研究内容：① 实现高钢级、高压、大口径输气管道的动态裂纹扩展及止裂行为研究；② 试验系统实时监测管道的裂纹扩展速度、压力变化、温度变化、管道变形及应力变化等；③ 试验系统监测管道破裂时释放的天然气爆炸后产生的冲击波、热辐射、震动、飞溅物等对环境的影响；④ 同沟敷设的管道，一条管道发生爆炸时对另一条管道的影响。

5.2　全尺寸管道爆破试验设计

全尺寸管道爆破试验技术主要通过气压爆试验，获得裂纹在爆破试验管道上最终的停止位置以确定试验钢管的止裂韧性，在裂纹扩展过程中，通过时间线采集裂纹扩展速度，减压波传感器获得气体减压波速度，应变片采集钢管应变量等。同时，对理论计算模型参数进行修正 (BTC 修正系数)。全尺寸管道爆破试验中初始裂纹的引入以及裂纹速度、减压波速度、管壁应变的测试与模型试验基本相同。本节主要介绍全尺寸管道爆破试验中钢管的布设、天然气引燃装置的设计以及空气冲击波、地震波、热辐射等参量的测试设计。

5.2.1 钢管的布设

试验时，中间起裂管韧性需低于管材的预测止裂韧性，试验钢管止裂韧性按照中间向两侧依次升高排布。本次全尺寸管道爆破试验的管道总长 430m，其中试验管道长 110m (由 11 根样管焊接组成)，东、西两侧各有 160m 长的储气管段，试验样管与储气管段之间安装有金属止裂器，防止裂纹进入储气管段，如图 5-1(a) 所示。试验中起裂管 (I) 的韧性为 245J，两侧样管按韧性值从低到高依次排列。表 5-1 所示为试验条件，加压介质采用贫气 (甲烷含量大于 89%)；采用全掩埋的爆破方式，管道埋深为 1.2~1.3m；试验的设计系数为 0.7，最终的目标压力为 12MPa。图 5-1(b) 所示为多管试验管道的实际设置效果，其设计的条件与管道实际运行条

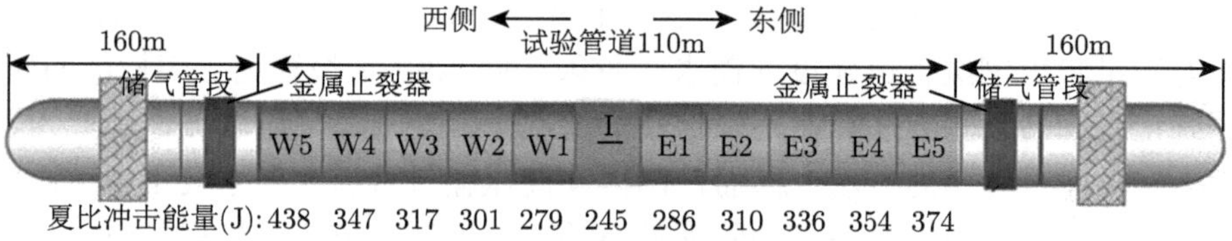

(a) 试验管道布设示意图

(b) 试验管道实际布设效果

图 5-1 钢管的布设

件几乎相同。从图中可以看出，试验管道与储气管段之间浇筑有巨大钢筋混凝土对管道进行固定。

表 5-1 X90 管道全尺寸气压爆破试验条件

参量	X90 管道全尺寸爆破试验数值
钢管名义外径/mm	1219
钢管名义壁厚/mm	16.3
管道回填	1.2~1.3m 深的沙土
加压介质	西气东输二线天然气
目标压力/MPa	12
目标环向应力/MPa	437 (0.70 SMYS)
试验温度/°C	14.5
初始裂纹引入	爆炸聚能切割器

注：SMYS 为钢管的屈服强度，本次试验样管的名义屈服强度为 625MPa。

5.2.2 天然气引燃装置的设计

当初始裂缝形成后，天然气将从裂口喷出，引燃天然气一方面是为了防止管道爆裂后泄漏至大气中的天然气对环境造成污染，另一方面可对天然气爆燃效应进行危害测试和研究。为点燃天然气，在试验管道四周布设 4 个点火弹发射装置，试验时每个发射装置连续发射点火弹以引燃天然气，如图 5-2 所示。

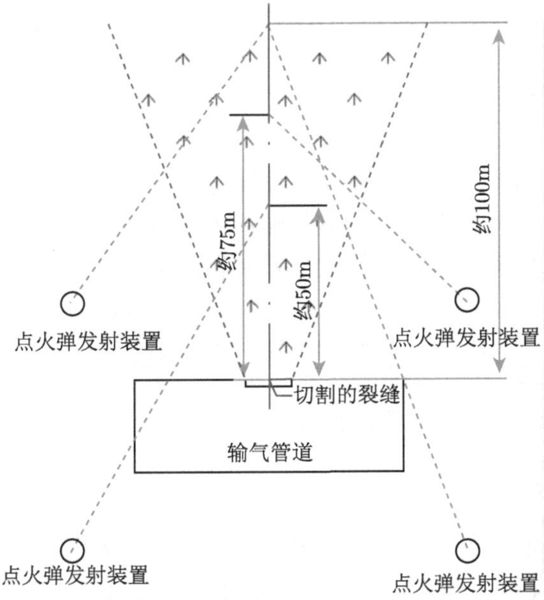

(a) 点火弹发射装置

(b) 点火效果图

图 5-2 点火弹发射装置和点火效果图

经查相关材料，天然气的着火点为 270～540℃。本次试验点火弹的设计参考礼花弹设计的方法，引燃弹发射时，发射筒内及出膛温度约为 800～1000℃，在空中爆炸后，含点火星体数不少于 40 个，点火星体有效燃烧时间 3～4，温度均在 1000℃ 左右。为提高点火可靠性，增加了在弹体飞行过程中的火焰，燃烧温度为 1200°C，均远高于天然气着火点，且带有明火。本次试验的引燃弹有 2 种型号，垂直发射高度分别为 90～120m 和 150～160m。

为避免天然气泄漏后的强大气压将发射底座冲偏，发射底座全部采用钢板支架和钢管制作，质量达 40kg。提前在发射点做好水泥基础，采用螺丝固定。发射筒有 6×4 个，发射筒角度 (30°～70°) 可在爆破前预先调整设定，充分保证引燃弹的点火星体在点火区域纵向分布，实施有效点火。每次从不同方向发射 2 枚不同高度点火弹，确保可靠点火。

5.2.3　空气冲击波测试的设计

1. 测量原理

空气冲击波测试采用压阻式压力传感器的测试方法，该测试方法适用于测试爆炸空气冲击波瞬态信号。考虑到实际情形只需研究近地面目标，主要是人员和建 (构) 筑物等受爆炸冲击波的危害效应，本次试验采用分布式压阻式压力传感器测试系统进行天然气管道爆破冲击波的测试。

压阻式压力传感器自振频率高，频响范围达到 DC～1MHz，量程可定制。江苏双桥传感器测控技术有限公司研制生产的 CYG411 型自由场压阻式压力传感器满足上述指标要求，适调器选用该公司研制生产的与 CYG411 型自由场压阻式压力传感器配套的压力变送器。

基于压阻式压力传感器冲击波测试系统的工作原理如图 5-3 所示。通过压力传感器接收管道爆破产生的空气冲击波压力信号，将其转换为电信号后再通过信号传输线送到压力变送器，然后由高速数据采集仪进行采集和记录。

图 5-3　压阻式压力传感器冲击波测试系统的工作原理

2. 测试系统

选用基于 DH5960 的动态信号测试分析系统。该系统为网络型动态信号测试分析系统，可完成应变、振动 (加速度、速度、位移)、冲击波压力、噪声、温度 (各种类型热电偶、铂电阻) 以及静压力、流量、扭矩、电压、电流等多个物理量的测试和分析。

DH5960 超动态信号测试分析系统主要技术参数：输入方式 DC、AC、GND 及半桥、全桥，最高瞬态采样频率 20MHz，频响范围为 DC~1MHz，每通道缓存 8MB，每通道为独立的 16 位 A/D 转换。图 5-4 为基于 DH5960 超动态信号测试分析系统的爆炸冲击波测试系统组成原理图。

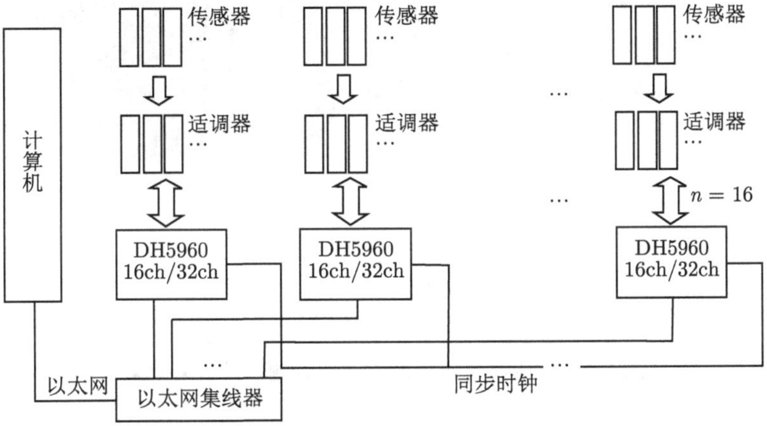

图 5-4 基于 DH5960 超动态信号测试分析系统的爆炸冲击波测试系统组成原理图

测试中使用的主要测试仪器和设备的主要性能指标参数如表 5-2~表 5-4 所示。

表 5-2 CYG411 型压阻式压力传感器参数

型号	准确度 (FS)	量程/MPa	灵敏度稳定系数 (℃. FS)	使用温度/℃	信号输出/V	供电电压/V
CYG411	0.5%	0~15	5×10^{-4}	−40~125	0~5	±15

表 5-3 数据采集仪参数

型号	测量示值误差	线性度	采样速率	通道数
DH5960	<0.3%	0.1%	1kHz~20MHz/通道	16 个/台

表 5-4 891-2 型压力变送器技术参数

型号	量程/(m/s)	通频带/Hz	分辨率/(m/s)	灵敏度/(V·s/m)
891-2	0.5	2~100	1×10^{-8}	30

3. 测点的布设

由于近距离天然气爆燃温度较高对传感器破坏较为严重，因此在起爆中心 100m 范围内只布设 3 条测线：90° 测线、斜 30° 测线、斜 60° 测线，共 23 个自由场冲击波传感器 (传感器布设如图 5-5 所示)，且每个测点只布设一个传感器测量二维平面超压。

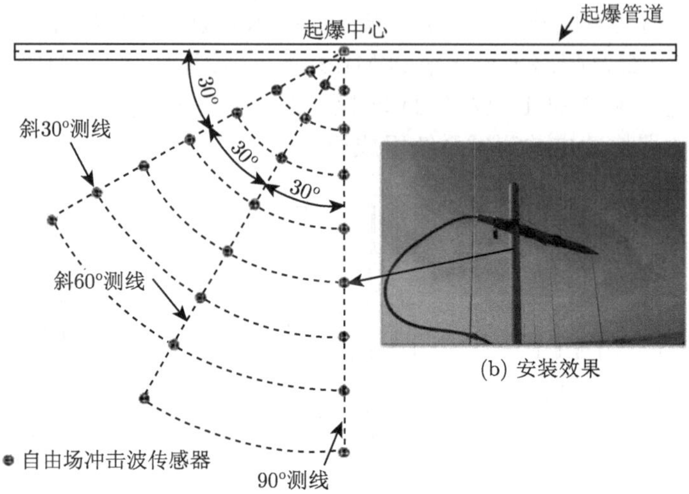

(a) 测点布设

(b) 安装效果

图 5-5 近距离自由场冲击波测试测点及安装效果

远距离冲击波布设在起爆中心 100～400m 范围内布设 4 条测线，共 26 根测试杆，每根测试杆分别在 10m、15m、20m、25m、30m 位置设置一个测点，共 130 个测点，如图 5-6 所示。

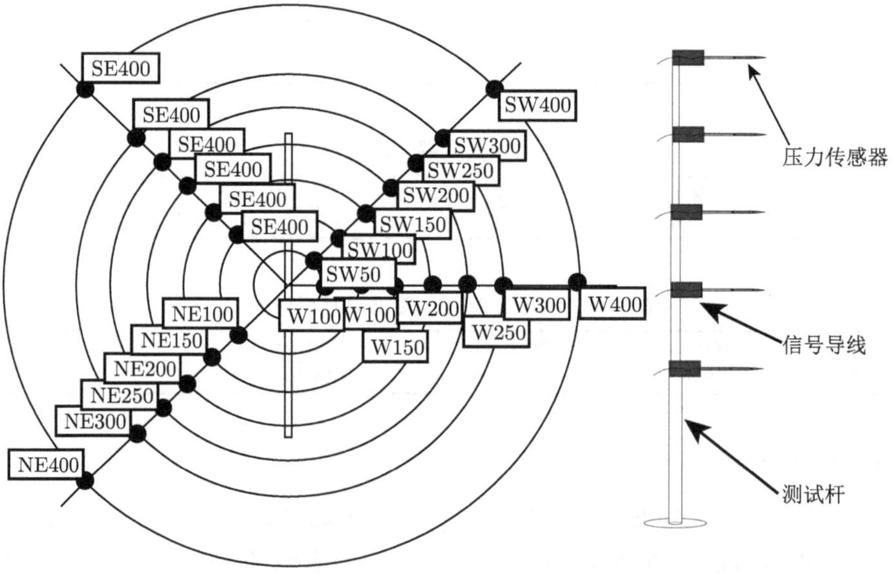

(a) 测点布设

(b) 安装示意图

图 5-6 远距离自由场冲击波测试测点及安装示意图

5.2.4 地震波测试的设计

1. 测量原理

管道爆破产生的地震波是导致邻近结构物和管道破坏的重要因素。如果爆破产生的地震波的幅值达到一定阈值且主振频率与附近结构物自振频率接近一致，将可能引起邻近结构物或其他设施受损破坏。爆破地震波测试的主要目的是研究管道爆破振动作用的介质质点运动规律。通过测试数据的分析，研究爆破地震动介质质点振动位移、速度和加速度的时间曲线，通过对波形图的分析、计算，得到表征爆破地震波特性的幅值、持续时间和振动频率等基本参量，以及地震波的频谱特性。

爆破地震波对建 (构) 筑物的破坏程度与地震波质点运动速度幅值和地震波频率有关。地震波的质点运动加速度反映作用在建筑物上荷载的大小，研究该物理量的变化规律为揭示结构物受力状态和破坏机理奠定基础。为此，试验方案确定对地震波的质点运动速度和加速度同时进行测试。即在天然气管道附近区域内的测点处同时安放速度与加速度传感器。

根据试验方案，在爆破地震波传播范围的一定区域内布置测点，安装选定的传感器 (如位移传感器、速度传感器或加速度传感器)，连接放大器以及记录仪器，然后进行数据分析处理。

2. 测试系统

测试系统主要由 TC4850 型爆破测振仪和泰测 Blast-UM 型爆破测振仪构成。

TC4850 型爆破测振仪具有体积小、质量轻、耐压抗击等特点，配接相应的传感器能完成加速度、速度、位移、压力、温度、湿度等动态过程的监测、记录、报警和分析。TC4850 型爆破测振仪技术参数如表 5-5 所示，其工作原理图如图 5-7 所示。

表 5-5 TC4850 型爆破测振仪技术参数

通道数	频率范围/Hz	量程/(cm/s)	分辨率/(cm/s)	读数精度/%	采样率/kHz
3	5～500	<35	0.01	0.1	1～50

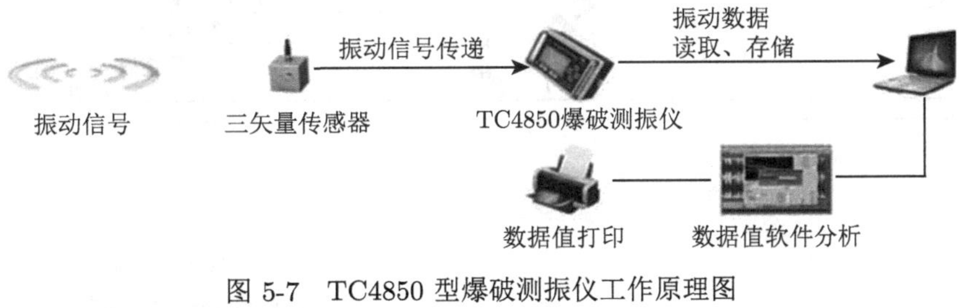

图 5-7 TC4850 型爆破测振仪工作原理图

Blast-UM 型爆破测振仪的主要构成如图 5-8 所示，其技术参数见表 5-6。

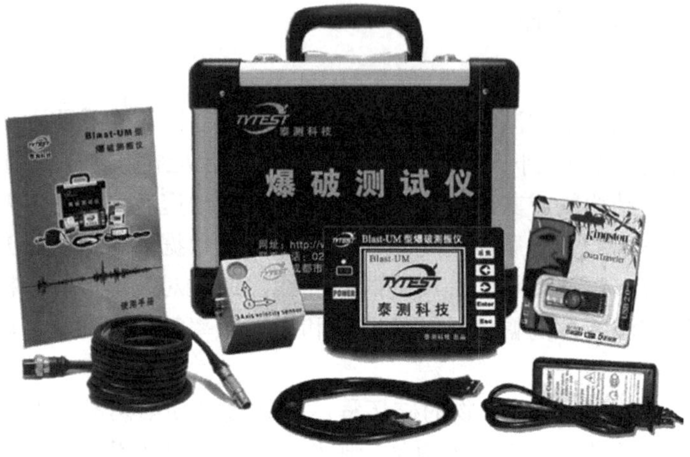

图 5-8 Blast-UM 型爆破测振仪组成

表 5-6 Blast-UM 爆破测振仪技术参数

型号	通道数	频率范围/Hz	量程/(cm/s)	分辨率/(cm/s)	读数精度/%	采样率/kHz
Blast-UM	3	5～300	<35	0.01	0.1	1～10

3. 测点的布设

试验共设置 2 条测线、20 个测点。垂直于管道轴线的测线为 1# 测线，与管道轴线成 45° 夹角的为 2# 测线，测点布设情况如图 5-9 所示。其中 1#、2# 测

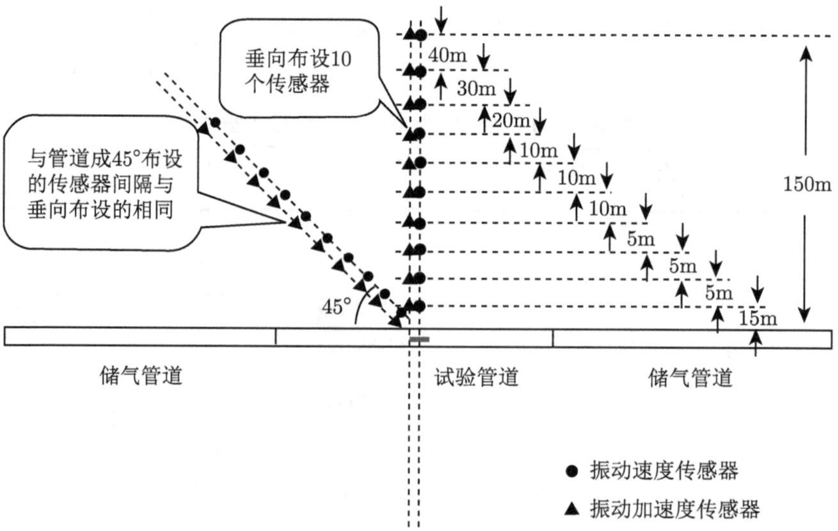

图 5-9 测点布设图

线各设置 10 个测点。每个测点设置振动速度测试仪、振动加速度测试仪各 1 台，现场仪器设置如图 5-10 所示。

图 5-10 仪器布设

5.2.5 热辐射测试的设计

试验采用比色测温仪测试爆炸场的温度，比色测温仪设置在距起爆中心 200m 的位置，共设置 8 台仪器，分别测试距起爆中心 130m、140m、150m、160m、170m、180m、190m、200m 位置的温度，如图 5-11 和表 5-7 所示。

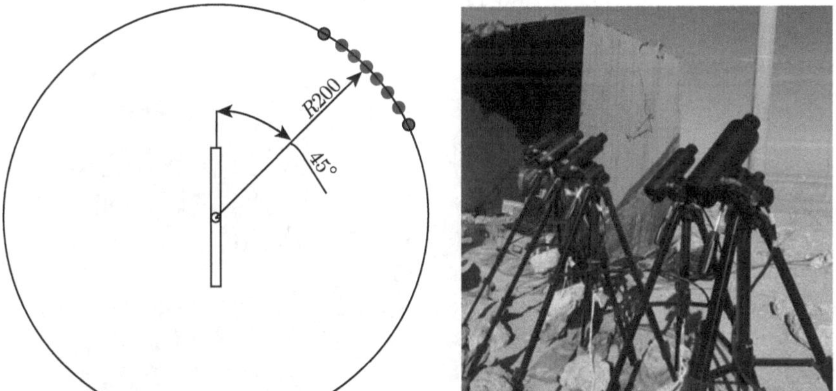

图 5-11 比色测温仪的布设

表 5-7 温度测点位置

参数	比色测温仪布设参数							
仪器距起爆中心的距离/m	200							
测点距起爆中心的距离/m	130	140	150	160	170	180	190	200

5.2.6 活体实验设计

如图 5-12 所示，本次试验同时开展了活体实验。将 9 只成年兔子 (活体标本) 置于笼中，按垂直测线冲击波传感器测点的相同位置对应固定于距地面 1.6m 的空中，如图 5-13 所示。实验后观察活体的外观受伤情况。

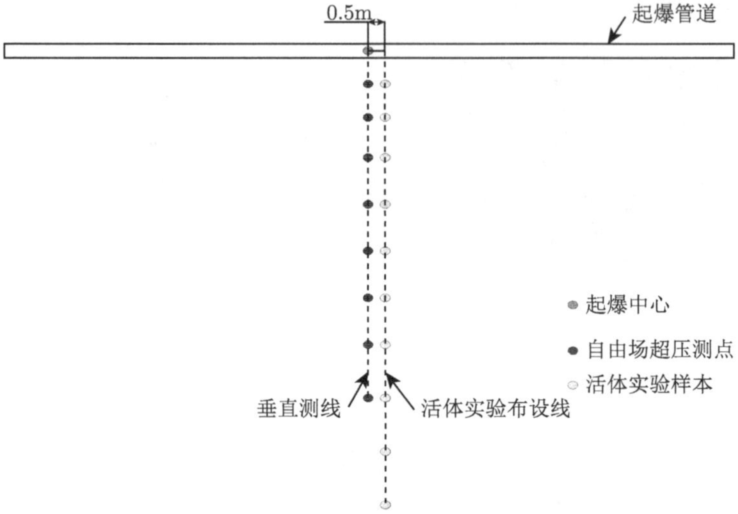

图 5-12　活体实验布设

图 5-13　活体实验布设状态

5.3　全尺寸管道爆破试验实施

全尺寸管道爆破试验规模庞大，涉及的人员、设备繁多，需精心地设计和按计划实施，其总体的实施步骤如图 5-14 所示。下面对试验实施主要步骤和注意事项进行介绍。

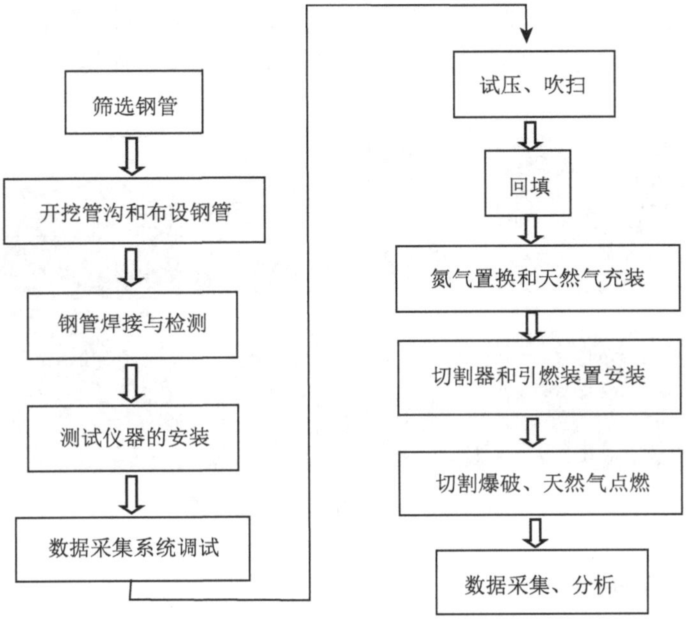

图 5-14 全尺寸爆破试验实施步骤

5.3.1 管沟开挖和钢管布设

为便于施工，管沟的尺寸应远大于钢管的尺寸。管沟清理平整后，按设计好的布设方案，将钢管放置在管沟内，如图 5-15 所示。

(a) 管沟开挖

(b) 钢管布设

图 5-15 管沟开挖和钢管布设

5.3.2 钢管焊接与检测

全尺寸爆破试验需将钢管通过环焊的方式进行连接。野外大口径 X90 钢管的环焊施工在国内尚属首次，为保证焊接质量，管道的焊接严格按照设定的工艺流程进行操作。图 5-16 所示为 X90 管道焊接的主要步骤，包括器材和场地准备、开剖口、打磨、对口、搭建防护棚、加热、焊接以及无损检测等。

图 5-16　管线焊接的主要步骤

5.3.3　传感器底座的安装

为了测试管内减压波的传播速度及管内气体压力衰减情况，需在管壁上安装压力传感器。该试验采用磁力电钻机械开孔法在管壁上开设传感器底座安装孔，然后将传感器底座焊接在管壁上，如图 5-17 所示。

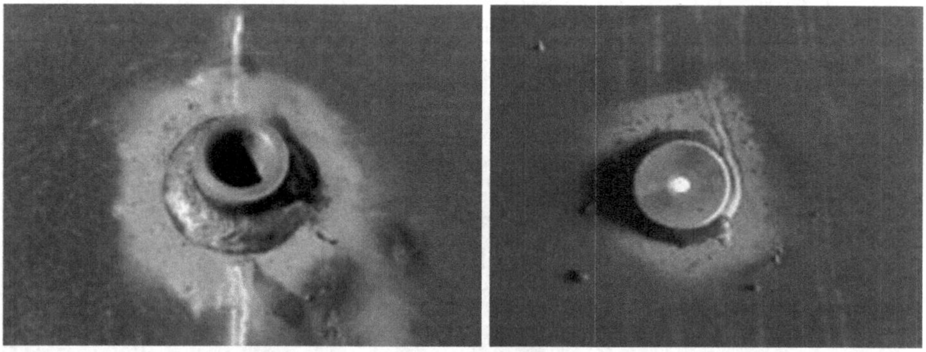

(a) 钢管外壁面　　(b) 钢管内壁面

图 5-17　传感器底座的焊接效果

5.3.4　堵头的加工和焊接

爆破试验管道可采用椭圆形或井字形堵头进行封堵，其中井字形堵头加工如图 5-18 所示，首先将圆形钢板焊接在距管道端部 0.3m 的内部截面上，井字形加强筋焊接在圆形钢板的外侧并与管壁紧密熔合。

(a) 圆形钢板的焊接

(b) 井字形加强筋的焊接

图 5-18 井字形堵头的焊接

5.3.5 传感器安装

(1) 时间线的安装

按照第 4 章描述的时间线设计及安装方法在管壁上安装时间线，具体的操作步骤包括位置的标定、管壁的除锈、漆包线的粘贴和保护等。

(2) 温度传感器和压力传感器的安装

在对应的传感器底座分别安装压力传感器和温度传感器。在安装过程要确保螺纹的密封性，防止气体泄漏。本试验采用 620 螺纹固持胶将传感器和螺母的螺牙进行黏结密封，并用 3M 密封胶将传感器与安装螺母接触部位进行密封，以促进 620 螺纹固持胶固化。图 5-19 所示为温度传感器和压力传感器的安装过程。

(a) 温度传感器安装螺纹涂胶

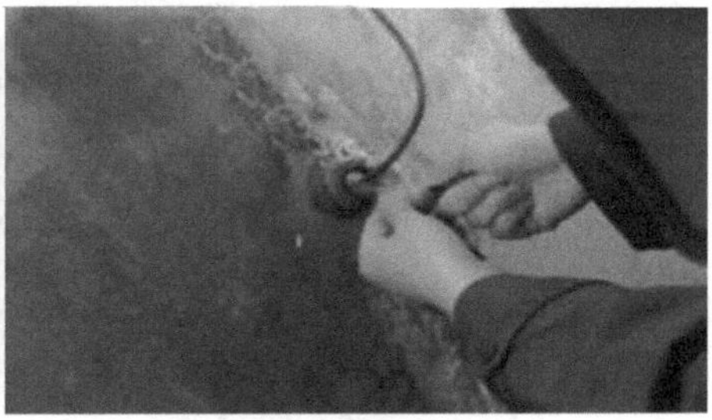

(b) 压力传感器安装密封

图 5-19 温度传感器、压力传感器的安装过程

(3) 应变片的安装

本试验应变片的安装与普通试验的操作基本相同，这里就不作详细描述。由于在野外试验，应变片要做好防水措施。图 5-20 所示为已经粘贴在管壁上的应变片。

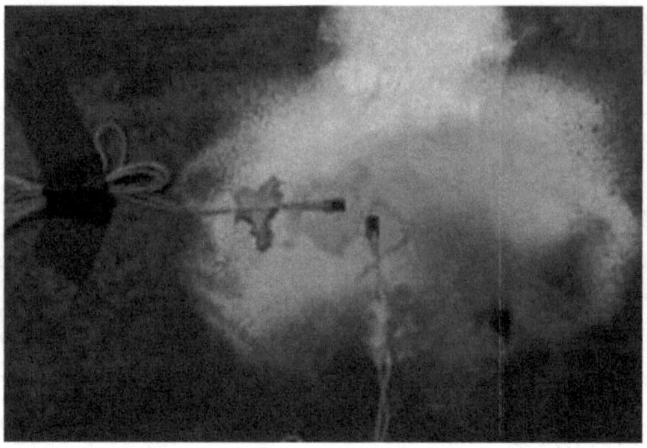

图 5-20　应变片的安装

(4) 自由场压力传感器的安装

为了解决戈壁滩介质的传感器固定问题，同时防止地面反射作用对自由场冲击波测试的干扰，试验设计了自由场压力传感器支架，如图 5-21 所示。支架底座是一个立方的混凝土墩，上接一个长圆钢管，钢管上距地面一定高度处接有横条钢筋。自由场压力传感器通过横条钢筋固定于自由场中。

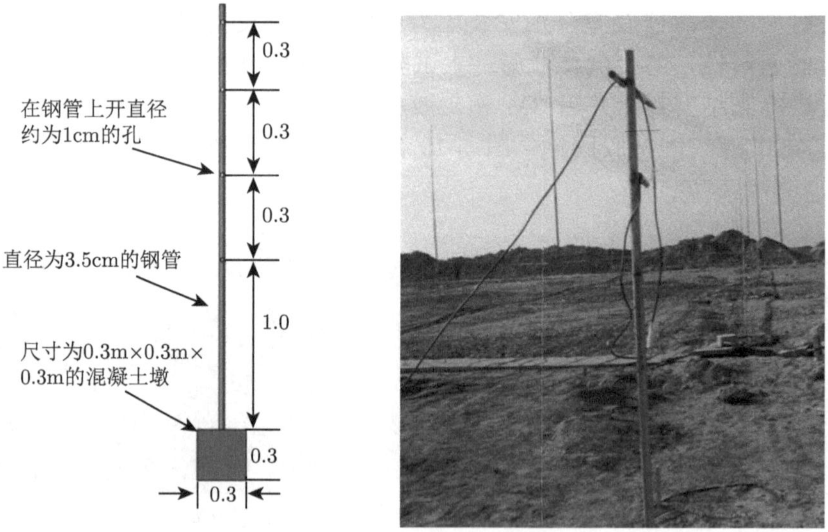

图 5-21　自由场压力传感器的安装 (单位：m)

(5) 爆破测振仪的安装

为了解决戈壁滩介质上振动传感器的固定问题，我们设计了专用的传感器固定装置。该装置为一块尺寸为 15cm×20cm 的钢板，钢板的 4 个直角分别开设 4 个孔，然后用 4 根 20cm 长的钢筋将钢板固定在地面，保持钢板水平。然后用固定传感器的专用胶将传感器固定到钢板上，如图 5-22 所示。

图 5-22 爆破测振仪的安装

5.3.6 线路的连接与布设

由于测试的单元众多，需要大量的导线将测试单元与数据采集系统进行连接。为了便于检查和维护，需将导线和测试单位进行编号并分组布设，如图 5-23 所示。

图 5-23 线路的布设

5.3.7 测试系统的连接调试

本试验的数据测试采用 DH5960 超动态信号测试分析系统，完成管壁应变、自由场压力、气体温度、管内压力、时间等各种物理量的测试和分析。如图 5-24

所示，试验时将各类传感器与其相应的变送器/适调器进行连接，再通过数据线连接到 DH5960 测试分析系统，并使用以太级联实现多台测试分析系统同步测试，最后将所有数据都传输到计算机显示操作。爆破前，对管道进行试压，并对整个测试系统进行调试确保仪器能正常工作。

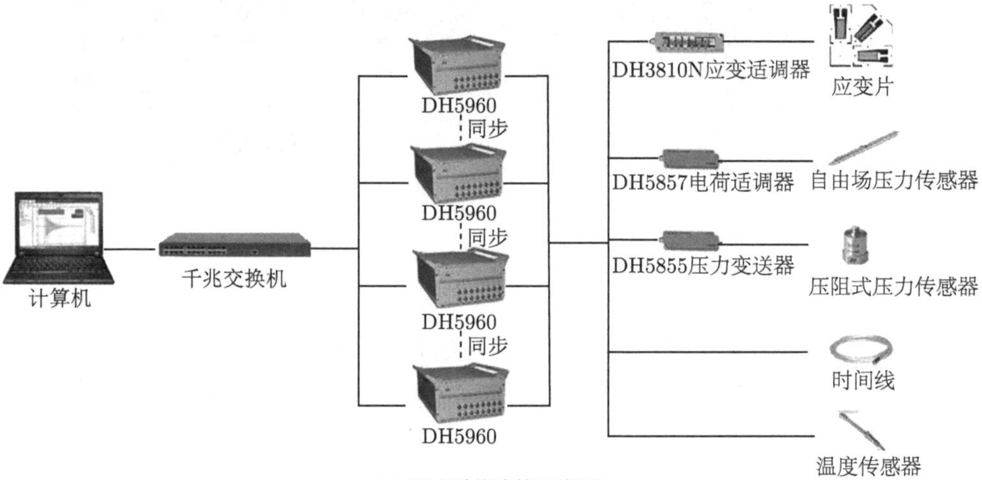

(a) 测试系统连接示意图

(b) 测试系统的连接实物

图 5-24　测试系统连接

5.3.8　线型爆炸聚能切割器的安装

本试验选择与模型试验相同类型的爆炸聚能切割器，并采用中间引爆的起爆方式。试验中切割器安装在管道中心上侧，如图 5-25 所示，电雷管安装在切割器中顶部中心位置，最后将雷管脚线连接起爆网路。

图 5-25 线型爆炸聚能切割器的安装

5.3.9 天然气的填充和起爆

试验采用液化天然气进行充气加压，在填充天然气前先采用氮气将管内空气进行置换。加压过程中采集温度、管内压力和管壁应变等数据。当到达目标压力后，调试测试仪器处于待触发状态，适时起爆线型爆炸聚能切割器，同时采集并保存测试数据。起爆完毕 15min 后，进入现场观察爆破效果，确保安全后解除警戒。

5.4 试验结果及分析

5.4.1 管道断裂效果分析

管道最终爆破压力为 12MPa，温度为 14.7℃，试验结果如图 5-26(a) 所示。裂纹穿过了起裂管 (I) 及其两端的环焊缝，顺利进入相邻的试验样管 (W1 和 E1)。左侧裂纹在 W1 样管传播 5.4m 后止裂，右侧裂纹在 E1 样管传播 3.0m 后止裂，裂纹扩展轨迹见图 5-26(b)。左右两侧发生止裂样管的韧性分别为 279J 和 286J。

图 5-27 为管道裂纹断裂扩展速度曲线。从图中可以看出，裂纹最大扩展速度约为 245m/s，裂纹从起裂管进入试验样管后，速度迅速下降，最终发生止裂。

全尺寸试验设置的条件接近管线实际运行工况，是验证管道止裂韧性最可靠的方法。从裂纹的扩展轨迹可以看出，两侧裂纹发生止裂时扩展方向都向一侧偏转，是典型的因驱动力不足而发生的自身止裂现象，表明 W1 管和 E1 管具有足够的断裂阻力。

下面结合试验结果，使用传统的双曲线方法对该型管道的止裂韧性进行预测，以验证传统预测模型对新型 X90 钢管道的适用性。如图 5-28 所示，Battelle 模型预测的临界止裂韧性值为 191J，HLP 模型预测的临界止裂韧性值为 175J。从试验结果来看，这两种方法的预测结果都高估了 X90 钢管道的止裂能力；Battelle

模型计算的断裂速度明显偏小；HLP 模型计算的断裂速度与试验实际情况较为相符。多管试验中裂纹顺利穿过韧性值为 245J 的起裂管，说明实际工程中韧性值低为 245J 的管道将很难发生自身止裂，裂纹具有长程扩展的可能性。起裂管相邻的两根样管都在中部发生自身止裂，说明它们的韧性值能满足工程短距离止裂的要求。因此，实际工程建设中，应选择韧性值大于 282J 的钢管。

(a) 管道实际断裂效果

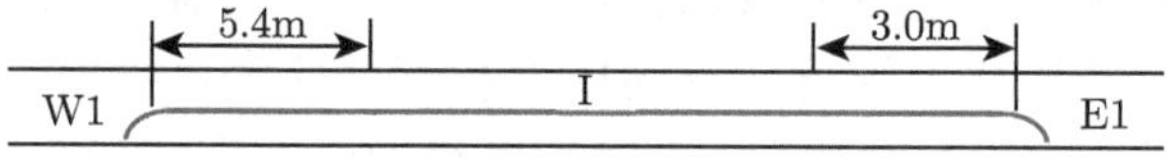

(b) 裂纹扩展轨迹示意图

图 5-26　试验结果

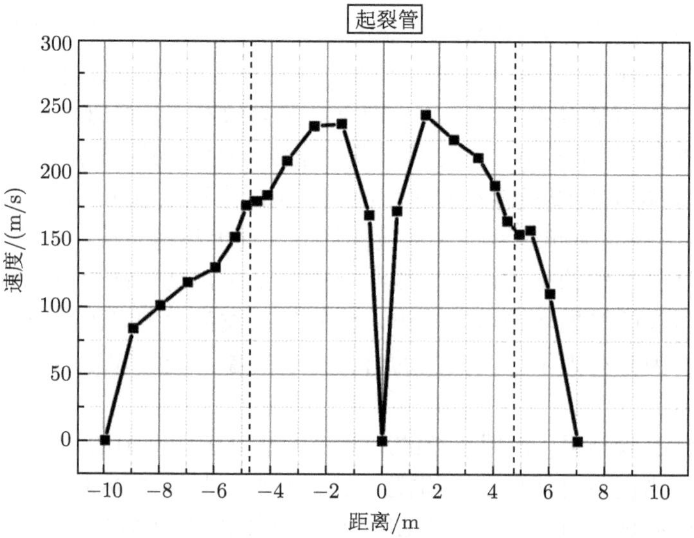

图 5-27　裂纹扩展速度

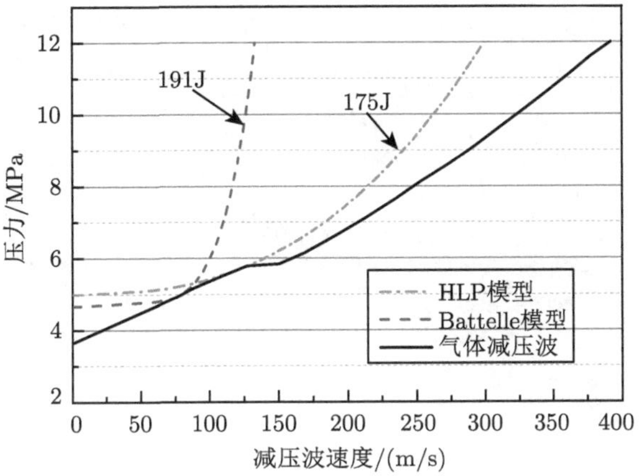

图 5-28 试验管道临界止裂韧性的预测

5.4.2 天然气爆燃过程分析

图 5-29 为管道断裂后天然气泄漏爆燃的过程，根据摄像图片的分析可知，该试验天然气爆燃火球最大的半径达 130m，喷射火焰最大高度达 150m。从高速摄影观测的结果发现点火约 1s 时火球形成，2s 时火球最强，3s 后转为燃烧，10s 时燃烧结束。

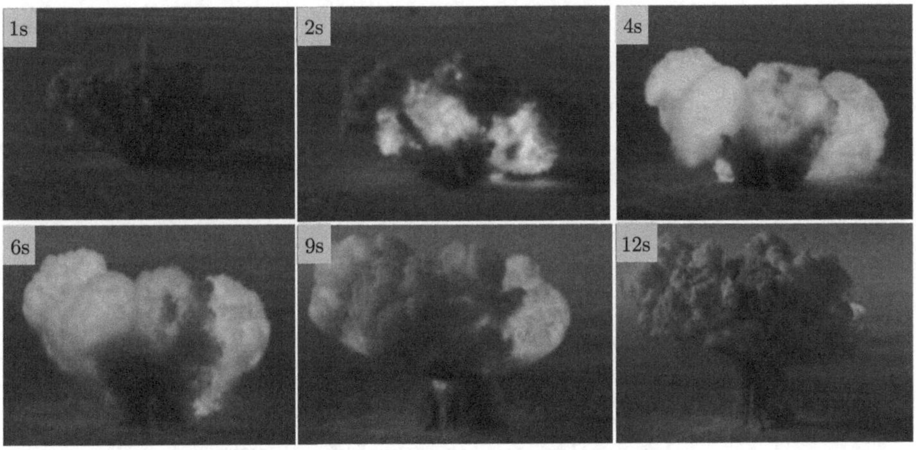

图 5-29 天然气泄漏爆燃过程

图 5-30 为高速摄影捕捉到的火球扩展过程，分析火球的边沿位置可知，扩展速度为 273m/s。理论上，CJ(Chapman 和 Jouguet 创建的理论) 爆燃的速度为 300m/s，CJ 爆轰的速度为 1000m/s。因此，从火球扩展的速度来看，全尺寸天然气管道泄漏点燃整体上属于爆燃过程。

$v=\Delta s/\Delta t=273$m/s

图 5-30　火球扩展过程

5.4.3　空气冲击波测试结果分析

1. 近场冲击波测试结果分析

管道起爆点附近的空气冲击波测点主要测量气体泄漏物理爆炸的冲击波。采用小波变换滤波方法对原始数据进行滤波去噪，获得较为清晰、具有可读性的冲击波曲线，滤波后的各测点冲击波 P-t 曲线如图 5-31~图 5-33 所示。

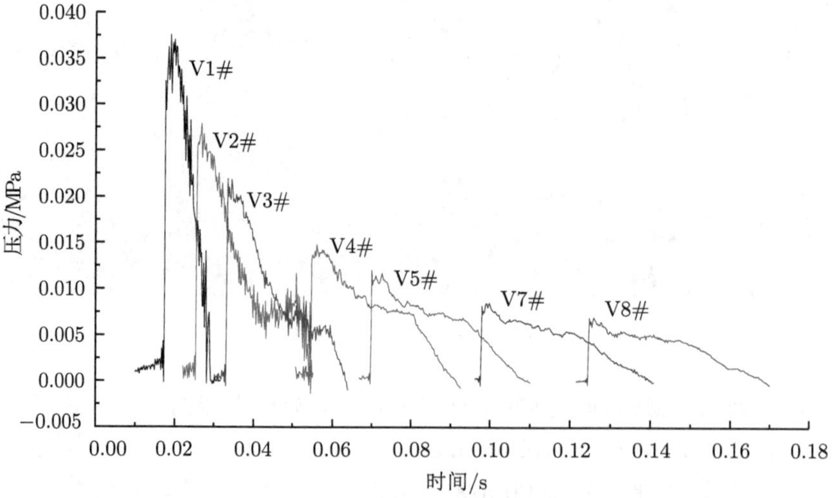

图 5-31　垂直测线各测点冲击波的 P-t 曲线

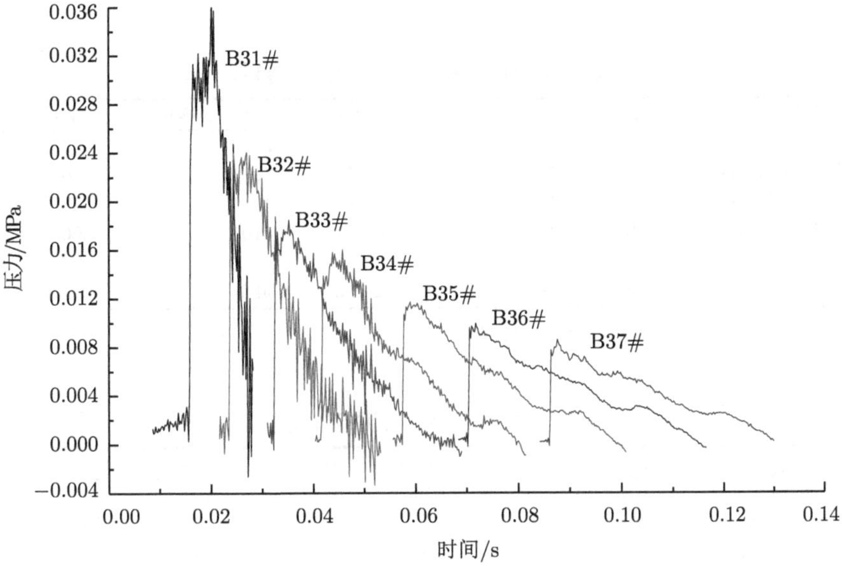

图 5-32 斜 30° 测线各测点冲击波的 P-t 曲线

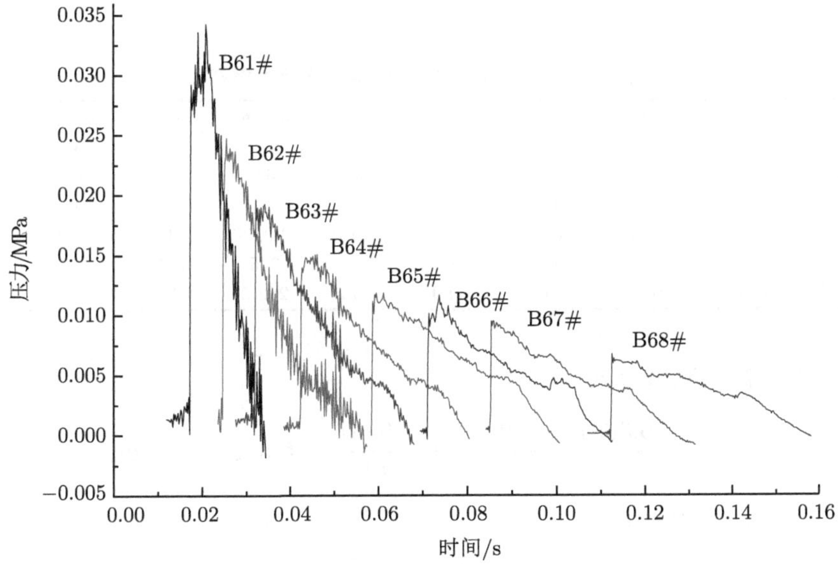

图 5-33 斜 60° 测线各测点冲击波的 P-t 曲线

根据冲击波曲线读取的各测点冲击波参数列于表 5-8~表 5-10 中。

根据相似理论，推导出冲击波超压衰减的基本方程，并基于方差最小原则拟合出冲击波超压衰减曲线 (图 5-34~图 5-36) 和相对应的超压衰减公式 (式 (5-1)~式

(5-3))。

表 5-8　90° 测线各测点冲击波参数

参数	V1#	V2#	V3#	V4#	V5#	V6#	V7#	V8#
距离/m	5	8	11	15	20	25	30	40
冲击波到达时间/ms	0	8	16	37	52	—	80	107
正压作用时间/ms	14	30	31	38	40	—	43	45
超压峰值/MPa	0.0369	0.0289	0.0216	0.0137	0.0108	—	0.0085	0.0064
速度/(m/s)	—	375	240	250	—	—	357	—
最大比冲量/(Pa·s)	291.1	369.9	299.7	291.6	250.9	—	196.9	167.6

注：以第一个测点冲击波到达时间为时间起点，下同。

表 5-9　斜 30° 测线各测点冲击波参数

参数	B31#	B32#	B33#	B34#	B35#	B36#	B37#
距离/m	5	8	11	15	20	25	30
冲击波到达时间/ms	0	8	17	26	42	55	71
正压作用时间/ms	15	29	38	39	42	45	46
超压峰值/MPa	0.0317	0.0234	0.0179	0.0153	0.0115	0.0097	0.0082
速度/(m/s)	—	353	389	360	345	345	—
最大比冲量/(Pa·s)	299.3	292.9	271.6	254.8	223.6	215.5	179.1

表 5-10　斜 60° 测线各测点冲击波参数

参数	B61#	B62#	B63#	B64#	B65#	B66#	B67#	B68#
距离/m	5	8	11	15	20	25	30	40
冲击波到达时间/ms	0	7	15	25	41	54	68	95
正压作用时间/ms	17	32	36	38	41	40	41	45
超压峰值/MPa	0.0315	0.0231	0.0183	0.0148	0.0109	0.0100	0.0090	0.0061
速度/(m/s)	—	400	389	346	345	370	351	—
最大比冲量/(Pa·s)	305.7	313.7	339.9	275.2	282.9	226.3	220.1	166.2

90° 测线超压衰减公式：

$$\Delta P=\frac{0.3091}{r}-\frac{0.9017}{r^2}+\frac{1.6237}{r^3}\quad(5\text{m}\leqslant r\leqslant 40\text{m})\tag{5-1}$$

斜 30° 测线超压衰减公式：

$$\Delta P=\frac{0.2737}{r}-\frac{0.9023}{r^2}+\frac{1.6327}{r^3}\quad(5\text{m}\leqslant r\leqslant 40\text{m})\tag{5-2}$$

斜 60° 测线超压衰减公式：

$$\Delta P=\frac{0.2669}{r}-\frac{0.8785}{r^2}+\frac{1.6225}{r^3}\quad(5\text{m}\leqslant r\leqslant 40\text{m})\tag{5-3}$$

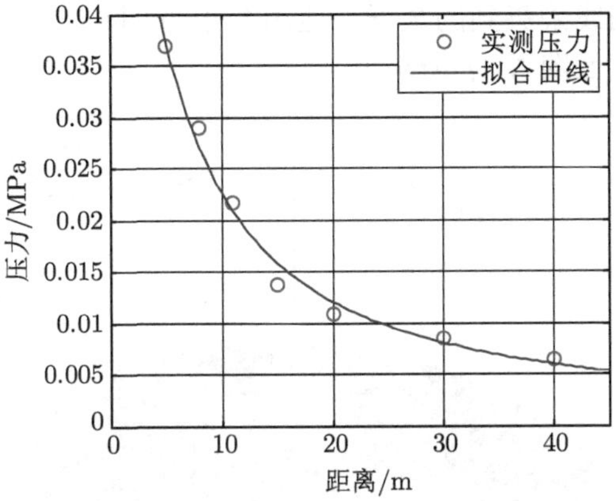

图 5-34 90° 测线峰值超压衰减拟合

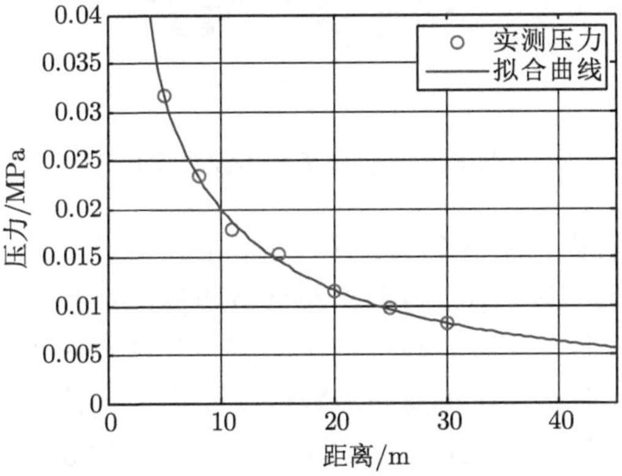

图 5-35 斜 30° 测线峰值超压衰减拟合

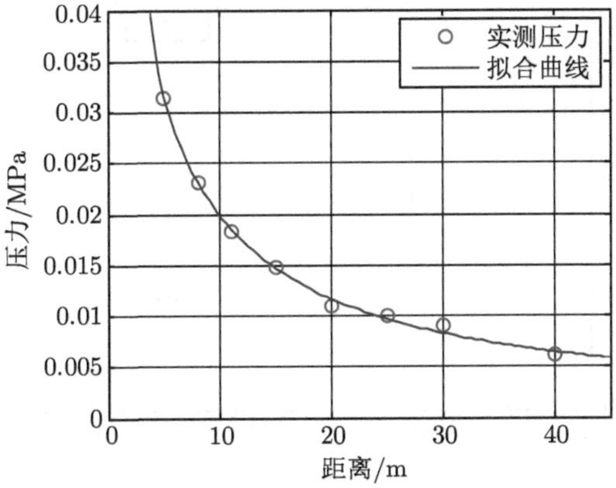

图 5-36 斜 60° 测线峰值超压衰减拟合

根据各个角度测线采集到的数据，运用基于重调和方程的插值拟合方法绘制冲击波压力强度场，如图 5-37 所示。

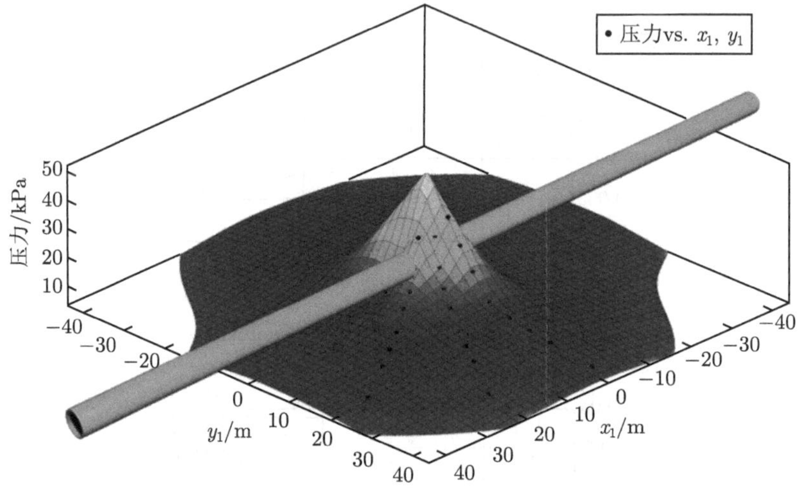

图 5-37 自由场冲击波强度场

由图 5-37 可以看出，在整个试验区域内，冲击波阵面峰值超压分布呈现如下规律：在同一测线上，峰值超压随着与起爆点距离的增加而减小，并呈现指数衰减趋势；在相同距离上，冲击波峰值超压随着与管道轴线夹角的变化而改变，即冲击波在与管道轴线垂直方向传播的衰减幅度要小于其他方向的衰减幅度。

如图 5-38 所示，将 X90-1219mm-12MPa 条件下斜 30° 测线、斜 60° 测线、90°

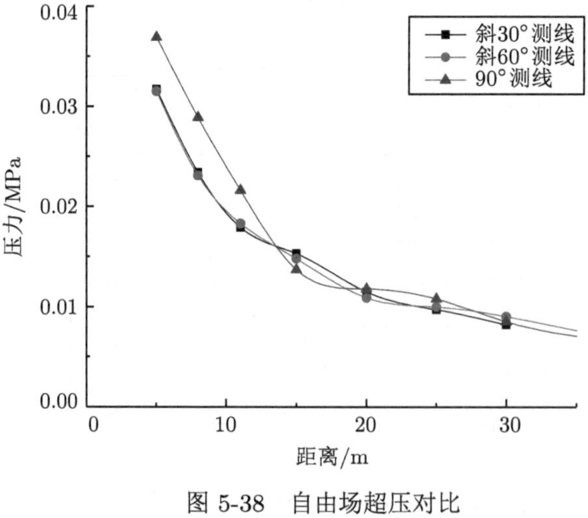

图 5-38 自由场超压对比

测线 (垂直测线) 各测点分别进行对比。由图可知，在冲击波传播过程中，同一距离时，90° 测线上各测点冲击波超压最大，其余方向的略小。说明在相同距离上冲击波超压值的衰减速度随着夹角的变化而改变，总体而言，冲击波在径向的衰减幅度要小于轴向的衰减幅度。

2. 远场冲击波测试结果分析

图 5-39 所示为远场压力波波形，与气体物理爆炸波波形不同，远场的压力波主要是由气体爆燃形成的，其压力上升较为缓慢，正压时间较长。从图 5-39(a) 可知，距离起爆点越近，压力波峰值压力越大。由于火球并不是规则的几何体，不同高度测点的峰值压力也有差异，如图 5-39(b) 和表 5-11 所示。

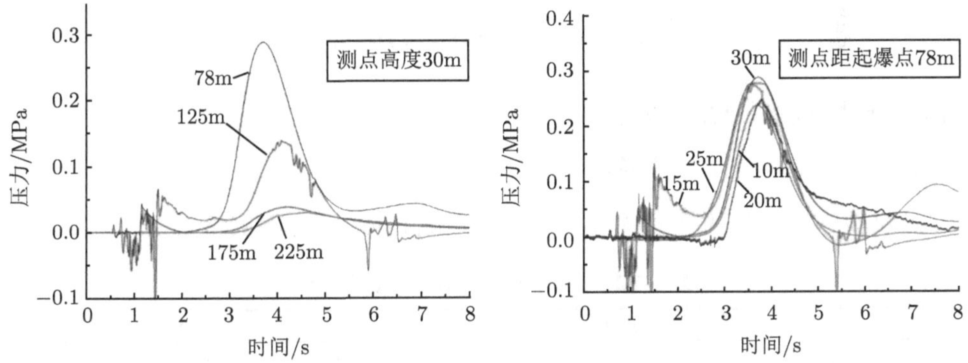

(a) 不同距离压力波波形对比　(b) 不同高度测点压力波波形对比

图 5-39　压力波的 P-t 曲线

表 5-11　北侧传感器阵列冲击波峰值超压

测点位置	北侧传感器阵列冲击波峰值超压					
与起爆点水平距离/m	78	125	175	225	274	374
30m 高测点超压/MPa	0.2885	—	0.0505	0.0285	0.0225	0.0124
25m 高测点超压/MPa	0.2768	0.1109	0.0387	0.0288	0.0216	0.0122
20m 高测点超压/MPa	0.2955	0.1015	0.0406	0.0315	0.0254	—
15m 高测点超压/MPa	0.2547	0.1459	0.0365	—	0.0185	0.0125
10m 高测点超压/MPa	0.265	0.1505	0.0374	0.0285	0.0166	0.0144

将所有测点的峰值超压进行拟合得到如图 5-40 所示的曲线，属指数衰减型曲线，其表达式为

$$y = 1834.5x^{2.034} \tag{5-4}$$

式中，y 为峰值压力，MPa；x 为与起爆点水平距离，m。

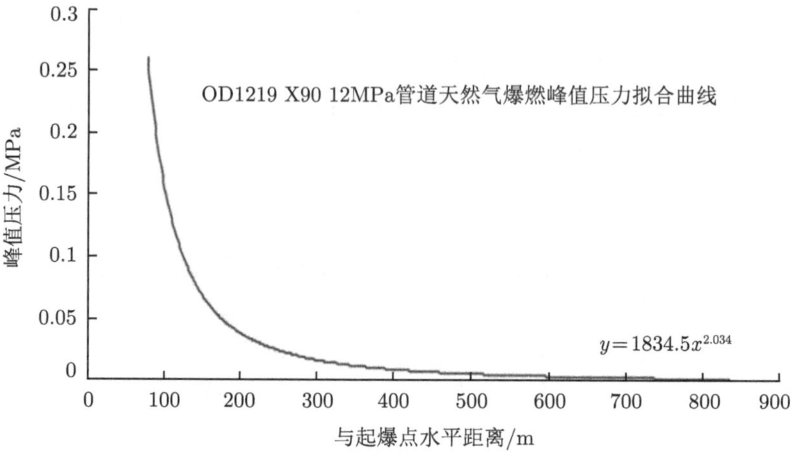

图 5-40　天然气爆燃峰值压力拟合曲线

5.4.4　地震波测试结果分析

1. 速度数据幅值的分布情况

地震波速度测试的 4 条测线振动速度数据具体见表 5-12~表 5-15。

表 5-12　1# 测线振动速度数据参数表

参数	测点 1	测点 2	测点 3	测点 4	测点 5
距离/m	20	30	40	60	90
X 方向最大值/(cm/s)	7.147	5.321	2.955	1.446	2.580
X 方向主频/Hz	8.300	8.000	8.100	8.000	7.900
Y 方向最大值/(cm/s)	6.325	5.151	3.179	2.378	1.850
Y 方向主频/Hz	8.200	8.600	58.500	60.400	7.900
Z 方向最大值/(cm/s)	9.054	7.851	3.396	2.311	3.940
Z 方向主频/Hz	15.300	16.200	18.900	15.400	13.800
振幅/(cm/s)	13.155	10.793	5.602	3.576	1.907

表 5-13　2# 测线振动速度数据参数表

参数	测点 7	测点 8	测点 9	测点 10	测点 22
距离/m	20	30	40	60	90
X 方向最大值/(cm/s)	5.375	4.38	4.763	1.356	1.001
X 方向主频/Hz	8.000	17.700	16.800	13.500	12.000
Y 方向最大值/(cm/s)	4.588	3.717	2.417	1.096	0.746
Y 方向主频/Hz	61.200	60.600	16.000	7.900	8.300
Z 方向最大值/(cm/s)	8.775	7.928	2.410	0.815	1.088
Z 方向主频/Hz	13.700	14.000	13.800	20.200	16.800
振幅/(cm/s)	11.266	9.771	5.172	1.501	1.320

表 5-14 3# 测线振动速度数据参数表

参数	测点 11	测点 12	测点 13	测点 14	测点 15	测点 16
距离/m	20	30	40	60	90	130
X 方向最大值/(cm/s)	8.460	3.190	2.541	1.320	0.850	0.360
X 方向主频/Hz	15.500	18.100	17.500	20.100	16.670	19.100
Y 方向最大值/(cm/s)	6.960	1.820	0.912	0.990	0.750	0.380
Y 方向主频/Hz	15.200	23.530	16.700	8.800	18.000	17.390
Z 方向最大值/(cm/s)	6.560	9.460	5.432	2.220	1.400	0.540
Z 方向主频/Hz	22.900	15.100	20.300	16.100	19.700	17.940
振幅/(cm/s)	11.860	9.680	6.521	2.790	1.530	0.650

表 5-15 4# 测线振动速度数据参数表

参数	测点 17	测点 18	测点 19	测点 20	测点 21
距离/m	20	30	40	60	90
X 方向最大值/(cm/s)	7.990	3.130	1.730	1.030	0.780
X 方向主频/Hz	27.580	26.100	22.200	18.260	17.500
Y 方向最大值/(cm/s)	4.330	3.030	1.630	0.855	0.612
Y 方向主频/Hz	29.200	21.390	12.800	18.340	13.600
Z 方向最大值/(cm/s)	5.030	6.910	4.150	1.130	0.950
Z 方向主频/Hz	18.950	18.200	13.650	14.230	13.700
振幅/(cm/s)	9.330	7.340	4.220	1.160	0.541

上述表中所示数据的基本情况为：

(1) 1#测线上最大振幅 13.155cm/s，对应的持续时间为 0.21s；最小振幅 1.907cm/s，对应持续时间为 1.74s。

(2) 2#测线上最大振幅 11.266cm/s，对应的持续时间为 0.23s；最小振幅 1.320cm/s，对应持续时间为 1.73s。

(3) 3#测线上最大振幅 11.860cm/s，对应的持续时间为 0.24s；最小振幅 0.650cm/s，对应的持续时间约为 1.86s。

(4) 4#测线上最大振幅 9.330cm/s，对应的持续时间为 0.31s；最小振幅 0.541cm/s，对应的持续时间约为 1.85s。

根据相似理论，推导出地震波峰值衰减的基本方程，并基于方差最小原则拟合出地震波振动速度峰值衰减曲线，如图 5-41 所示。

2. 加速度数据分布情况

地震波加速度测试的 4 条测线加速度数据具体见表 5-16~表 5-19。

上述表中所示数据的基本情况为：

(1) 1# 测线上最大振幅 5.407g，对应的持续时间约为 0.25s；最小振幅 1.154g，持续时间约为 1.54s。

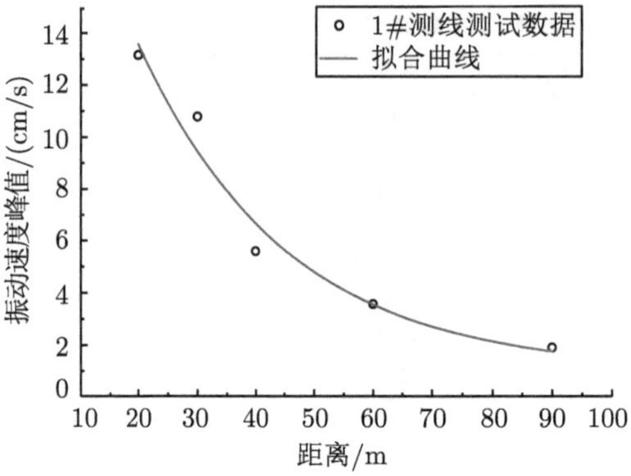

(a) 1#测线振动速度峰值衰减曲线

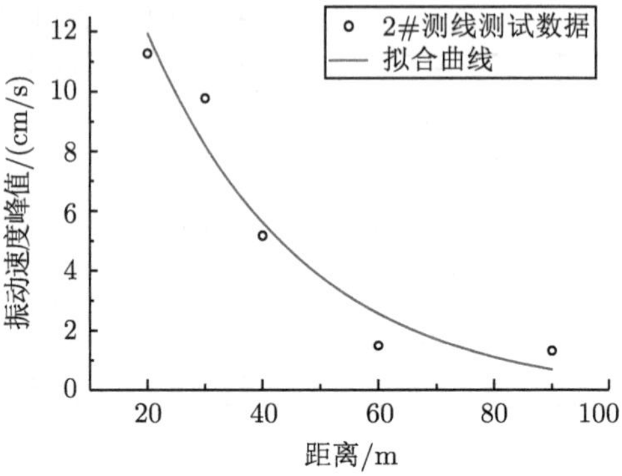

(b) 2#测线振动速度峰值衰减曲线

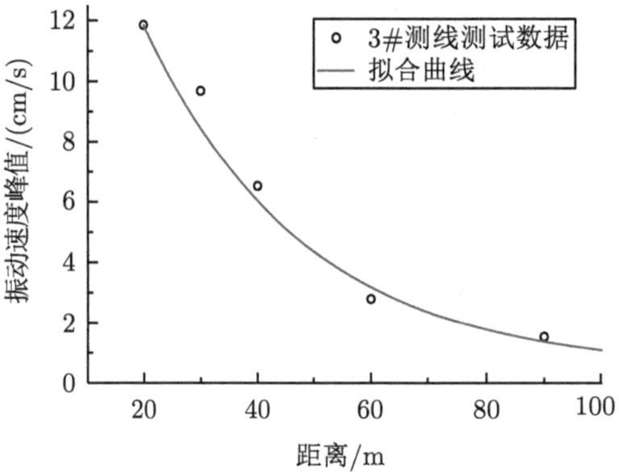

(c) 3#测线振动速度峰值衰减曲线

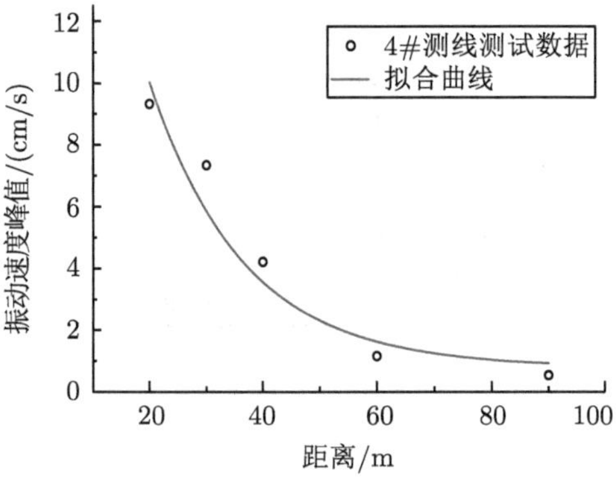

(d) 4#测线振动速度峰值衰减曲线

图 5-41 振动速度峰值衰减曲线

表 5-16 1# 测线加速度数据参数表

参数	测点 1	测点 2	测点 3	测点 4	测点 5	测点 6
距离/m	20	30	40	60	90	130
X 方向最大值/g	2.619	1.515	1.560	1.507	0.596	
X 方向主频/Hz	47.500	12.800	190.300	12.700	2.000	
Y 方向最大值/g	2.828	1.206	0.946	1.335	0.181	
Y 方向主频/Hz	25.000	25.000	34.000	40.300	34.000	
Z 方向最大值/g	3.792	3.356	2.099	0.822	0.972	
Z 方向主频/Hz	35.000	35.000	14.000	16.500	14.000	
振幅/g	5.407	3.261	2.781	2.175	1.154	

(2) 2# 测线上最大振幅 4.519g，对应的持续时间约为 0.25s；最小振幅 0.561g，持续时间约为 0.66s。

(3) 3# 测线上最大振幅 4.304g，对应的持续时间约为 0.51s；最小振幅 0.811g，持续时间约为 1.75s。

(4) 4# 测线上最大振幅 3.390g，对应的持续时间约为 0.42s；最小振幅 0.761g，持续时间约为 1.53s。

表 5-17 2# 测线加速度数据参数表

参数	测点 7	测点 8	测点 9	测点 10	测点 22	测点 23
距离/m	20	30	40	60	90	130
X 方向最大值/g	1.744	0.793	0.447		0.225	
X 方向主频/Hz	8.000	17.700	16.800		12.000	
Y 方向最大值/g	2.409	0.872	0.733		0.340	
Y 方向主频/Hz	61.200	60.600	16.000		8.300	
Z 方向最大值/g	3.402	1.372	1.185		0.386	
Z 方向主频/Hz	13.700	14.000	13.800		16.800	
矢量和/g	4.519	1.809	1.463		0.561	

表 5-18 3# 测线加速度数据参数表

参数	测点 11	测点 12	测点 13	测点 14	测点 15	测点 16
距离/m	20	30	40	60	90	130
X 方向最大值/g	1.977	1.911	1.415	1.551	0.751	0.214
X 方向主频/Hz	15.500	18.100	17.300	20.100	16.670	19.100
Y 方向最大值/g	1.624	0.439	1.179	0.967	0.750	0.388
Y 方向主频/Hz	15.200	23.530	13.200	8.800	18.000	17.390
Z 方向最大值/g	3.461	3.973	3.323	2.066	1.330	0.679
Z 方向主频/Hz	22.900	15.100	14.500	16.100	19.700	17.940
矢量和/g	4.304	4.431	3.799	2.758	1.702	0.811

表 5-19 4# 测线加速度数据参数表

参数	测点 17	测点 18	测点 19	测点 20	测点 21
距离/m	20	30	40	60	90
X 方向最大值/g	1.538	1.909	0.948	0.298	0.585
X 方向主频/Hz	27.580	26.100	22.200	18.260	16.300
Y 方向最大值/g	1.584	1.727	1.013	0.385	1.055
Y 方向主频/Hz	29.200	21.390	12.800	18.340	15.650
Z 方向最大值/g	2.573	2.124	2.461	0.585	1.064
Z 方向主频/Hz	18.950	18.200	13.650	14.230	17.660
矢量和/g	3.390	3.009	2.825	0.761	1.608

根据相似理论，推导出地震波振动加速度峰值衰减的基本方程，并基于方差最小原则拟合出地震波振动加速度峰值衰减曲线，如图 5-42 所示。

3. 同一测点上地震波质点运动速度和加速度数据分析

为了对同一测点上速度和加速度两个物理量进行相互印证分析，将加速度数据逐一对时间一阶积分，再将积分值与相应测点上的速度测试数据进行比对，从而为测试数据的进一步分析提供技术途径。图 5-43 和图 5-44 分别为 2# 测线测点 7 和 3# 测线测点 11 的波形数据对比情况。

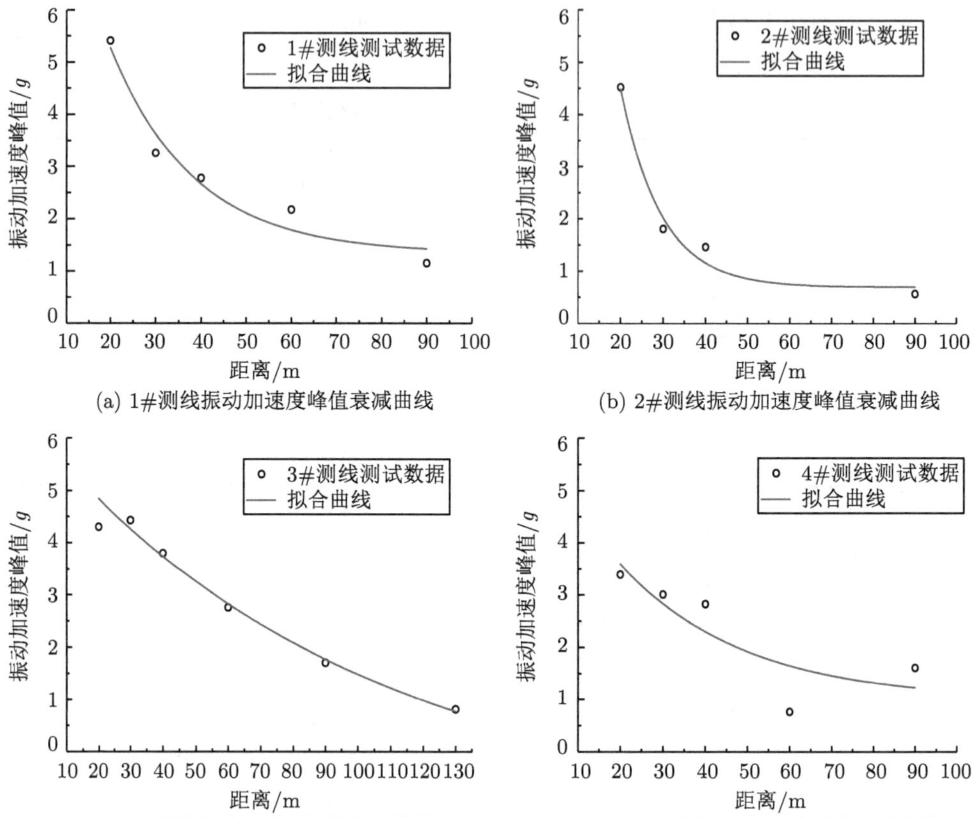

(a) 1#测线振动加速度峰值衰减曲线　　(b) 2#测线振动加速度峰值衰减曲线

(c) 3#测线振动加速度峰值衰减曲线　　(d) 4#测线振动加速度峰值衰减曲线

图 5-42　振动加速度峰值衰减曲线

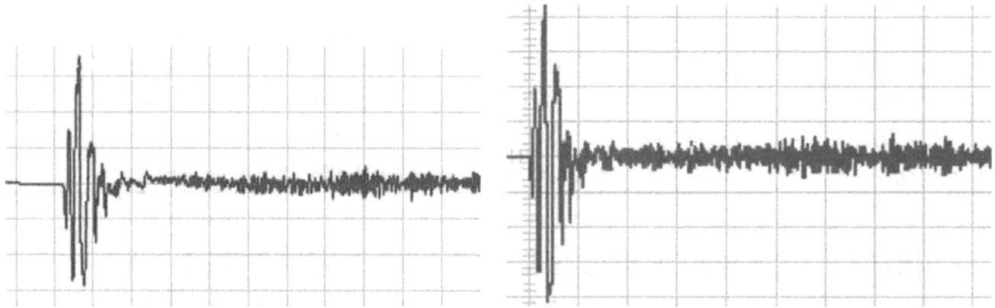

(a) 振动加速度积分波形　　(b) 振动速度波形

图 5-43　2# 测线测点 7 波形对比

由上述图中分析得到，加速度数据的一阶积分波形与速度测试数据的波形基本一致，从而通过另外一种途径对测试数据和仪器的可靠性进行验证，也为进一步分析管道爆炸振动的衰减规律和时频特性奠定基础。

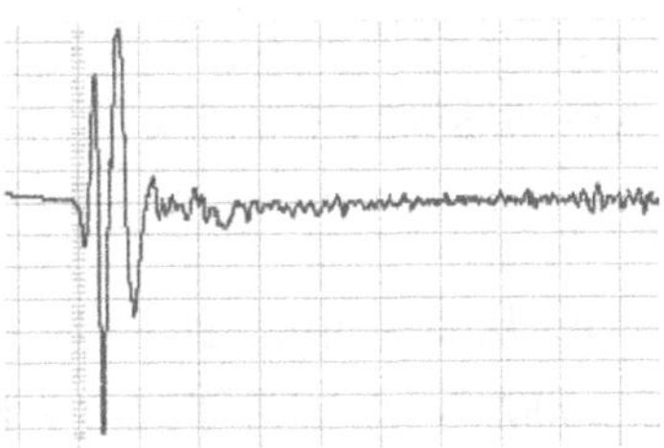

(a) 振动加速度积分波形

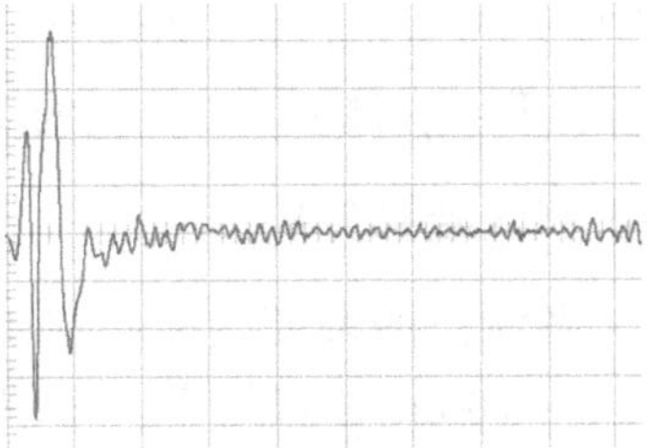

(b) 振动速度波形

图 5-44 3# 测线测点 11 波形对比

4. 管道爆炸振动场数据拟合

根据多条测线所采集到的质点运动速度振动数据，运用基于重调和方程插值拟合方法绘制出管道爆炸地震波强度分布场如图 5-45 所示。

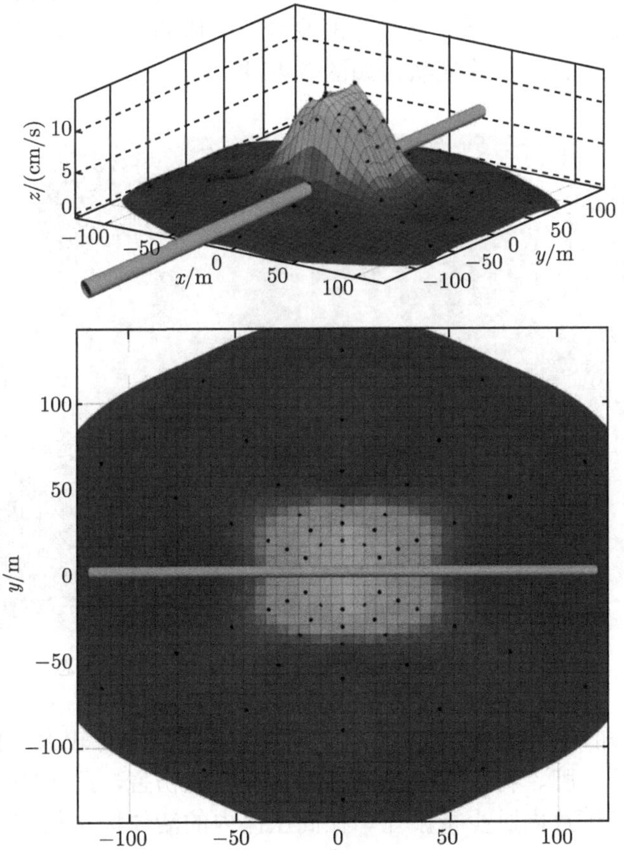

图 5-45 管道爆炸地震波强度分布场

因此，在同一距离上，1# 测线质点振动速度峰值最大，2#、3# 测线质点振动速度峰值略小于 1# 测线，4# 测线质点振动速度峰值最小。

5.4.5 热辐射测试结果分析

表 5-20 为各测点的最高温度和持续时间。从表中可知，距爆心 170~200m 位置的温度较 130~160m 位置的高，都超过 2000℃，这与火球的形状相符。

表 5-20 管道温度测试结果

测点位置 (距爆心的高度)/m	130	140	150	160	170	180	190	200
最高温度/℃	1520	1560	1610	1680	2020	2310	2240	2110
持续时间/s	5	5	4.2	9	4.5	8	10	9

5.4.6 活体实验结果分析

试验的宏观分析及解剖分析表明，爆炸空气冲击波在一定的范围里传播，对活体有较强的伤害作用。爆炸空气冲击波可使活体的心、肺、肝、脾和肾脏等脏器产生出血、充血、淤血等症状，如图 5-46 所示。

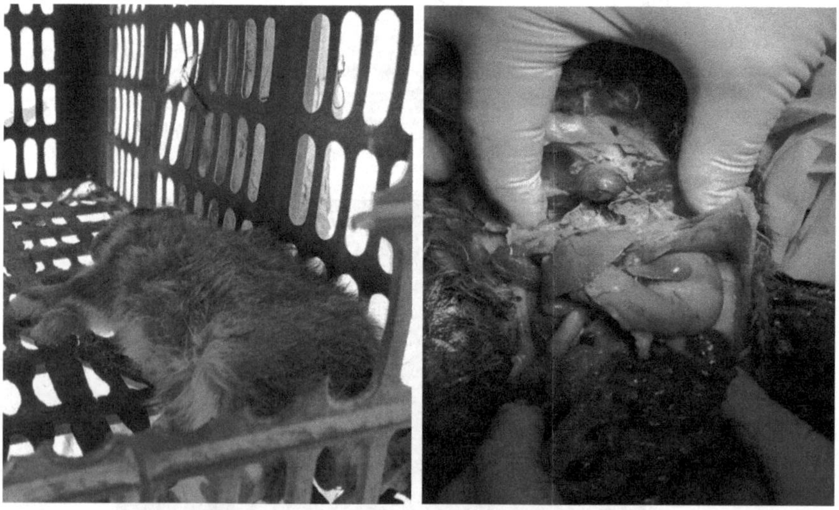

图 5-46 爆炸实验后的活体标本状况及解剖状态

由表 5-21 知，X90 管道物理爆炸冲击波对活体标本有较大的伤害作用，对活体标本的心、肝、脾、胃、肾等内脏有不同程度的伤害，严重的可导致内脏出血甚至死亡，轻度可致内脏少量淤血。在高压区内的活体标本伤害较重，而在较远处的活体标本受到的伤害就明显轻许多。随着超压的降低，活体标本的伤害程度也呈减弱趋势。

表 5-21 活体实验解剖分析数据

编号	距离/m	冲击波超压/MPa	心脏	肺	肝脏	脾脏	肾脏	备注
1a#	5	0.0369	—	—	—	—	—	标本失踪
1b#	5	0.0369	—	—	—	—	—	标本失踪
2a#	8	0.0289	充血	大面积充血	点状出血	大量充血	无明显异常	
2b#	8	0.0289	出血	出血	内出血	少量充血	无明显异常	当场死亡
3a#	11	0.0216	少量积液	淤血	点状出血	无明显异常	无明显异常	
3b#	11	0.0216	充血	无明显异常	点状出血	无明显异常	无明显异常	
4a#	15	0.0137	无明显异常	少量出血	无明显异常	无明显异常	少量充血	
4b#	15	0.0137	少量出血	大面积充血	轻微充血	充血	无明显异常	当场死亡
5a#	20	0.0108	无明显异常	无明显异常	充血微肿	少量充血	无明显异常	
5b#	20	0.0108	轻微出血	无明显异常	充血	无明显异常	无明显异常	
6a#	25	—	大量充血	少量充血	点状出血	无明显异常	无明显异常	
6b#	25	—	出血	淤血	无明显异常	无明显异常	无明显异常	
7a#	30	0.0085	少量充血	少量淤血	点状充血	无明显异常	无明显异常	
7b#	30	0.0085	少量淤血	少量充血	无明显异常	无明显异常	无明显异常	
8a#	40	0.0064	无明显异常	无明显异常	轻微充血	无明显异常	无明显异常	

试验数据表明，当冲击波超压小于 0.0064MPa 时，冲击波对活体标本几乎没有伤害作用。根据上述试验结果，在场地平整无障碍物条件下，X90 管道 1219mm 管径 12MPa 内压的气体管道发生物理爆炸时，安全距离为 40m。

第 6 章 输气管道爆炸的破坏后效应

6.1 概　　述

尽管在输气管道建设过程中，使用各种方法防止裂纹的萌生和扩展，但由于受到近域施工行为、环境腐蚀、机械或材料失效、自然灾害及其他未知因素的影响，输气管道断裂事故仍时有发生。

随着输气管道管径和压力的增加，管道断裂后的危害效应将进一步增大。因此，研究高压管道断裂后的危害机理及作用范围成为管道安全设计的重要内容。目前研究表明[13−15]，高压气体管道发生断裂对周边环境将产生以下严重影响：① 管内气体随裂纹开裂产生高速喷射运动的反作用力通过管体作用于周边岩土介质，形成在固体介质中传播的冲击波和地震波危害效应；② 浅埋管道的管内高压气体泄漏膨胀时，压缩周围空气，形成近地面冲击波传播危害效应；③ 泄漏气体上升扩散与空气混合形成气团，遇到点火源时将发生爆燃，形成空中热辐射和二次空气冲击波传播的危害效应。

国内外对管道断后泄漏气体爆燃形成的热辐射和空气冲击波危害效应进行大量的研究[15−19]，而对管道断裂产生的地震波及泄漏气体物理爆炸形成的冲击波(下面统称“管道爆裂冲击波”) 研究却鲜见报道。研究表明[20]，管道断裂对周围岩土介质冲击压缩及气体泄漏膨胀形成的空气冲击波皆会对邻近管道及建 (构) 筑物造成损伤。关于管道间距设计影响因素的研究缺乏针对管道爆裂空气冲击波和地震波防护的相关计算。下面结合第 4 章进行的试验对高压输气管道爆裂产生的冲击振动和物理爆炸冲击波进行研究，为管道的设计及防护提供依据。

6.2 输气管道爆炸冲击波的形成过程及工程计算方法

根据第 4 章针对 X90 钢管道 (直径 $D = 1219$mm、壁厚 $t = 17.3$mm) 进行的全尺寸气压爆破试验 (T-1 和 T-2)，开展大口径高压气体管道爆裂冲击波危害效应研究。结合试验中获得的裂纹扩展速度、管内气体压力衰减过程和冲击波强度等数据，运用 TNT 当量法及其虚拟距离修正方法，建立一种用于预测管道爆裂冲击波参量的方法，并对其适用性进行探讨。

6.2.1 爆炸波破坏效应的评价准则

为了合理地评估输气管道破裂爆炸后果，制定有效的防护措施，首先需确定爆炸产生的破坏力。爆炸破坏的伤害准则主要有超压准则、冲量准则、超压–冲量准则[135]。本书主要论述基于超压准则评估管道爆炸波的破坏效应。

超压准则认为，爆炸波超压是造成目标损伤的唯一因素，当其大于某一临界值时，将造成目标一定程度的伤害。与其他参数相比，爆炸波超压易于测量和估计，因此，超压准则成为评价爆炸波破坏效应最常用的准则。基于自由场超压的建筑物破坏评估见表 6-1[136]。从表中可知，即使很小的超压也能对建筑物造成威胁和破坏。

表 6-1 基于自由场超压的建筑物破坏评估

压力/kPa	破坏
0.14	令人讨厌的噪声 (137dB，或低频 10～15Hz)
0.21	处于疲劳状态的大玻璃窗破碎
0.28	非常吵的噪声 (143dB)、音爆、玻璃破裂
0.69	处于疲劳状态的小玻璃破裂
1.03	玻璃破裂的典型压力
2.07	抛掷物极限；屋顶出现一些破坏；10%的窗户玻璃破碎
2.76	有限的小结构损伤
3.4～6.9	大窗户和小窗户通常破碎；窗户框架偶尔遭到破坏
4.8	房屋建筑物受到较小的破坏
6.9	房屋部分破坏，不能居住
6.9～13.8	石棉板粉碎，钢板或铝板起皱，紧固和扣件失效，木板固定失效、吹落
9.0	钢结构的建筑物轻微变形
13.8	房屋的墙和屋顶局部坍塌
13.8～20.7	没有加固的水泥或煤渣石块墙粉碎
15.8	低限度的严重结构破坏
17.2	房屋的砌砖有 50%被破坏
20.7	管道变形；钢结构建筑变形并离开基础
20.7～27.6	无框架、自身框架钢面板建筑破坏；原油储罐破裂
27.6	轻工业建筑物的覆层破裂
30	压力容器失效
34.5～48.2	房屋几乎完全破坏
48.2	满装的火车翻倒
48.2～55.1	未加固的 20.32～30.48cm 厚的砖面板被剪切或弯曲失效
62.0	满载的火车、货车车厢被完全破坏
68.9	建筑物可能全部遭到破坏；重型机械工具被移走并遭到严重破坏
2068	有限的爆坑痕迹

爆炸超压对人员伤害评估见表 6-2[135]。

表 6-2 爆炸超压对人员作伤亡评估[135]

	大部分死亡	重伤骨折、内出血	中伤内伤、耳聋	轻伤内伤、耳鸣
超压 ΔP/kPa	⩾100	50～100	30～50	20～40

6.2.2 管道爆裂空气冲击波参数的预测

1. 气体物理爆炸特征参数

管道破裂爆炸造成的破坏主要是由冲击波引起的，可用峰值超压、持续时间和冲量 3 个特征参数[136]来衡量冲击波的破坏作用。图 6-1 所示为典型的气体物理爆炸和凝聚相爆炸 (如 TNT) 冲击波压力–时间曲线。图中 t_0 为爆炸发生的时刻，t_1 为冲击波前沿到达目标位置的时刻。$t_1 \sim t_2$ 时间段称为冲击波正压作用持续时间。冲击波正压持续时间是造成建 (构) 筑物破坏的一个重要特征参量，对评估破坏十分重要。$t_2 \sim t_3$ 时间段目标位置压力持续降低，并在 t_3 时刻降至最大负压。在该时间段爆炸风颠倒方向朝爆炸源吹。从图 6-1 可知，与一般炸药爆炸不同，压力容器爆炸波的负压较大，且作用时间更长，因而冲量大，同样具有很强的破坏性。

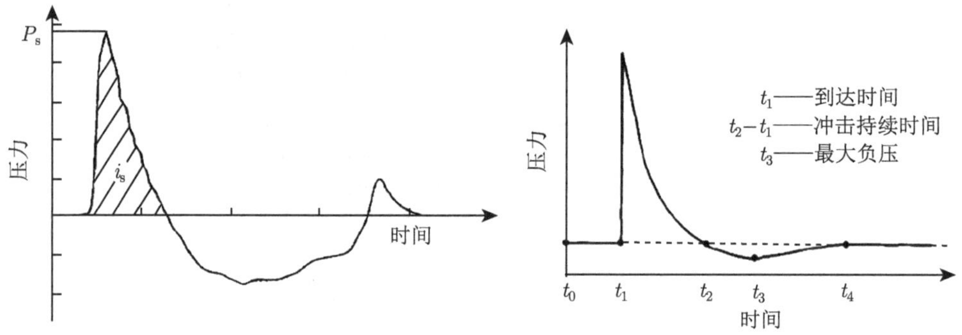

图 6-1 典型的气体物理爆炸和凝聚相爆炸冲击波压力–时间曲线

2. TNT 当量法

目前用于计算气体物理爆炸参数的模型主要有经验模型、数值模型和物理模型。经验模型[136,137]主要包括 TNT 当量模型和 AICHE 模型。在气体物理爆炸效应评估中，应用较多的仍然是 TNT 当量模型。因为该模型能预测爆炸波的峰值超压、冲量以及正压作用时间等对人员和建筑物伤害的危险因素。本章节使用 TNT 当量模型对管道爆裂爆炸波参数进行预测，并与试验结果进行对比分析。

TNT 当量模型是将已知能量的压缩气体等同于当量质量的 TNT，再使用 TNT 爆炸经验公式计算爆炸参数的一种简便的工程应用方法。TNT 的当量质量可使用下式进行估算：

$$M_{\mathrm{TNT}} = \frac{\eta E}{E_{\mathrm{TNT}}} \tag{6-1}$$

式中，M_{TNT} 为当量 TNT 质量，kg；η 为爆炸效率因子；E 为压缩气体物理爆炸能量，kJ；E_{TNT} 为单位质量 TNT 的爆炸能量，4680kJ/kg。

根据获得的当量 TNT 质量，可以使用以下经验公式计算获得距爆炸中心一定距处地面的峰值超压[138]：

$$\frac{p}{p_0}=\frac{1454\times\left[1+\left(\dfrac{Z}{4.5}\right)^2\right]}{\sqrt{1+\left(\dfrac{Z}{0.048}\right)^2}\sqrt{1+\left(\dfrac{Z}{0.32}\right)^2}\sqrt{1+\left(\dfrac{Z}{1.35}\right)^2}} \tag{6-2}$$

式中，p_0 为环境压力，Pa；p 为冲击波峰值超压，Pa；$Z=r/m^{0.333}$ 为当量距离，这里 m 为 TNT 质量，kg；r 为目标到爆炸中心的距离，m。

式 (6-2) 中已考虑地面的反射作用，并且采用 1.8 的修正因子 (即压力容器在地面爆炸的峰值超压为在无限空间爆炸的 1.8 倍)。

由于压力容器的体积较大，发生破裂爆炸的现象属于非点源爆炸，若直接使用 TNT 的经验公式计算近场的爆炸超压，会出现偏大的现象。Prugh 引入“虚拟距离”修正近场的爆炸超压[136]。其中，“虚拟距离”定义为当量 TNT 爆炸超压与容器表面最大超压相等时到目标的距离 $r_{\rm s}$ 与压缩气团初始半径 r_0 的差值。$r_{\rm s}$ 通常根据容器表面最大超压，采用式 (6-2) 反推得到。由于管道的长径比较大，其内部气体泄漏膨胀方式与一般压力容器不同，在本章的计算中，气体的初始半径等于管道的半径。

采用“虚拟距离”修正法计算任意目标位置的峰值超压时，需将目标距离爆炸中心的实际距离加上“虚拟距离”作为目标到爆炸中心的计算距离。压力容器表面的最大超压可通过下式计算[136,138]：

$$p_1=p_{\rm s}\left[1-\frac{3.5(\gamma-1)(p_{\rm s}-1)}{\sqrt{(\gamma T/M)(1+5.9p_{\rm s})}}\right]^{-2\gamma/(\gamma-1)} \tag{6-3}$$

式中，$p_{\rm s}$ 为容器表面的最大超压，bar (0.1MPa)；p_1 为压力容器的初始压力，bar；γ 为气体的热容比；T 为气体初始温度，K；M 为气体的相对分子质量。对于本书试验的输气管道，初始压力为 12.3MPa，管壁表面的最大超压为 685kPa。可见，TNT 炸药在近场的超压远大于输气管道的爆炸超压，故采用“虚拟距离”修正的方法是必要的。

在预测容器爆炸波参数时，通常引入 Sachs 比拟距离作为特征参量。距离爆炸中心 R 处的 Sachs 比拟距离定义为[139]：

$$R_{\rm i}=r\left[\frac{P_0}{E}\right]^{1/3} \tag{6-4}$$

式中，$R_{\rm i}$ 为 Sachs 比拟距离；E 是气体的爆炸能，kJ；P_0 是环境压力，kPa；r

为距爆源的距离，m。Sachs 比拟距离也用于区分爆炸近场和远场，通常 $R_{\rm i}<2$ 定义为近场，$R_{\rm i}>2$ 定义为远场。

当确定气体当量 TNT 质量 $M_{\rm TNT}$ 时，爆炸波的冲量可通过以下经验公式计算[136]：

$$I_{+}=M_{\rm TNT}^{0.333}10^{\sum\limits_{i=0}^{7}c_i(a+b\log_{10}Z)^i} \tag{6-5}$$

式中，I_{+} 为爆炸波冲量，Pa·s；$Z=r/{\rm m}^{0.333}$ 为当量距离；a，b，c_i 为常数，当 $0.0674\leqslant Z\leqslant 40$ 时，各数值见表 6-3。

表 6-3　计算爆炸波冲量的经验公式参数

范围	a	b	c_0	c_1	c_2	c_3	c_4	c_5	c_6	c_7
范围 1	2.0676	3.076	2.5246	−0.503	0.1713	0.045	−0.0119	−0.0066	−0.0028	0.0014
范围 2	−1.9471	2.407	1.6728	−0.3845	−0.0261	0.006	0.0145	−0.0066	−0.0028	0.0014

注：范围 1 是指 $0.0674\leqslant Z<0.955$ 的情况；范围 2 是指 $0.955\leqslant Z\leqslant 40$ 的情况。

上述计算方法主要用于计算球形压力容器的爆炸波参数。输气管道类似于一个长径比很大的圆柱形压力容器。研究表明[82]，圆柱形容器独特的开裂方式导致其侧面的爆炸超压比端部大。为合理预测容器不同方向上的爆炸参数，Baker 等[140] 通过不同形状的高能炸药实爆试验得到基于爆源几何形状效应的修正因子。但 Geng 等[82] 发现这些基于高能炸药实爆试验得到的修正因子不适用于圆柱形容器。因此，Geng 等[82] 开发了一组专门用于计算圆柱形容器爆炸参数的修正因子。其中，对于长径比 $(L_{\rm p}/D=10)$ 的容器，Geng 等[82] 给出的修正因子如图 6-2 所示，图中 $L_{\rm p}$ 为容器的长度，D 为容器的直径，p_1 为容器压力，p_0 为环境压力，$R_{\rm i}$ 为 Sachs 比拟距离。

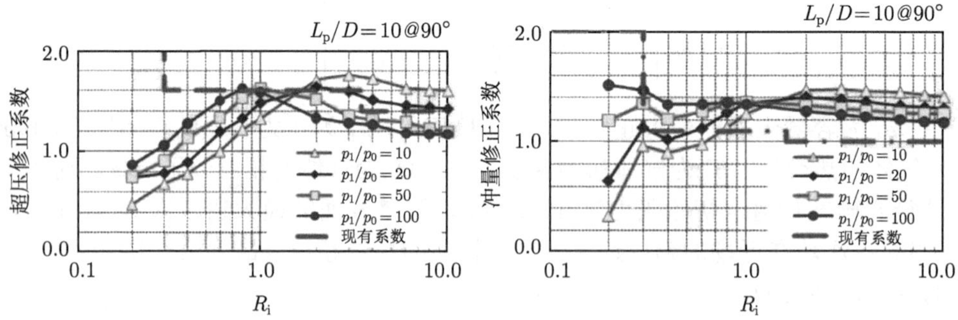

图 6-2　圆柱形容器 $(L_{\rm p}/D=10)$ 爆炸参数计算修正因子

3. 气体爆炸能

在使用 TNT 当量模型预测容器爆炸波参数之前，首先要确定容器内压缩气体的爆炸能量。目前，有 4 种方法估算压缩气体的爆炸能：Brode 方程、等熵膨胀、等温膨胀和热力学有效性方法[141]，分别为：

$$E = \frac{(p_1 - p_0)V}{\gamma - 1} \tag{6-6}$$

$$E = \left(\frac{p_1 V}{\gamma - 1}\right)\left[1 - \left(\frac{p_0}{p_1}\right)^{(\gamma-1)/\gamma}\right] \tag{6-7}$$

$$E = p_1 V \ln\frac{p_1}{p_0} \tag{6-8}$$

$$E = p_1 V\left[\ln\frac{p_1}{p_0} - \left(1 - \frac{p_0}{p_1}\right)\right] \tag{6-9}$$

式中，E 为压缩气体的物理爆炸能；γ 为气体的热容比；p_1 为容器爆炸时的压力；p_0 为环境压力；V 为压缩气体的体积。

Brode 方程将压力容器从环境压力升至目标压力所需的能量定义为气体爆炸能，见式 (6-6)。等熵膨胀方法将气体从初始状态变为终止状态的过程视为等熵过程，然后利用热力学原理计算气体的爆炸能，见式 (6-7)。等温膨胀方法假设膨胀过程中温度不变，利用式 (6-8) 计算压缩气体的爆炸能。热力学有效性方法将气体进入容器所需的等效最大机械能视为压力容器的爆炸能，见式 (6-9)。

研究表明，Brode 方程能够较准确地预测爆炸源近场的潜在爆炸能，本书采用 Brode 方程估算压缩气体的物理爆炸能[141]。

6.2.3 管道爆炸波试验结果及分析

1. 气体泄漏膨胀

图 6-3 所示为试验 T-1 中气体的喷射膨胀过程。在裂纹扩展过程中，管壁向垂直于裂纹扩展方向张开，距离裂纹尖端位置越近，管壁张开距离越小，整个裂口像一个菱形，如图 6-4 所示。图 6-3(a) 所示为起爆后 10ms 时，喷射出来的压缩气团，其截面形状与裂口形状相似，类似一个菱形，此时裂口的长度约为 5m。对比图 6-3(a) 和图 6-3(b) 可以发现，圆圈中标记位置的颜色从远到近发生变化，这是跟随冲击波的强风吹过造成的。试验中可以通过观察标记位置颜色的变化来判断冲击的传播位置。

在 T-1 中，起爆约 220ms 后，冲击波到达摄像机位置，并将摄像机冲倒。从试验分析可知，从切割器起爆到气体爆炸冲击波形成的时间为 14.1ms，故冲击波从起爆中心传到摄像机的时间为 206ms。通过测量起爆中心到摄像机的距离 (约为 80m)，可求得该阶段冲击的平均传播速度为 388m/s。

(a) t= 10ms　(b) t= 90ms　(c) t= 190ms

图 6-3　T-1 气体喷射膨胀过程

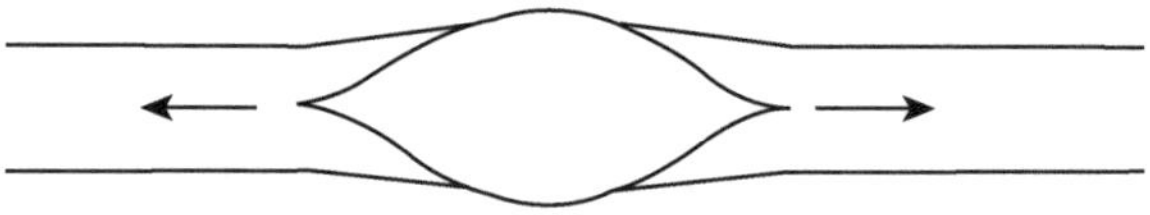

图 6-4　管道断裂示意图

图 6-5 所示为试验 T-2 中气体泄漏膨胀过程。由于 T-2 的测试管道比 T-1 长，储存的气体量较多，故观察到的泄漏气团规模比 T-1 大。图 6-5(a) 中可看到气体泄漏后呈半球形膨胀，此时的气团为高度湍流的稠密气体，密度大，膨胀速度快。气体在高速膨胀过程中会形成若干膨胀波。但在图 6-5(a) 中观察不到冲击波的痕迹 (可能隐藏在气团中)。起爆 99ms 后 (图 6-5(b))，气团半径已经达到 20m，从图中可看到冲击波冲出气团产生的细雾，细雾的形状也呈半球形膨胀。在图 6-5(c) 中，冲击波形成的细雾团继续增大，并远离气团，此时冲击波以声速向外传播。

(a) 33ms　(b) 99ms　(c) 132ms

图 6-5　T-2 气体泄漏膨胀过程

2. 管道爆炸冲击波的强度及传播特性

图 6-6(a) 所示为管道布设示意图，其中 x 轴和 y 轴分别代表东西和南北方向，z 轴代表气体的喷射方向。试验过程中只测试了 x-y 平面上爆炸波的压力数据，分别沿着 x 轴、y 轴和 x 轴 45° 方向安装压力传感器，T-2 中冲击波测点布设示意图如图 6-6(b) 所示。以这种方式布设测点主要是为了测量管道爆炸波沿不同方向传播的强度，并且研究其随距离的衰减规律。

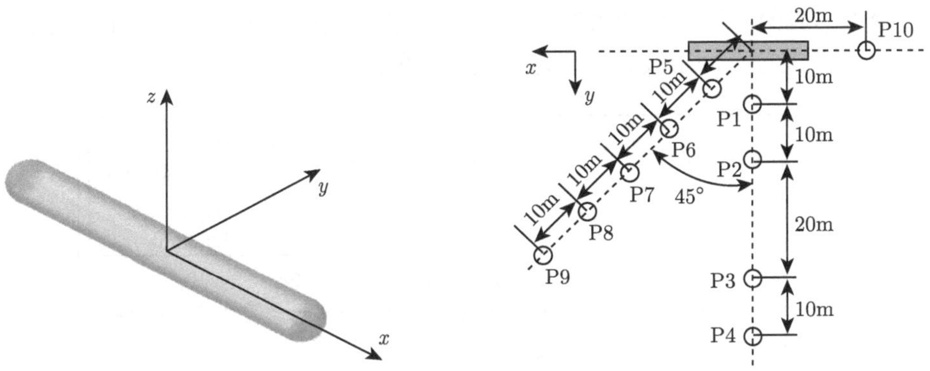

(a) 钢管示意图　　(b) 压力传感器在 x-y 平面中的位置(T-2)

图 6-6 管道和压力传感器布设示意图

T-2 中采用 CY-YD-202 型压阻式自由场压力传感器，其技术参数如表 6-4 所示。该型号压力传感器具有良好的流线设计，头部如铅笔状，可尽量减少气流的绕射和反射，准确测量自由场冲击波的压力参数。试验时，将压力传感器安装在约 1.5m 高的直角支架上，并将其头部朝向起爆中心，如图 6-7 所示。

表 6-4 CY-YD-202 型自由场压力传感器技术参数

型号	线性度/%	灵敏度/(pC/MPa)	固有频率/kHz	温度/°C	量程/MPa
CY-YD-202	<1.5	350	>100	−10~80	0~1

图 6-7 自由场压力传感器的安装

图 6-8 所示为 T-2 中各测点压力传感器记录的压力波压力–时间曲线。在分析过程中将线型爆炸聚能切割器底下时间线断裂的时间定义为时间零点。如图 6-8 所示，P1 传感器在 22~30ms 时间段记录了两个冲击波，它们超压峰值分别为 6.4kPa 和 58kPa。两个冲击波到达的时间相差 5.6ms。从两个冲击波的强度及其形成的时间差，可以推断第一个冲击波是由爆炸聚能切割器 (约含 250g 高能炸

药) 爆炸形成的，第二个冲击波才是气体物理爆炸形成的。没有特殊说明下面提到的冲击波或首个冲击波都指管道爆裂形成的冲击波。

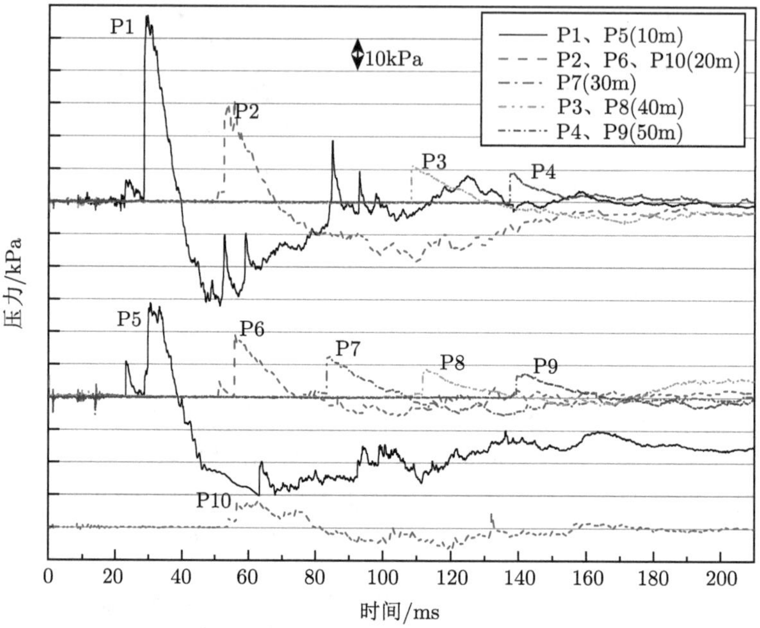

图 6-8 T-2 中各测点压力波压力–时间曲线

当首个冲击波到达测点位置时，压力迅速升高。与高能炸药爆炸相似，管道爆裂冲击波在正压过后会有负压期。P1 位置的负压峰值约为正压峰值的 0.5 倍，但负压的持续时间较长，其冲量也会对周围环境造成破坏。首个冲击波过后，还出现一系列较小的超压峰值，这是由后续泄漏气体膨胀引起的。从第 3 章和第 4 章的分析可知，管道断裂过程中，气体从裂口流出来是堵塞的，管内气体能量并不是瞬间同时释放。T-2 中管内气体能量的释放持续超过 100ms，而首个冲击波到达 P1 位置的时间为 28.5ms (这包括冲击波形成和传播时间)，很明显在冲击波形成后管内仍有大量高压气体未泄漏。管内破裂初始阶段，气体压力大，膨胀快，形成较大冲击波；后续泄漏气体的压力不断降低，膨胀速度下降，而冲击波是在压力波叠加过程中瞬间形成，因此后续泄漏的气体会在膨胀过程中形成一系列峰值较小的超压。

如图 6-6(b) 所示，P2，P6 和 P10 都距离爆炸中心 20m，但位于不同的方位。在 y 轴方向上测点的超压最大，x 轴 45° 方向的次之，x 轴方向上的最小，这说明管道爆裂爆炸波具有明显的方向性，气体能量在释放过程中并不是均匀扩散。上述现象主要与管道的形状及开裂方式有关，也是输气管道爆炸与普通高能炸药点源爆炸之不同所在。对比 y 轴和 x 轴 45° 方向的其他测点数据，可得到类似的结论。将各测点的超压峰值绘制成超压等值线，可发现管道爆炸场的地面超压等值线像一个椭圆，其中沿 x 轴方向传播的冲击波最弱，沿 y 轴方向传播的冲击波最强，如图 6-9(a) 所示。研究表明[8,12]，压力容器发生爆炸时，气体喷射方向的冲击波最强，故在 $x=0$ 切平面上的超压等值线可绘制成如图 6-9(b) 所示的半椭圆形。容器裂口中心从 x 轴、y 轴和 z 轴方向到超压等值线的距离分别为 L_x，L_y 和 L_z。根据管道爆炸方向效应的特性可知：$L_z > L_y > L_x$。

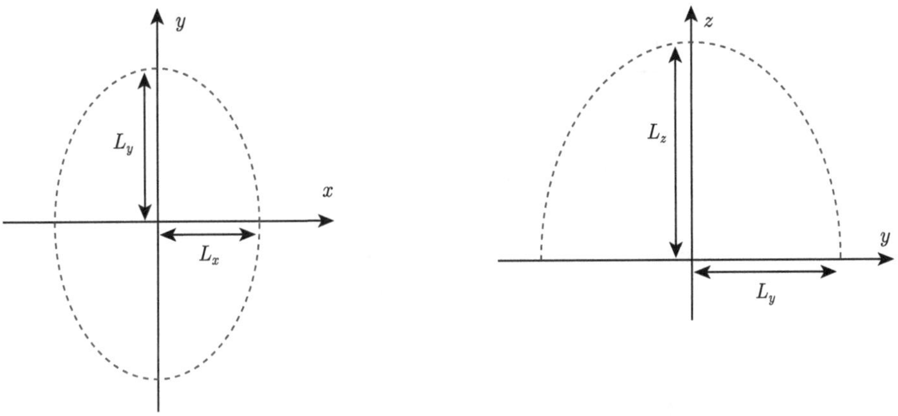

(a) 地面超压等值线示意图($z=0$)　　(b) 在$x=0$切面上超压等值线示意图

图 6-9　管道爆炸场超压等值线示意图

图 6-10 所示为冲击波超压峰值随传播距离的变化。图中表明，冲击波峰值超压随传播距离呈指数衰减。但随着传播距离的增加，冲击波的正压持续时间更长，如图 6-8 所示。从图 6-10 还可以发现随传播距离增加，y 轴和 x 轴 45° 方向的峰值超压逐渐趋于一致，这表明爆炸能量随气体的扩散而逐渐变均匀，且爆炸波从半椭圆形逐渐趋于成半球形。

图 6-11 所示为试验测量和理论计算得到的冲击波速度。其中试验值是根据冲击波到达两个传感器的时间差计算确定，为冲击波在两个传感器之间的平均传播速度。理论值根据下面公式计算确定[142]：

$$\frac{p+p_0}{p_0}=\frac{1}{\gamma+1}\left[2\gamma Ma^2-(\gamma-1)\right] \tag{6-10}$$

式中，p_0 为环境压力；p 为冲击波峰值超压；γ 为空气比热容；Ma 为冲击波马赫数。冲击波的计算值也为两个测点间的平均值。冲击波速度随着传播距离的增加而减小。距裂口中心相同的距离时，冲击波沿 y 轴方向传播的速度高于沿 x 轴 45° 方向传播的速度。从图中可以看出，理论计算结果与试验结果吻合较好。

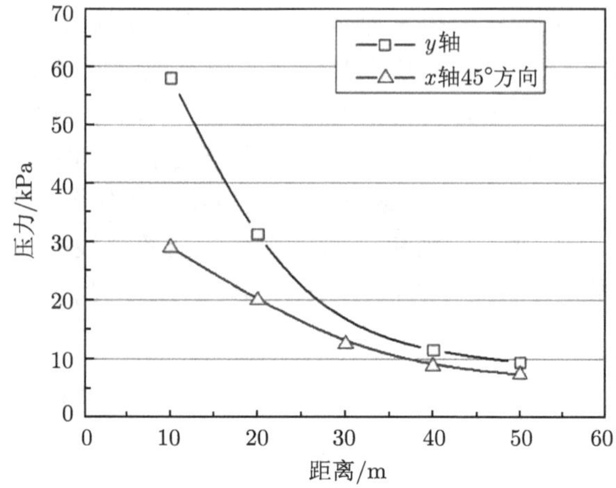

图 6-10 冲击波超压峰值随传播距离的变化

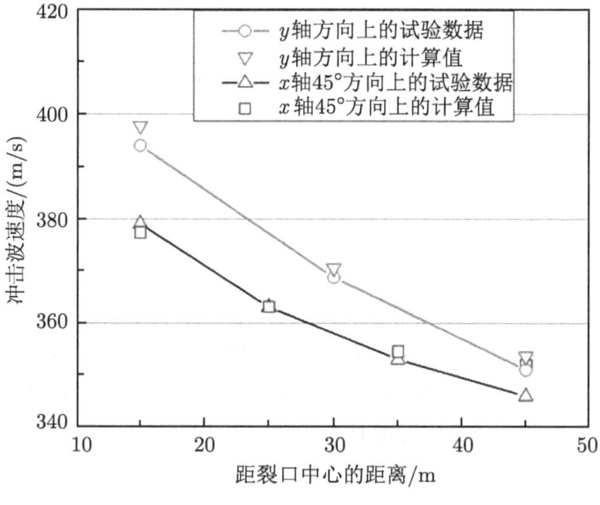

图 6-11 冲击波传播速度随距离的变化情况

6.2.4 输气管道爆炸能量的计算

1. 形成冲击波的时间

形成冲击波的时间对于确定形成首个冲击波涉及爆炸能量至关重要，也是评估管道爆炸危害效应的重要参数之一。从图 6-8 的压力波数据可知，首个冲击波到达 P1 测点的时刻为 28.5ms，只要确定冲击波从爆炸中心传到 P1 所需的时间，即可确定冲击的形成时间。根据方程式 (6-3)，管道在爆炸中心形成的初始冲击波峰值超压为 685kPa。而 P1 测点的峰值超压为 58kPa。假设冲击波峰值超压从爆炸中心到 P1 线性衰减，则该区间段的平均峰值超压为 371.5kPa，使用式 (6-10) 计算可得冲击波在该区间段的平均传播速度为 694m/s，即传播时间为 14.4ms。忽略初始裂纹的形成时间，形成首个冲击波所需的时间为 14.1ms。

2. 气体泄漏量的计算

首个冲击波形成时，管内减压波波头的传播距离可通过下式计算：

$$L = T_{\mathrm{f}} \cdot w \tag{6-11}$$

式中，L 为减压波波头传播距离；w 为减压波波头传播速度，等于当地声速，在 T-2 中约为 398m/s；T_{f} 为首个冲击波形成的时间，在 T-2 中为 14.1ms。故在 T-2 中 L 等于 5.61m，如图 6-12 所示。

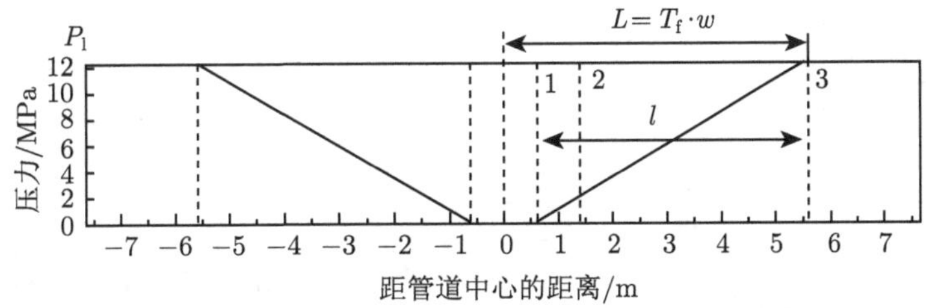

图 6-12 首个冲击波形成时管内压力分布 (T-2)

结合图 4-30 的管内压力–时间曲线可知，首个冲击波形成时，图 6-12 中截面-2 位置 (距管道中心 1.4m) 的压力约为 2MPa。假设管内的压力沿轴向线性衰减，则管内压力沿轴向的压力分布如图 6-12 所示。图中截面-1 至截面-3 的距离 l 为管内气体轴向衰减长度，本次试验约为 4.2 倍管径。假设气体在泄漏过程中温度不变，则根据式 (6-6) 可知气体的能量与压力成正比。结合理想气体状态方程可知，此时截面-1 至截面-3 部分的气体有一半能量已经流出管外。由于管道两侧对称泄漏，因此以初始状态下气体体积表示的气体泄漏量可由下式计算：

$$V = (2L - l) \times S_{\mathrm{d}} = (2T_{\mathrm{f}} \times w - l) \times S_{\mathrm{d}} \tag{6-12}$$

式中，V 为泄漏气体的体积；S_{d} 为钢管截面面积；l 为管内气体衰减距离；w 为减压波波头传播速度。

将初始气体压力 p_1=12.3MPa、泄漏气体量 $V = 7.13\mathrm{m}^3$ 代入式 (6-6) 可得 T-2 中参与形成首个冲击波的能量约为 212.6MJ。

6.2.5 理论模型的验证分析

1. 理论计算结果与试验结果的对比

假设所有泄漏的气体能量都转化为冲击波，则 T-2 中气体爆炸能的当量 TNT 质量为 45.4kg。将 TNT 当量法及其“虚拟距离”修正法计算的峰值超压与实际的峰值对比，如图 6-13 所示。这里没有考虑容器形状效应的影响。图中显示，TNT“虚拟距离”修正法预测的结果与 y 轴方向上实际的超压值吻合较好。在近场，TNT 当量模型高估了管道爆炸超压。当比拟距离 $R_{\mathrm{i}} > 2$ 时，两种方法的预测结果趋于一致。由于在地面上，冲击波在 y 轴方向上的强度最大，使用 TNT“虚拟距离”修正法预测的超压衰减曲线，可以很好地预测地面超压的上限。

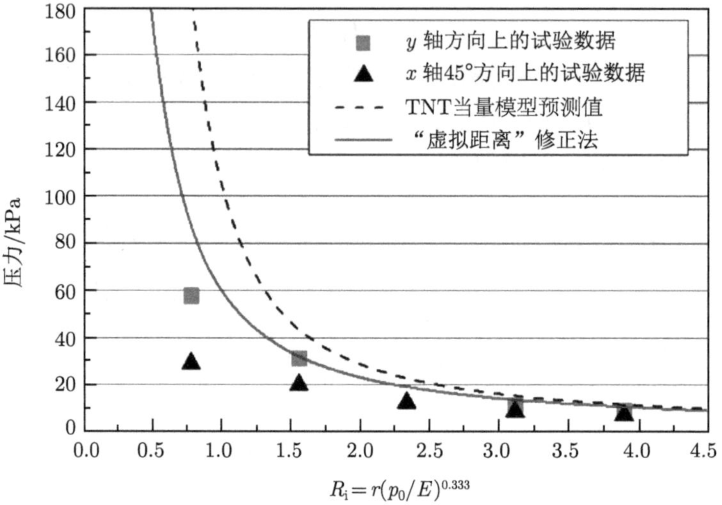

图 6-13　峰值超压与 Sachs 比拟距离 (T-2)

尽管 TNT“虚拟距离”修正法在没有修正因子的情况下可以较好地预测地面峰值超压的水平，但这并不意味着 Geng 等[82]给出的修正因子无用，或者没有必要考虑管道爆炸中的形状效应。因为上述结果是基于气体朝垂直地面方向 (90°) 喷射的情况下得到的。实际情况中，气体可能斜着喷射 (与地面成 0° 至 90° 角度都可能)，此时地面上会产生更强的冲击波。因此，在评估管道爆裂冲击波时，应考虑其潜在开裂位置，且在前面计算的基础上采用适当的修正因子修正。Pittman[122]研究指出，射流方向的峰值超压是相反方向的 4 倍或者更高。

冲击波冲量的测量值与理论值对比如图 6-14 所示。与峰值超压类似，y 轴上冲击波的冲量比 x 轴 45° 方向上的大。使用式 (6-5) 计算管道爆炸波冲量时，已经考虑了“虚拟距离”的修正。图 6-14 表明，理论值低估了爆炸波的冲量。为获得地面上管道爆炸波冲量的上限，本书采用 1.5 的修正因子，即在式 (6-5) 计算的基础上乘以 1.5。修正后的理论值能较好地预测地面上爆炸波冲量的上限。应该注意的是，上述预测方法是针对气体垂直地面喷射的情况，若气体射流倾斜喷射，则应考虑更大的修正因子。

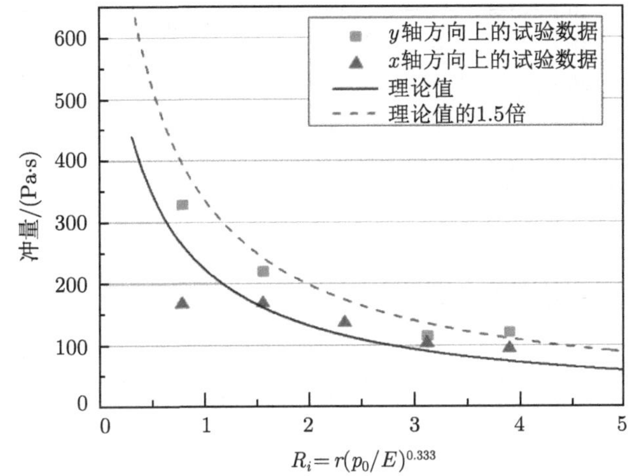

图 6-14 冲击波冲量的测量值与理论值对比 (T-2)

在 T-1 中，试验钢管南侧的部分建筑物在冲击波作用下造成一定程度的损坏。距离爆炸中心 80m 处的铝合金测试间遭受严重破坏，窗框、门框与墙体发生分离；距离爆炸中心 250m 的试验建筑物玻璃破碎，窗框扭曲和发生位移，墙壁上有大量的裂纹；距离爆炸中心 350m 的试验建筑物部分玻璃破碎，窗框松动，墙体上有个别小裂缝；距离爆炸中心 600m 的老旧民房建筑个别玻璃破碎。根据表 6-1 基于超压的建筑物破坏评估标准，可以估算出距离爆炸中心 80m、250m、350m 和 600m 的位置峰值超压分别为 4.8~9.0kPa、2.07~3.4kPa、1.03~2.76kPa 和 0.28~1.03kPa。

如果首个冲击波形成时所有泄漏的气体爆炸能都转化为冲击波，则 T-1 气体爆炸的当量 TNT 质量为 51.6kg。如图 6-15 所示，目标到起爆中心距离 $r = 80\text{m}$ 时的 Sachs 比拟距离 $R_{\text{i}} = 5.98$。即当 $r > 80\text{m}$ 时，属于爆炸场远场区域，可以直接使用 TNT 当量模型预测管道爆炸超压。TNT 当量模型计算结果与试验估算值的对比见图 6-15 (计算过程中没有考虑爆炸形状效应修正因子)。图中表明，TNT 当量模型能较好地预测管道爆炸远场超压。

2. 理论计算模型适用性的分析

从前面分析可知，首个冲击波形成时，管内减压波波头尚未传到试验钢管的端部 (T-2) 或刚传到端部 (T-1)，表明试验钢管的长度已满足管道爆裂爆炸波研究的需求。TNT“虚拟距离” 修正法可以较好地预测管道爆炸地面的峰值超压，但在预测地面爆炸波的正压冲量时需采用 1.5 的修正因子。本书实际上只研究气体垂直地面泄漏时，地面 (即 $z = 0$ 时的 x-y 平面) 爆炸压力波的分布。当气体倾斜喷射泄漏时，应考虑额外的修正因子。

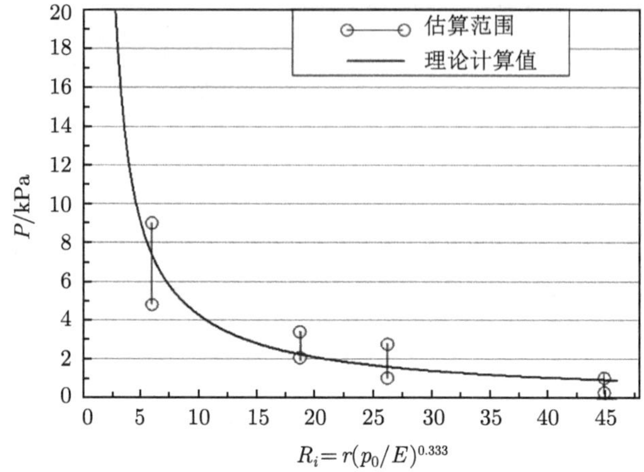

图 6-15　T-1 中爆炸波峰值超压随 Sachs 比拟距离的变化

由式 (6-6) 和式 (6-12) 可知形成首个冲击波的能量主要与冲击波形成时间 T_f、减压波波头传播速度 w、管内气体衰减距离 l、管道内截面面积 S_d、管道初始压力 p_1 这 5 个参量相关，其中减压波波头传播速度 w 主要取决于管内气体压力 p_1。对于特定的输气管道 p_1 和 S_d 是固定的，而衰减长度 l 主要与裂纹扩展长度相关。根据研究表明，如果没有焊缝或其他因素的影响，首个冲击波形成阶段，不同管道裂纹的扩展距离差别不大。结合本书试验结果，建议衰减长度 l 的经验选择范围为 $2.5D \sim 4.5D$。因此要评估管道爆裂冲击波，主要是确定首个冲击波形成的时间。

气体膨胀过程中冲击波的形成是一个非常复杂的过程。Duan 等[77] 研究表明，冲击波形成的快慢与压力容器的开裂速度相关。对于现代高韧性输气管而言，不同类型的管道的裂纹扩展速度差别不大。推测不同管道破裂时形成首个冲击波的有效时间差别应该不大。下面将基于上述提出的计算气体爆炸能的方法，使用 TNT“虚拟距离”修正方法评估不同类型管道的爆炸冲击波危害范围，为管道的安全评估提供参考。

6.2.6　输气管道爆裂空气冲击波危害范围评估

通过 6.2.3 节和 6.2.4 节的分析可知，使用 TNT“虚拟距离”修正方法评估管道爆裂冲击波的危害效应可分为以下步骤。

步骤 1：确定计算气体爆炸能量的相关参数，主要包括冲击波形成时间 T_f，减压波波头传播速度 w，管内气体衰减距离 l，管道内截面面积 S_d，管道初始压力 p_1 等；

步骤 2：利用式 (6-6) 和式 (6-12) 计算气体爆炸能量并将其转化为当量 TNT 质量；

步骤 3：利用式 (6-3) 计算管道表面的最大超压，并利用式 (6-2) 反推得出当量 TNT 爆炸超压与管道表面最大超压相等时距离目标的距离 r_s，结合管道半径确定"虚拟距离"；

步骤 4：将目标距离爆炸中心的实际距离加上"虚拟距离"，分别代入式 (6-2) 和式 (6-5) 计算管道爆裂冲击波峰值超压和冲量，采用式 (6-5) 计算管道爆裂冲击波冲量时，需乘以 1.5 的修正系数；

步骤 5：选择 6.2.1 节中相应的冲击波破坏效应评估准则，估算管道爆裂冲击波的危害范围。

以输送表 6-5 所示组分的天然气为例，研究管径 $D = 1219$mm、工作温度为 0℃ 的 X90 管道，在输送压力分别为 12MPa 和 18MPa 的条件下，管道爆裂冲击波的危害范围，其中这两种管道的设计系数都为 0.72。在计算过程中，管内气体衰减距离 $l = 3D$，其中 D 为管道直径；冲击波形成时间取 14ms，其余各相关参数见表 6-5。

表 6-5 输送气体组分 (单位：%)

CH_4	C_2H_6	C_3H_8	iC_4H_{10}	iC_4H_{10}	nC_5H_{12}	CO_2	N_2
89.57	4.7	3.47	0.24	0.56	0.134	0.72	0.5

将表 6-6 的相关参数代入式 (6-6) 和式 (6-12)，可得到这两种管道 (输送压力从小到大) 爆炸的当量 TNT 质量分别为 66.86kg 和 130.29kg。

表 6-6 计算管道爆裂冲击波相关参数

编号	D/mm	壁厚 /mm	p_1/MPa	设计系数	S_d/m^2	T_f/ms	l/m	w/(m/s)
1	1219	15.8	12	0.72	1.107	14	3.657	396
2	1219	23.4	18	0.72	1.079	14	3.657	480

选择超压准则对管道爆炸危害范围进行评估。依据前面描述的计算步骤 3，可计算得到这两种管道的"虚拟距离"分别为 4.88m (输送压力为 12MPa 时) 和 5.86m (输送压力为 18MPa 时)。按照计算步骤 4 将基于泄漏气体能量计算得到的当量 TNT 质量代入式 (6-3) 可得到管道爆裂冲击波峰值超压随传播距离的变化曲线，如图 6-16 所示。从图中可以看出，管道工作压力越高，爆裂产生的冲击波超压越大，且距爆炸中心越近，差值越大。

将图 6-16 中的峰值超压与表 6-1 和表 6-2 中的冲击波超压危害标准进行对比，可得到输气管道爆裂冲击波对结构和人员的危害范围。根据表 6-1 和表 6-2 的评估标准，以 50kPa 作为人员重伤的标准超压，以 20kPa 作为并行输油 (气) 管道破坏的标准，以 6.9kPa 作为房屋破坏的标准超压，以 2kPa 作为抛掷物极限的标准超压，以 1.2kPa 作为玻璃破碎的标准超压。结合图 6-16 的数据可知，对于输送压力为 12MPa 和 18MPa 的天然气管道，人员重伤的安全距离分别为 15.7m 和 20m；并行输油 (气) 管道损坏的安全距离分别为 32.5m 和 40.5m；房屋破坏的安全距离分别为 83.8m 和 103.4m；抛掷物极限的安全距离分别为 300m 和 367m；玻璃破碎的安全距离分别为 500m 和 604m。

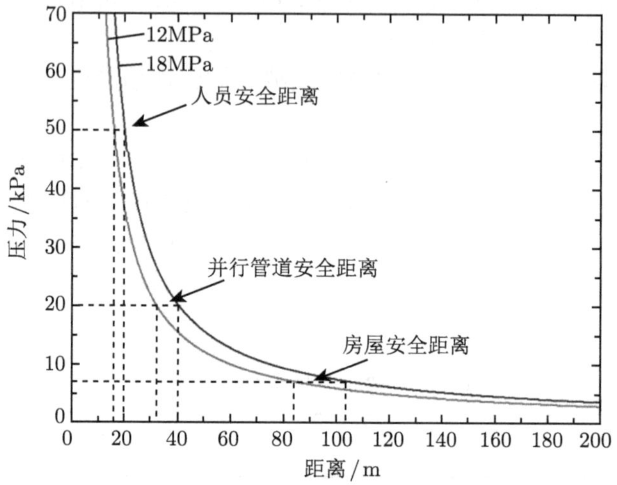

图 6-16　冲击波峰值超压随传播距离的变化

需要说明的是，上述评估方法只针对裸露管道且气体向垂直地面方向泄漏的情况，如果气体向侧面泄漏 (裂口位于管道侧面时)，近场 ($R_{\rm i}<2$) 的爆炸超压需在图 6-16 的计算结果基础上乘以一定的修正系数 (推荐修正系数取 1.5~2.0)。对于深埋管道，由于受到周围岩土介质的约束，气体一般会向垂直地面方向喷射，故可直接采用上面的方法进行评估，但由于有覆土的影响，结果会略偏保守。

6.3　输气管道爆炸地震波的形成过程及其特性分析

基于第 4 章的气压爆破模型试验，研究大口径高压输气管道爆裂冲击振动危害效应，使用 HHT 方法分析管爆地震波的时间–频率–能量分布特性，揭示高压气体管道爆裂地震波的传播及衰减规律，为深入研究邻近管道和建筑物在管爆地震效应下的振动响应提供依据，同时，对输气管道周围建 (构) 筑物的抗震防护以及安全距离确定也具有重要意义。

6.3.1　地震波破坏效应的评价准则

本书以国家标准化管理委员会于 2014 年颁布的《爆破安全规程》(GB6722—2014)(表 6-7) 作为建 (构) 筑物的安全判据 [143]。但该《爆破安全规程》(GB6722—

2014) 中没有涉及类似钢结构、钢管道构件、钢薄壁壳体、钢压力容器等结构的振动安全标准。为制定管道结构在爆破地震波作用下的安全阈值，中石油公司通过实爆试验确定管道在冲击荷载下的应变安全临界值 $\varepsilon = 2000\mu\varepsilon$，然后通过爆破试验确定使管道达到应变安全临界值时的振动速度 V 值，此值即为管道最大允许振速 $V_{\max}$。通过多组大规模试验，该课题组最终得到埋地天然气管道最大允许振动速度为 $V_{\max} = 14\text{cm/s}$。该研究成果[144]在西部原油成品油管道工程与西气东输管道并行段现场模拟爆破试验的专家评审会上，获得了包括杨仁树教授和刘殿书教授等中国爆破协会理事的认可，并通过评审，已在西部管道工程中成功应用。本书以上述研究成果作为埋地管道的振动安全判据。

表 6-7 爆破振动安全允许标准[143]

序号	保护对象类别	安全允许振速/(cm/s)		
		<10Hz	10~50Hz	50~100Hz
1	土窑洞、土坯房、毛石房屋	0.15~0.45	0.45~0.9	0.9~1.5
2	一般民用建筑物	1.5~2.0	2.0~2.5	2.5~3.0
3	工业和商业建筑物	2.5~3.5	3.5~4.5	4.2~5.0
4	一般古建筑与古迹	0.1~0.2	0.2~0.3	0.3~0.5
5	水电站及发电厂中心控制室设备	0.5~0.6	0.6~0.7	0.7~0.9
6	水工隧道	7~8	8~10	10~15
7	交通隧道	10~12	12~15	15~20
8	矿山巷道	15~18	18~25	20~30
9	大口径输气 (油) 管道		13~14	

注：表列频率为主振频率，系指最大振幅所对应波的频率。

6.3.2 管道破裂爆炸振动信号的测试

试验管道爆裂振动信号采用 TC-4850 型测振仪进行监测，其技术参数如表 6-8 所示。该测振仪由磁电式三矢量速度传感器和 TC-4850 爆破数字采集仪组成，如图 6-17 所示。三矢量速度传感器可以测试 3 个相互垂直方向 (x 轴、y 轴、z 轴) 的振动速度，试验时把 x 轴对准起爆点，z 轴垂直于地面。

表 6-8 TC-4850 爆破测振仪技术参数

型号	通道数	频率范围/Hz	量程/(cm/s)	分辨率/(cm/s)	读数精度	采样率/KHz
TC-4850	3	5~500	< 35	0.01	0.1%	1~50

在第 4 章进行的 T-2、T-3 和 T-4 试验中采集管道爆裂振动信号。振动信号的测点主要设置在钢管垂向 (V1) 和钢管轴向 45° (V2)，如图 6-18 所示。这样设置传感器的目的是研究管道爆裂地震波的方向特性和随传播距离的衰减特性。其中 T-2 和 T-4 分别设置 8 个测点，T-3 设置 10 个测点，最远的测点距起爆点约 99m。

图 6-17　测振仪

(a) T-2

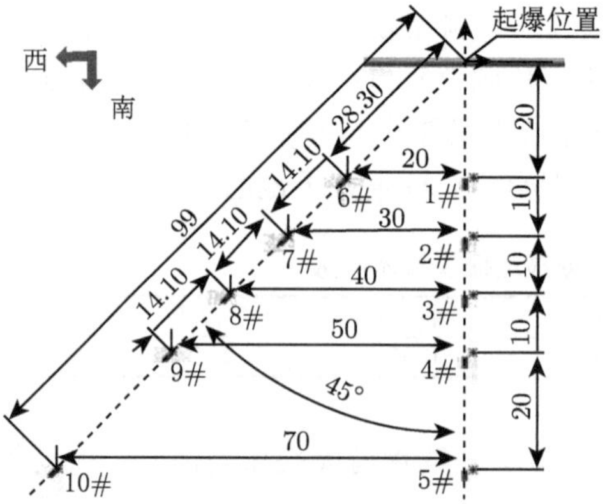

(b) T-3

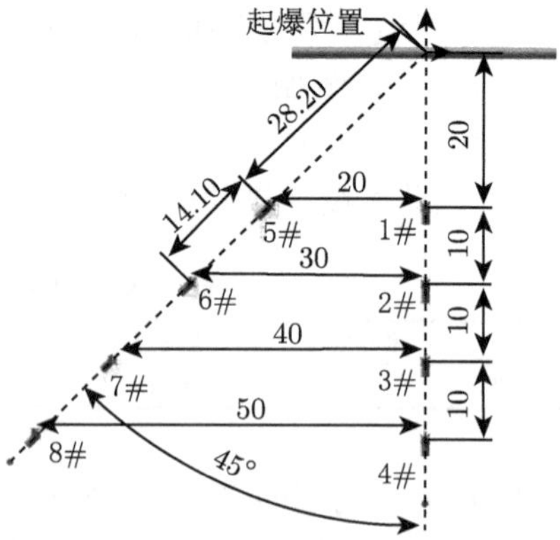

(c) T-4

图 6-18　振动信号测点的布设 (单位：m)

图 6-19 所示为典型的管道爆破振动速度–时间曲线。这些数据是由 T-3 中距离钢管中心 20m 的测点 (1# 测点) 记录。管道爆裂地震波信号表现出典型的冲击加载瞬态响应和运动特征。地震波在岩土介质中传播是复杂波动过程的合成，由于纵波、横波和面波传播速度各不相同，造成振动速度曲线中有很多峰值。从图可以看出，振动持续时间约为 0.8s，而一般的单孔装药的炸药爆破地震波持续时间为 0.1~0.3s，钢管爆破地震波持续时间比炸药爆破长 1~2 倍。振幅衰减较快，呈指数衰减趋势，0.5s 之后趋于平稳。根据第 4 章试验中高速摄影观测的结果，切割器起爆约 0.5ms 后就在钢管预设位置形成初始裂缝，可以推测切割器整个爆炸作用过程应该小于 1ms。切割器的总装药量只有 231g，且属于裸露爆炸，其爆炸形成的振动较小。从切割器爆炸振动的作用时间和量级，结合图 6-19 的数据综合分析可知，切割器爆炸形成的振动对试验结果的分析影响不大。

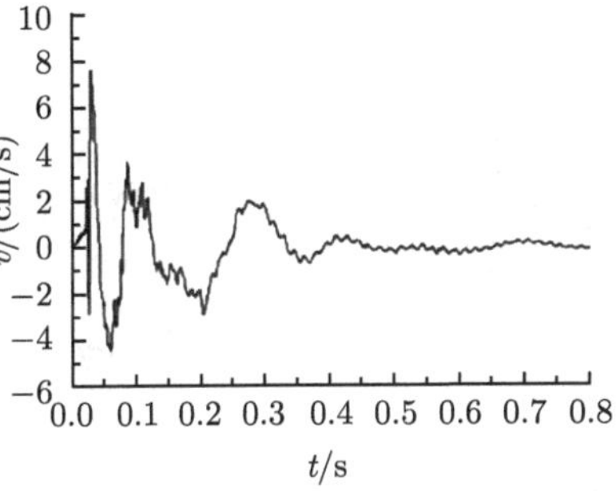

(a) x 轴方向振动速度波形

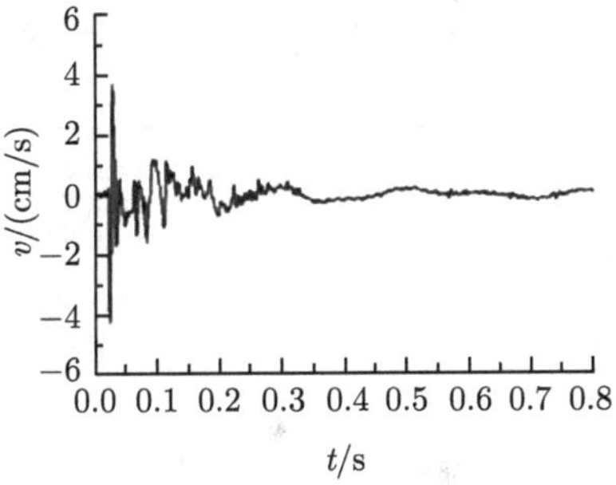

(b) y 轴方向振动速度波形

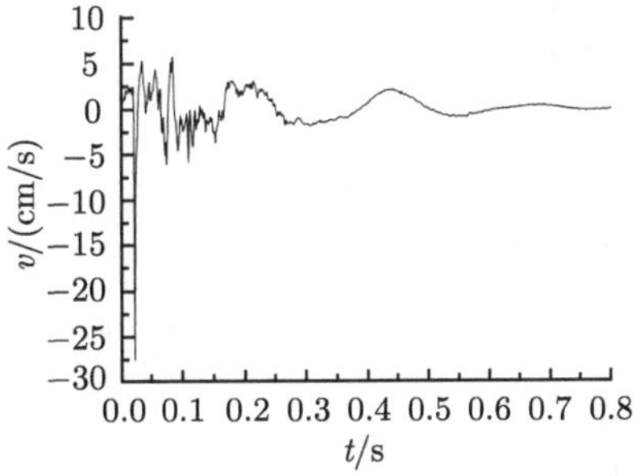

(c) z轴方向振动速度波形

图 6-19 T-3 中 1# 测点的振动速度–时间曲线

爆破中该测点振动持续时间约为 0.8s，且 z 轴 (垂直地面方向) 的振动速度峰值最大，x 轴 (即爆源与测点连接方向) 次之，y 轴的最小。地震波振动速度峰值出现在 0.02~0.04s 之间，此时管内减压波波头尚未到达钢管端部，表明试验钢管的长度足够研究管道爆裂地震波的强度。输气管道爆裂对周围介质的冲击作用主要在开裂阶段。裂纹停止时，裂口压力开始下降直至稳态泄漏，此时泄漏气体对周围介质形成持续的作用力，但形成振动效应较小。

图 6-20 所示为不同传播方向上的振动速度峰值随传播距离的变化。分析这些数据可以得出以下结论：

(1) 除个别奇异数值外，3 次试验的振动速度峰值衰减规律基本一致。

(2) 随着传播距离的增加，地震波的振动速度峰值随之衰减。在距离爆源约 40m 以内，地震波振动速度峰值衰减较快。

(3) 总体来看，在同一个测点 z 轴的振动速度峰值最大，x 轴的次之，y 轴的最小。

(4) 传播距离相同时，V1 方向上测点的振动速度峰值比 V2 方向的大。

(5) 相同的测点位置，T-2 的振动速度峰值普遍比 T-3 和 T-4 中的小。这可能是 T-2 中钢管断裂长度比 T-3 和 T-4 的短造成的。断裂长度越短，瞬间释放的气体量越小，形成的反作用力越小。

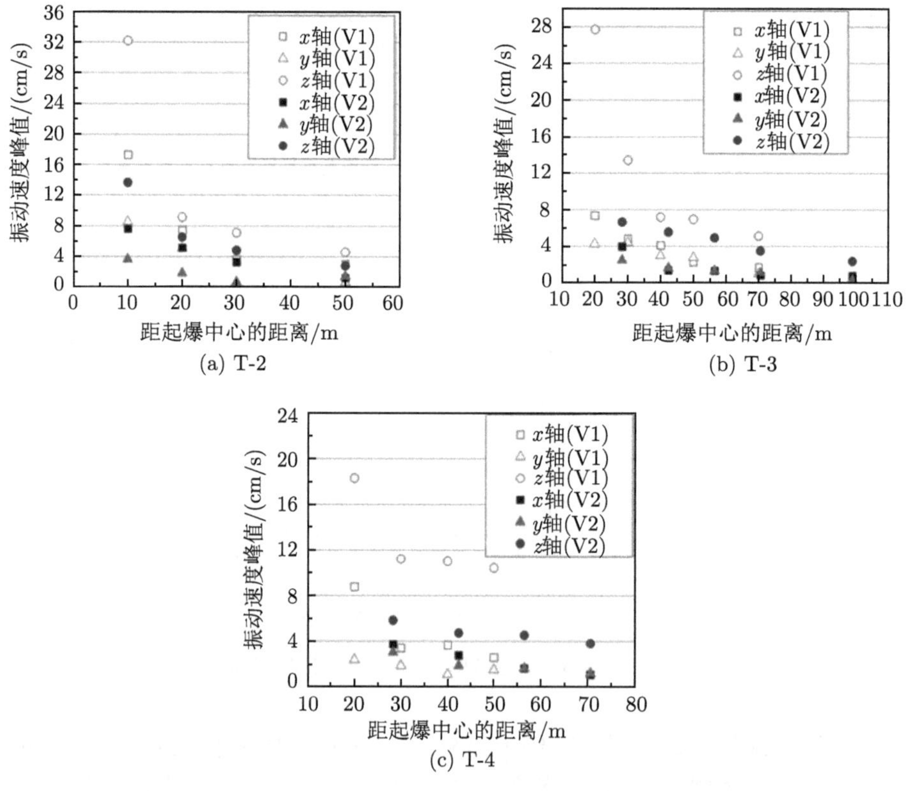

图 6-20　振动速度峰值随传播距离的变化

6.3.3 基于希尔伯特–黄变换 (HHT) 的振动信号时频特性分析

1. HHT 方法的基本原理及特点

希尔伯特–黄变换 (HHT) 是一种能够自适应处理非平稳随机信号的新方法[115–116]。该方法在处理信号时共分两步：首先通过对信号进行经验模态分解 (EMD)，获得一系列表征信号时间尺度特征的固有模态函数 (IMF)；然后，对各 IMF 分量作 Hilbert 变换获得信号瞬时频率–时间–振幅的分布特征。

(1) 经验模态分解

经验模态分解方法是利用时间序列上下包络的平均值确定“瞬时平衡位置”，进而提取固有模态函数 (IMF)。与基于傅里叶的简谐函数分量相似，每个 IMF 代表一种简单的振荡模式。任何一种波形都可以通过以下方法提取代表不同振荡模式的 IMF：

步骤 1：寻找信号 $x(t)$ 所有局部极大值和局部极小值，并使用 3 次样条函数分别对所有极大值和极小值进行拟合，获得上包络线 $x_{\max}(t)$ 和下包络线 $x_{\min}(t)$；

步骤 2：计算上、下包络线的均值 $m(t)=[x_{\max}(t)+x_{\min}(t)]/2$；

步骤 3：用原信号 $x(t)$ 减去均值 $m(t)$，得到第一个组件 $h(t)=x(t)-m(t)$；判断 $h(t)$ 是否满足 IMF 两个条件，如果满足就作为一个 IMF，不满足则把 $h(t)$ 当作原始信号，重复步骤 1~步骤 3，直到满足为止，令 $I_1(t)=h(t)$，至此第一个 IMF 已经成功地提取。

由于剩余的 $r(t)=x(t)-I_1(t)$ 仍然包含具有更长周期组件的信息，需把它看成新的信号，重复上述过程，依次得到第二个 $I_2(t)$，第三个 $I_3(t)$，$\cdots$，当 $r(t)$ 满足单调序列或常值序列条件时，终止筛选过程，完成固有模态函数提取的任务。最后的 $r(t)$ 称为余项，它是原始信号的趋势项。最终得到 $x(t)$ 的表达式：

$$x(t)=\sum_{i=1}^{n}I_i(t)+r(t) \tag{6-13}$$

即原始序列是由 n 个 IMF 与一个趋势项组成。

(2) 希尔伯特谱分析

对于分离出来的 IMF$C(t)$, 其希尔伯特变换 $H[C(t)]$ 可以定义为

$$H\left[C\left(t\right)\right]=\frac{1}{\pi}\mathrm{PV}\int_{-\infty}^{\infty}\frac{C\left(t'\right)}{t-t'}\mathrm{d}t' \tag{6-14}$$

式中，PV 代表柯西主值，结合 $C(t)$ 和 $H[C(t)]$ 可以通过下式得到分析信号 $Z(t)$：

$$Z\left(t\right)=C\left(t\right)+\mathrm{j}H\left[C\left(t\right)\right]=a\left(t\right)\mathrm{e}^{\mathrm{j}\Phi(T)} \tag{6-15}$$

式中与时间相关的振幅 $a(t)$ 和相位 $u(t)$ 定义为

$$a\left(t\right)=\sqrt{C^2\left(t\right)+H^2\left[C\left(t\right)\right]} \tag{6-16}$$

$$\varPhi(t) = \arctan \frac{H[C(t)]}{C(t)} \tag{6-17}$$

从极坐标表达式中，可以得到瞬时频率的表达式如下：

$$\omega(t) = \frac{\mathrm{d}\varPhi(t)}{\mathrm{d}t} \tag{6-18}$$

信号经过 HHT，可获得 Hilbert 谱。本书采用三维空间图形表示 Hilbert 谱，其表达式为

$$H(\omega, t) = \mathrm{Re} \sum_{i=1}^{n} a_i(t) \mathrm{e}^{\int \omega_i(t)\mathrm{d}t} \tag{6-19}$$

对 Hilbert 谱进行时间积分就得到 Hilbert 边际谱:

$$h(\omega) = \int_0^T H(\omega, t)\mathrm{d}t \tag{6-20}$$

边际谱是所有幅值的累加求和。对 Hilbert 谱的平方进行频率积分可得到信号的瞬时能量谱：

$$\mathrm{IE}(t) = \int_\omega H^2(\omega, t)\mathrm{d}\omega \tag{6-21}$$

其精确地描述了信号能量随时间的变化过程。

2. 低频脉冲状 (LFPL) 信号的提取

如图 6-19 所示，记录的数据含有低频脉冲状 (LFPL) 信号和高频信号。过去研究表明[115]，LFPL 信号整合包括主导低频成分以及它们的峰值幅度等蕴含在地面运动的重要信息。在记录数据中筛选出 LFPL 波信号，并求出其在时间–频率上的能量分布特征，将有助于研究震源的形成机理和土壤的非线性响应，以及量化 LFPL 在结构物上的影响。

下面选取图 6-19 中测点的 z 轴振动信号进行初步分析。图 6-21 所示为振动信号的傅里叶振幅谱。与过去研究类似，记录数据的傅里叶振幅谱未能提供针对局部 LFPL 波或与时间相关的频率成分的信息。我们看不到显著能量在 LFPL 波中的主频率。

HHT 可以通过几个 IMF 分量有效地揭示 LFPL 波信号特征。图 6-22 所示为由 EMD 从原始数据分解出来的 10 个 IMF 分量，图 6-23 所示为与各分量对应的傅里叶振幅谱。大多数地震数据只需分解为 10 个左右的 IMF 分量，这说明 EMD 具有较高的效率。如图 6-22 和图 6-23 所示，每个分量具有不同的振幅和频率成分。从 IMF1 到 IMF10，分量的频率越来越低，波长也越来越长。IMF1～IMF6 的持续时间约为 0.2s，而 IMF7～IMF10 一直持续到地震波结束，约为 0.8s。由

于 IMF 分量在 HHT 中是自适应分解的，高频成分和低频成分并没有明确的界限，因此，可以在前面的 IMF 分量中发现一些低频成分。

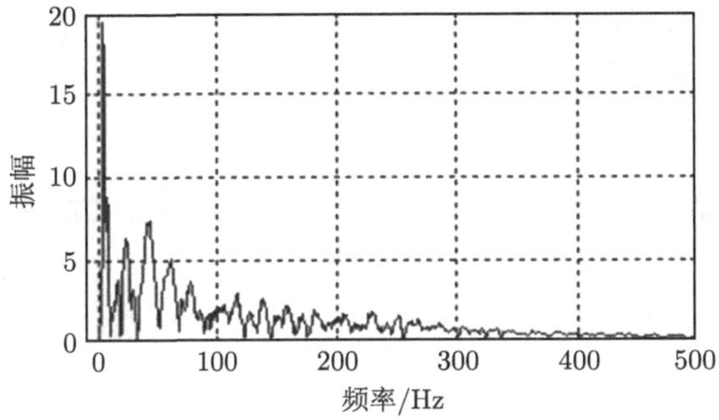

图 6-21 图 6-19 中 z 轴振动信号的傅里叶振幅谱

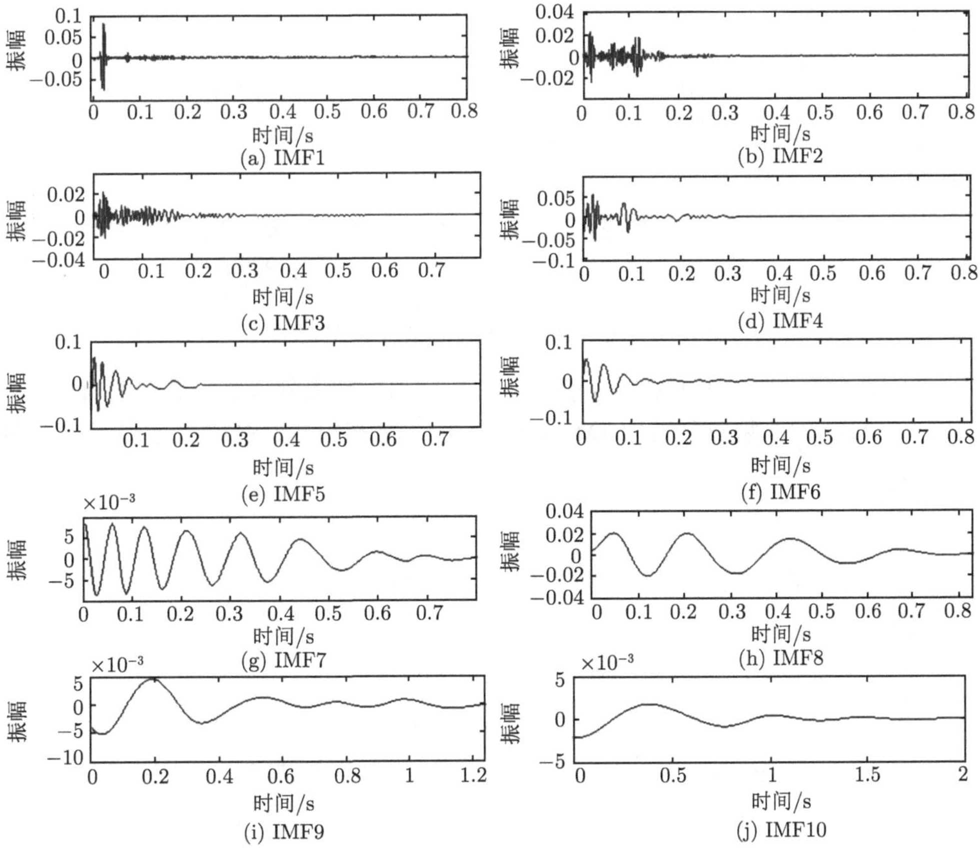

图 6-22 图 6-19 中 z 轴振动信号的 IMF 分量

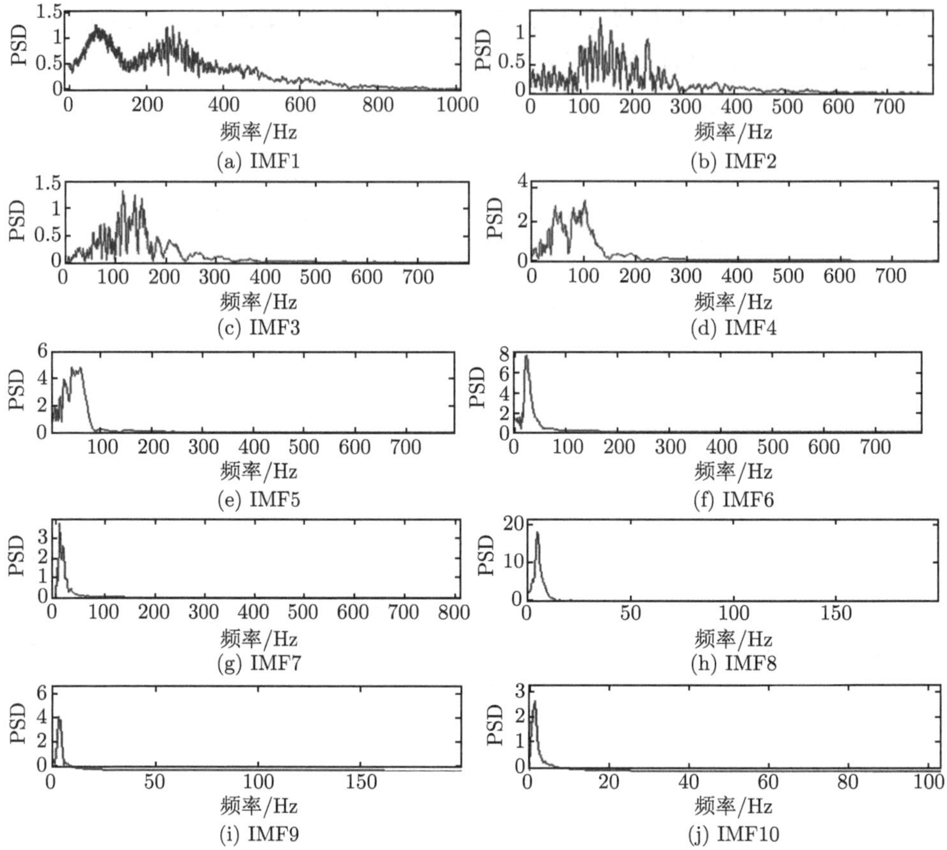

图 6-23　图 6-22 中 IMF 分量的傅里叶频谱

图 6-24 所示为基于 EMD 分解的低频成分和高频成分与原始数据的对比。图中基于 EMD 的低频成分是由 IMF4 至 IMF10 之和组成，高频成分由 IMF1 至

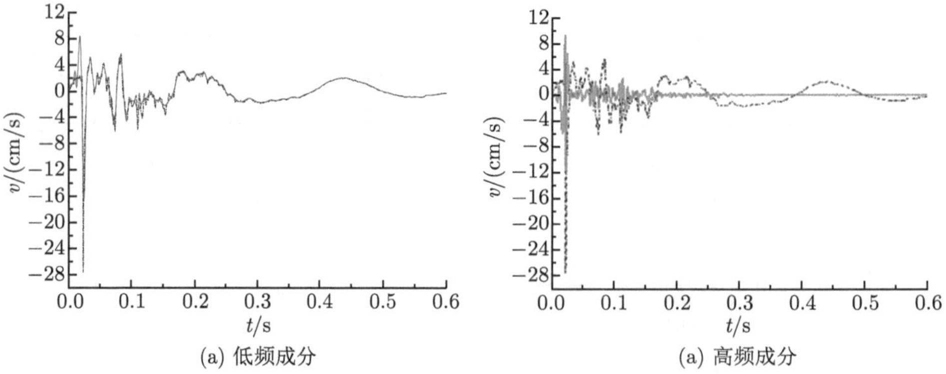

图 6-24　基于 EMD 分解的低频成分和高频成分与原始数据的对比

IMF3 之和组成。从图中可知，基于 EMD 分解的成分能够捕获数据中的 LFPL 波信号。

3. Hilbert 时频能量谱

下面仍然对图 6-19 中的信号进行分析。经由 EMD 分解得到的 IMF 分量，代入希尔伯特变换后，即可得到信号的时频能量谱。图 6-25 所示为不同振动方向上信号的 Hilbert 能量谱，从图中可以发现 3 个方向振动速度的希尔伯特谱整体形式基本相同，具有以下特征：① 地震波到来后的 0.1s 内，频率成分十分复杂，在 0~150Hz 均有分布；② 低频成分持续时间长，3 个方向的能量谱都存在 0~10Hz 的低频成分持续到地震波结束。

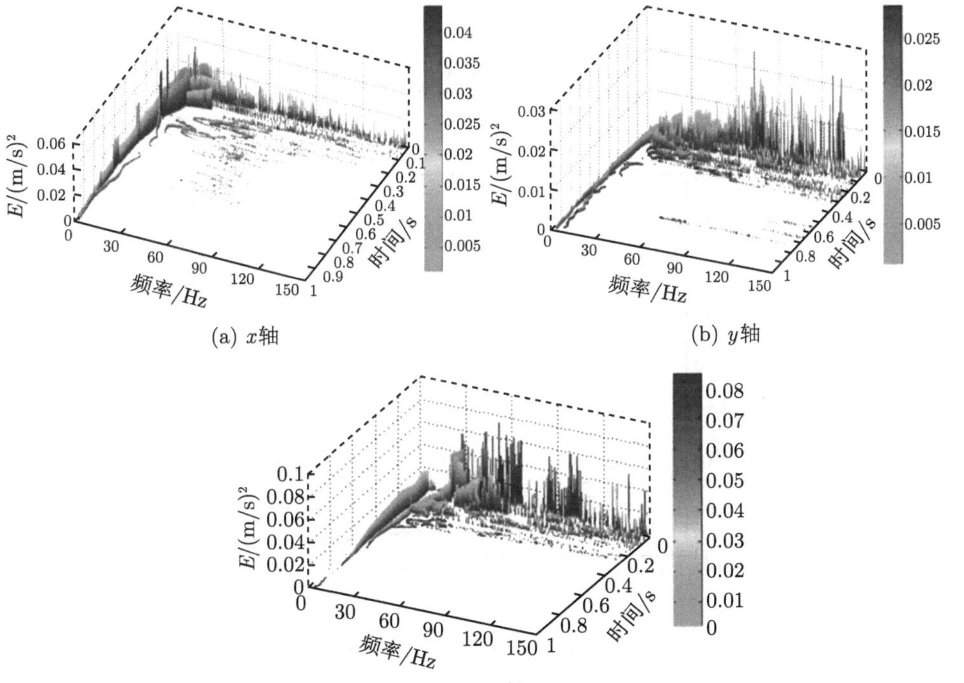

(a) x轴 (b) y轴

(c) z轴

图 6-25 图 6-19 中所描述信号的希尔伯特谱

图 6-26 和图 6-27 分别为 3 个信号的边际谱和瞬时能量谱。对比它们的边际谱可以发现，3 个方向振动的频率成分有重叠的部分但同时又存在一些差别。在 0~20Hz 频率范围都具体较大的振动能量。但在这一范围 x 轴的能量最大，z 轴次之，y 轴最小，说明 x 轴的低频成分要比 y 轴和 z 轴多。上述现象可能是由于 x 轴的振动信号是勒夫波和瑞利波叠加产生的，成分复杂。当频率大于 20Hz 时，z 轴的能量最大。

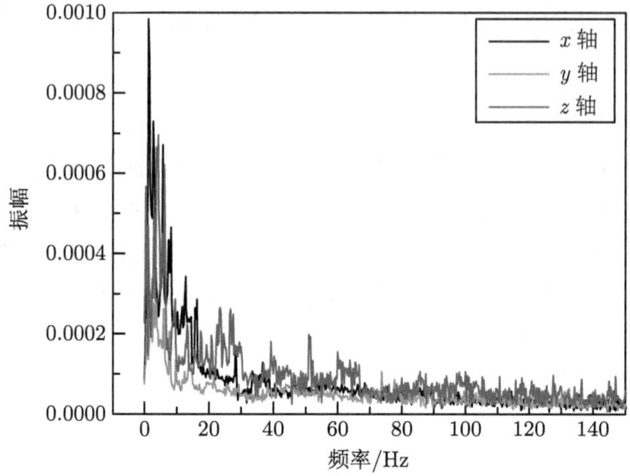

图 6-26　信号边际谱

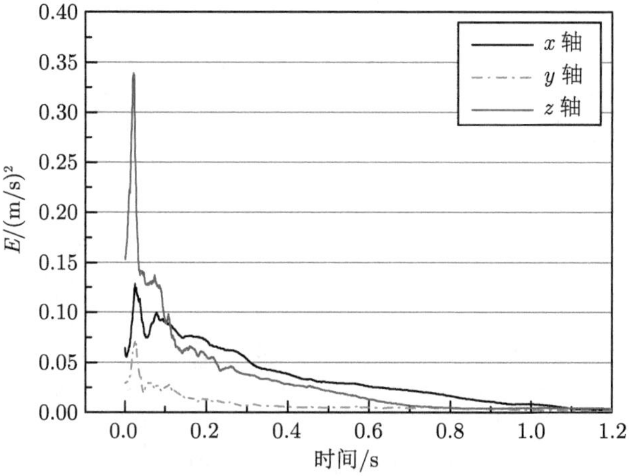

图 6-27　信号瞬时能量谱

从瞬时能量谱可以看出，管道爆裂地震波在开始时表现出典型的冲击加载瞬态响应和运动特征。3 个方向振动能量波峰出现的时间相差不大。开始时 z 轴的能量最大，但 0.1s 后 x 轴的能量超越 z 轴的能量。造成这种现象主要是由于 z 轴含有的高频成分能量较多，能量衰减较快，而 x 轴含有的低频成分较多，能量衰减较慢。y 轴的能量最小，即水平切向能量最小。由于结构物的固有频率一般较低，当爆破振动能量分布趋于低频带时容易引发结构物共振而加剧破坏。因此，通过 HHT 方法可以快速准确地获取管道爆破振动信号中，不同频率成分对周围结构物的影响，并用以指导管道安全设计。

6.3.4 输气管道破裂爆炸危害范围评估

将 3 次试验中距离起爆中心相同距离时，振动速度峰值最大的测点数据提取出来进行拟合，得到大口径高压 X90 输气管道 (管径为 1219mm、输送压力为 12MPa) 爆裂振动速度峰值随传播距离演化的规律，如图 6-28 所示。图中曲线的方程为

$$v = 46.13 \times \mathrm{e}^{-0.0331 \times L} \tag{6-22}$$

式中，v 为振动速度峰值，cm/s；L 为距起爆中心的距离，m。考虑到实际情况中可能存在多种不利因素 (包括高程差问题；场地介质不同，特别是地震波在岩石介质中的能量衰减远比饱和沙土慢；管道爆裂地震波低频能量高、破坏性强；油气管道的使用期限长，存在疲劳效应、腐蚀效应和材料老化等问题；还有其他不可预见因素的影响)，建议实际评估中在方程式 (6-22) 的基础上乘以放大系数 K，得到以下方程：

$$v = 46.13 \times K \times \mathrm{e}^{-0.0331 \times L} \tag{6-23}$$

式中，$K = 1.5 \sim 2.0$。

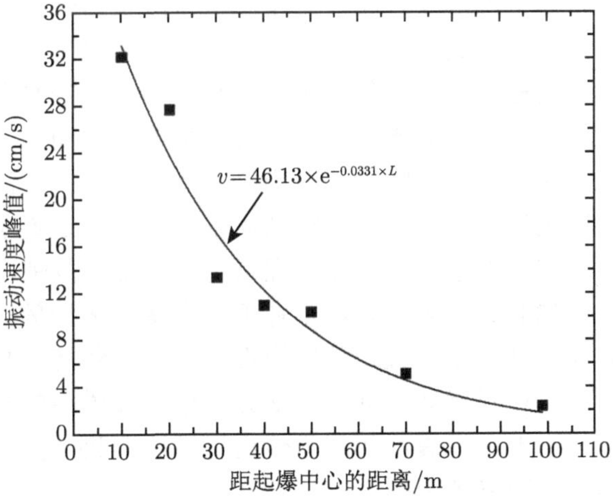

图 6-28 振动速度峰值随传播距离的衰减

将式 (6-23) 的计算值与表 6-7 的振动安全阈值进行关联，可求得建 (构) 筑物及埋地管道的最小安全距离。本章节的评估中，放大系数 K 取 1.5。由于管道爆裂振动信号能量主要集中在 20Hz 以内的频带，并且低频成分 (<10Hz) 持续时间长，因此选取表 6-7 中小于 10Hz 的参考值，最终得到不同目标的安全距离见表 6-9。从表中数据可知，基于管道爆裂地震波振动速度峰值进行评估，针对本书

试验的大口径高压输气管道，其并行的大口径油 (气) 管道的安全距离为 48～51m；一般民用建筑物的安全距离为 107～116m。

表 6-9　针对试验管道的不同目标的安全距离

序号	保护对象	安全允许振速/(cm/s)	最小安全距离/m
1	土窑洞、土坯房、毛石房屋	0.15～0.45	152～185
2	一般民用建筑物	1.5～2.0	107～116
3	工业和商业建筑物	2.5～3.5	90～100
4	一般古建筑与古迹	0.1～0.2	177～197
5	运行中的水电站及发电厂中心控制室设备	0.5～0.6	143～149
6	水工隧洞	7～8	65～69
7	交通隧道	10～12	53～59
8	矿山巷道	15～18	41～46
9	大口径输气 (油) 管道	13～14	48～51

6.4　输气管道爆炸后效应的数值仿真研究

6.4.1　概述

在科学技术领域，对于许多问题，人们已经得到它们应遵循的基本方程 (常微分方程或偏微分方程) 和相应的定解条件。然而传统的解析方法是通过建立问题所遵循的基本微分方程或偏微分方程得到一些比较简单情况下的结果。由于高压气体管道爆破这个问题中介质条件的多变性和边界条件的复杂性，尚不能从理论上对此问题进行精确求解。对于高压气体管道爆破试验而言，也同样受到诸多的限制，比如耗费大量的人力、物力和财力等。而数值模拟方法可借助于计算机强大的计算能力，通过数学技巧解决任意几何条件、任意边界条件的问题。虽然数值模拟结果具有一定的近似性，但在工程精度可承受的范围内。

本研究涉及冲击加载、流固耦合以及弹塑性大变形诸种效应的影响，构成了一个极其复杂的非线性动力学过程，数值模拟方法以其经济性与高效性成为此类问题重要的研究手段。在正确建立动力有限元数值计算模型的基础上，针对高压气体管道物理爆炸冲击波、地震波形成与传播机理这个科学问题进行研究，以期为解决此类问题提供重要参考依据。

6.4.2　数值计算程序相关关键技术

1. *ALE 方法的运动学描述*

初始时刻 t_0 介质的初始构形记为 Ω_X, t 时刻的现时构形记为 Ω_x，如图 6-29 所示 [145]。为了确定各物质点的位置，引入和介质固结的拉格朗日 (Lagrange) 或物质坐标系 $OX_1X_2X_3$ (简记为 L 坐标系)。t_0 质点的位置矢量 $\boldsymbol{X}$ 由其在 L 坐标系中的分量完全确定，$\boldsymbol{X}$ 的分量表述用来标识介质的质点。为了描述现时构形，引入空间坐标系或欧拉 (Euler) 坐标系 $ox_1x_2x_3$ (简记为 E 坐标系)，它是和空间固结在一起的。空间中各点的位置由其在 E 坐标系中的位置矢量 $\boldsymbol{x}$ 确定，因此可以用 x 表示空间中的几何点。

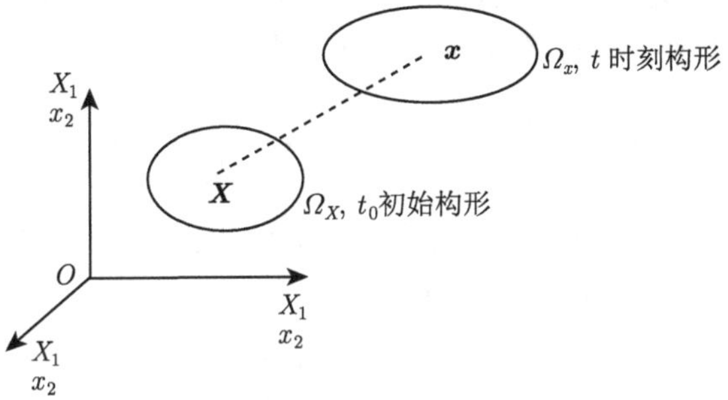

图 6-29 变形过程的描述

在拉格朗日坐标系下，以初始构形为参考构形研究物质点 X 在空间中的运动规律：

$$\boldsymbol{x} = x(X, t) \tag{6-24}$$

而在欧拉坐标系下则是以现时机构为参考构形来研究空间点 x 上物质点的运动规律，即

$$\boldsymbol{X} = X(x, t) \tag{6-25}$$

式 (6-24) 描述同一质点 $\boldsymbol{X}$ 在不同时刻的空间位置，而式 (6-25) 则描述了同一空间点 $\boldsymbol{x}$ 在不同时刻被物质点占据的情况。

不同于拉格朗日方法和欧拉方法，ALE 方法另外引入了一个可以独立于初始构形和现时构形运动的参考构形，记为 Ω_ξ。在物体的变形过程中，观察者始终跟随参考构形运动，因而对观察者而言参考构形是固定不动的，而初始构形和现时构形则都相对参考构形运动。为了确定参考构形中各点的位置，引入参考坐标系 $o\xi_1\xi_2\xi_3$，参考构形中各质点的位置可用拉格朗日方法由其在参考坐标系中的位置矢量 $\boldsymbol{\xi}$ 确定，即

$$\boldsymbol{\xi} = \xi(X, t) \tag{6-26}$$

描述了物质点 $\boldsymbol{X}$ 在参考坐标系中的运动，而参考系中点的空间位置随时间的变化仍可用其欧拉坐标表示：

$$\boldsymbol{x} = x(\xi, t) \tag{6-27}$$

物质坐标下有限单元划分是对介质点进行划分的，网格点就是物质点，网格随物体一起运动。空间坐标下有限单元划分是对空间进行的，网格点就是空间点，

因此网格是固定在空间中不随物体运动的。ALE 坐标下有限单元划分是对参考构形进行的，网格就是参考点，网格的运动是独立的，可以根据需要选择。

式 (6-24)~式 (6-27) 的映射是一一映射，其雅可比行列式 J (描述从初始构形到现时构形映射的体元比例关系) 和混合雅可比行列式 $\widehat{J}$ (描述从参考构形到现时构形映射的体元比例关系) 都不能等于 0，即

$$J=\left|\frac{\partial x_i}{\partial X_j}\right|\neq 0,\quad \widehat{J}=\left|\frac{\partial x_i}{\partial \xi_j}\right|\neq 0 \tag{6-28}$$

根据定义，t 时刻某质点 X 在空间的运动速度 v 等于其空间位置矢量 (即欧拉坐标) $\boldsymbol{x}(X,t)$ 对时间的偏导数，得到

$$v=\left.\frac{\partial \boldsymbol{x}(X,t)}{\partial t}\right|_x \tag{6-29}$$

参考构形中点 ξ 在空间的运动速度 (也就是网格点的运动速度)，$\widehat{v}$ 则等于参考点 (即网格点) 其位置矢量 $\boldsymbol{x}(\xi,t)$ 对时间的偏导数，即

$$\widehat{v}=\left.\frac{\partial \boldsymbol{x}(\xi,t)}{\partial t}\right|_\xi \tag{6-30}$$

物质点 X 在参考坐标系中的位置矢量 $\boldsymbol{\xi}(X,t)$ 对时间的偏导数

$$\omega=\left.\frac{\partial \boldsymbol{\xi}(X,t)}{\partial t}\right|_X \tag{6-31}$$

则为物质点 X 相对于参考坐标系的速度。

在 ALE 系统中，计算网格的运动规律可以根据需要给定的，指定特殊的网格运动规律可以将 ALE 系统退化为拉氏系统和欧氏系统。

如果 $\widehat{v}=0$，即计算网格在空间中固定不动，退化为欧拉系统。

如果 $\widehat{v}=v$，即计算网格随同物体一起运动，退化为拉格朗日系统。

如果 $\widehat{v}\neq v\neq 0$，即计算网格在空间中独立运动，对应于一般的 ALE 系统。

在 ALE 算法中参考构形是已知的，各物理量用参考坐标ξ 描述应比较方便，即 $F=F(\xi,t)$。各物理量的物质导数 (即某固定质点 X 的物理量对时间的变化率) 应通过该物理量的参考导数 (即某固定参考点ξ 的物理量对时间的变化率，也称混合导数) 来计算。为了表达方便，本书采用指标求和法则。对 X 求物质导数，得

$$v_i=\widehat{v}_i+\left.\frac{\partial x_i(\xi,t)}{\partial \xi_j}\right|_X\omega_j \tag{6-32}$$

记

$$c_i=\left.\frac{\partial x_i(\xi,t)}{\partial \xi_j}\right|_X\omega_j \tag{6-33}$$

式中，$c_i = v_i - \widehat{v}_i$ 为物质点相对于网格点的运动速度，称为迁移速度或对流速度。从式 (6-33) 可以看出，迁移速度 c 实质上是将质点相对于参考坐标系的运动速度 ω 变换到欧拉空间坐标系中而得到的，也就是说 c 是在空间坐标系中物质点相对于参考构形的运动速度。

式 (6-33) 也可写为

$$c_i = \left.\frac{\partial x_i(\xi(X,t),t)}{\partial t}\right|_X \tag{6-34}$$

利用式 (6-33) 可将任意物理量 $F(\xi,t)$ 的物质导数表示为

$$\left.\frac{\partial F}{\partial t}\right|_X = \left.\frac{\partial F(\xi,t)}{\partial t}\right|_\xi + c_i\frac{\partial F}{\partial x_i} \tag{6-35}$$

式 (6-35) 是 ALE 描述中很重要的关系式，利用它可以将控制方程组转化到参考坐标系下求解。ALE 描述的重要特征是可以根据需要给定合适的网格运动速度 $\widehat{v}_i$，以维持计算网格的合理形状并准确地描述物体的移动界面，所以网格运动算法在 ALE 描述中具有很重要的地位。

2. ALE 方法的控制方程组

为了建立 ALE 方法描述下的控制方程组，利用非线性连续介质力学的方法以及高斯定理可以推出物理量。

t 时刻参考系 ξ 中物质点占据的体积 Ω_ξ 上物理量 $g(\xi,t)$ 的积分为

$$G(t) = \int_{\Omega_\xi} g(\xi,t)\mathrm{d}V\xi \tag{6-36}$$

t 时刻欧拉坐标系中物质点占据的体积 Ω_x 上物理量 $h(\xi,t)$ 的积分为

$$H(t) = \int_{\Omega_x} h(\xi,t)\mathrm{d}V_x \tag{6-37}$$

G、H 对时间求导，必须考虑体积 Ω_ξ、Ω_x 的时间变化：

$$\left.\frac{\partial G}{\partial t}\right|_X = \int_{\Omega_\xi}\left(\left.\frac{\partial g}{\partial t}\right|_\xi + \frac{\partial \omega_i g}{\partial \xi_t}\right)\mathrm{d}V_\xi \tag{6-38}$$

$$\left.\frac{\partial H}{\partial t}\right|_X = \int_{\Omega_x}\left(\left.\frac{\partial h}{\partial t}\right|_x + \frac{\partial v_i h}{\partial x_t}\right)\mathrm{d}V_x \tag{6-39}$$

3. 边界条件

边界条件要给定速度、压力、比容和温度，因而在欧拉描述和拉格朗日描述中使用的边界条件都可用于 ALE 描述中。无论是动力学边界条件还是自然边界

条件，它在求解时自动满足。这里主要讨论运动学边界条件。在欧拉描述中，对移动边界的描述需要引入非常复杂的数学映射，而在拉格朗日描述中则很简单。引入 ALE 描述的目的之一就是为了解决这一问题，因而可在物质表面上使用拉格朗日描述。即

$$\widehat{v} = v \text{ (在物质表面上)} \tag{6-40}$$

上式是物质表面应满足的边界条件。但是在涉及大变形流动问题时，如流体流动及金属加工成型等，为了既能准确描述物体的边界，又能维持网格的合理形状，一般只在物质表面的法向使用物质描述，而允许网格沿切向运动。即

$$c \cdot \boldsymbol{n}_x = 0 \text{ 或 } \omega \cdot \boldsymbol{n}_\xi = 0 \tag{6-41}$$

式中，$\boldsymbol{n}_x$ 和 $\boldsymbol{n}_\xi$ 分别是物体的现时构形和参考构形的表面外法向矢量。上式需要在自由表面上求解以确定自由表面的位置。

另一类常见的边界是物体间的交接面，如流体–结构相互作用问题和摩擦接触问题。一般需在界面上的每点处设立两个节点，它们分别属于各自的物体。在交界面上两物体可以沿切线滑移、相互黏接或相互脱离。如果两物体完全黏接，则界面上节点对的物质速度应相等。即

$$v_{\mathrm{I}} = v_{\mathrm{II}} \tag{6-42}$$

如果两物体沿界面的切线滑移，则界面上节点对的法向物质速度应相等，即

$$(v_{\mathrm{I}} - v_{\mathrm{II}}) \cdot \boldsymbol{n} = 0 \tag{6-43}$$

式中，$\boldsymbol{n}$ 为界面的法向矢量。如果两物体相互脱离，则界面上节点对的物质速度是相互独立的。

在 ALE 格式中，计算网格的选取可以独立于物体自身的运动。因此可令界面上节点对的网格运动速度相等，使得界面上的节点对在物体变形的过程中始终重合，以简化流体–结构相互作用和摩擦接触等问题中界面的处理过程。即

$$\widehat{v}_{\mathrm{I}} = \widehat{v}_{\mathrm{II}} \tag{6-44}$$

式 (6-44) 使得 ALE 算法很好地克服了拉格朗日法处理接触问题和流体–结构相互作用问题时存在的困难。在流体–结构相互作用问题中的流固界面上，固体界面一般采用物质边界条件 (6-42)，而流体界面则采用条件 (6-43)，即对流体域只在表面的法向使用物质描述，而在表面的切线上网格的运动与流体自身的运动无关，以维持流体域网格的合理形状。

在 ALE 描述的控制方程中存在与网格和物体之间的迁移速度有关的迁移项将会给方程的求解带来很大的困难。如果使用普通的 Galerkin 有限元离散，得到的有限元方程的系数矩阵将是非对称的，而且当网格与物体之间的迁移速度较大时，将可能得到空间振荡解。虽然可使用很精密的网格来消除解的空间振荡，但却大幅度地提高了计算量。这个问题后来是在有限差分中通过对迁移项使用迎风差分的方法解决的。只有引入材料的本构关系和状态方程后，整个控制方程才能求解。根据物质客观性原理可知，本构方程是由物质决定的，而与所采用的运动学描述无关。因此在 ALE 算法中材料的本构关系和状态方程与其他描述中的本构方程完全相同，可以直接引用。

4. “沙漏” 模式控制

为节省 CPU 时间以提高计算效率，计算程序采用单点高斯积分，但可能出现零能状态 (zero energy mode)，即沙漏模式 (hourglassing mode)。为此，计算程序中引入沙漏阻尼力，达到控制 “沙漏” 的目的[146]。沙漏阻尼力为

$$f_{ik} = -a_h \sum_{i=1}^{4} h_{ij}\Gamma_{jk} \quad (i = 1, 2, 3) \tag{6-45}$$

式中，$h_{ij} = \sum_{i=1}^{8} v_i^k \Gamma_{jk}$ 为沙漏模量；$a_h = \dfrac{Q_{hg}\rho V_e^{\frac{2}{3}} c}{4}$，$V_e$ 为单元体积，c 为材料声速，$Q_{hg} = 0.05\sim0.15$，是常数。

5. 应力波与人工体积黏性

高速碰撞在结构内部产生应力波，形成压力、密度、质点加速度和能量的跳跃，使微分方程产生奇异点，给动力学微分方程组的求解带来困难。因此必须将一个人工体积黏性加入压力项，将应力波的强间断模拟成在相当狭窄区域内急剧变化但却是连续的。在计算程序中使用 Standard (缺省) 算法和 Richards-Wilkins 算法。

(1) Standard 算法

$$q = \begin{cases} \rho l \left(C_0 L \left| \dot{\varepsilon}_{kk} \right| 2 - C_1 a \left| \dot{\varepsilon}_{kk} \right| \right), \dot{\varepsilon}_{kk} < 0 \\ 0, \ \dot{\varepsilon}_{kk} \geqslant 0 \end{cases} \tag{6-46}$$

式中，$l = \sqrt[3]{V}$；C_0(缺省值为 1.5)、C_1(缺省值为 0.06) 为无量纲常数；a 为局部声速；ρ 为当前质量密度；$\dot{\varepsilon}_{kk}$ 为应变率张量的迹，即 $|\dot{\varepsilon}_{11} + \dot{\varepsilon}_{22} + \dot{\varepsilon}_{33}|$。此算法简便，但当单元长宽比过大或大变形造成单元长宽比过大时可能产生异常的 q。

(2) Richards-Wilkins 算法

Richards-Wilkins 算法可以克服 Standard 算法的缺点，但需要附加存储单元用于加速度矢量，以及增加运算量。

$$q=\begin{cases}C_0\rho l^2\left(\dfrac{\mathrm{d}s}{\mathrm{d}t}\right)^2-C_1\rho la\dfrac{\mathrm{d}s}{\mathrm{d}t}, & \dfrac{\mathrm{d}s}{\mathrm{d}t}<0\\ 0, & \dfrac{\mathrm{d}s}{\mathrm{d}t}\geqslant 0\end{cases}\tag{6-47}$$

式中，l 为单元在加速度方向的厚度；a 为局部声速；$\dfrac{\mathrm{d}s}{\mathrm{d}t}$ 为加速度方向的应变率。引入人工体积黏性 q 后，应力计算公式为

$$\boldsymbol{\sigma}_{ij}=\boldsymbol{S}_{ij}+(p+q)\sigma_{ij}\tag{6-48}$$

式中，p 为压力；$\boldsymbol{S}_{ij}$ 为偏应力张量。

6. 时间积分和时步长

计算程序的运动方程考虑阻尼影响后为

$$M\ddot{\boldsymbol{x}}(t)=p-F+H-C\dot{\boldsymbol{x}}\tag{6-49}$$

其时间积分采用显式中心差分法，它的算法是

$$\begin{aligned}&\ddot{\boldsymbol{x}}(t_n)=M^{-1}\left[P(t_n)-F(t_n)+H(t_n)-C\dot{\boldsymbol{x}}\left(t_{n-\frac{1}{2}}\right)\right]\\&\dot{\boldsymbol{x}}\left(t_{n+\frac{1}{2}}\right)=\dot{\boldsymbol{x}}\left(t_{n-\frac{1}{2}}\right)+\frac{1}{2}(\Delta t_{n-1}+\Delta t_n)\ddot{\boldsymbol{x}}(t_n)\\&\boldsymbol{x}(t_{n+1})=\boldsymbol{x}(t_n)+\Delta t_n\dot{\boldsymbol{x}}\left(t_{n+\frac{1}{2}}\right)\end{aligned}\tag{6-50}$$

式中，

$$\begin{aligned}&t_{n-\frac{1}{2}}=\frac{1}{2}(t_n+t_{n-1}),\ t_{n+\frac{1}{2}}=\frac{1}{2}(t_{n+1}+t_n)\\&\Delta t_{n-1}=(t_n-t_{n-1}),\ \Delta t_n=(t_{n+1}-t_n)\end{aligned}\tag{6-51}$$

$\ddot{\boldsymbol{x}}(t_n),\dot{\boldsymbol{x}}\left(t_{n+\frac{1}{2}}\right),\boldsymbol{x}(t_{n+1})$ 分别是 t_n 时刻的节点加速度矢量、$t_{n+1/2}$ 时刻的节点速度矢量和 t_{n+1} 时刻的节点坐标矢量。

由于采用集中质量矩阵 $\boldsymbol{M}$，运动方程组的求解是非耦合的，不需要组集成总体矩阵，因此大大节省了存储空间和求解机时，但是显式中心差分法是有条件稳定的。在 DYNA 程序中，采用变时步长增量解法。每一时刻的时步长由当前构形的稳定条件控制，其算法如下：

先计算每一个单元的极限时步长 $\Delta t_{ei}, i=1,2,\cdots$ (显式中心差分法稳定性条件允许的最大时步长)，则下一步时步长取其极小值，即

$$\Delta t=\min(\Delta t_{e1},\Delta t_{e2},\cdots,\Delta t_{em})\tag{6-52}$$

式中，Δt_{ei} 为第 i 个单元的时步长；m 是单元数目。

节点总力矢量包括节点内力矢量 $\boldsymbol{F}_{\text{int}}^n$ 和节点外力矢量 $\boldsymbol{F}_{\text{ext}}^n$，

$$\boldsymbol{F}^n = \boldsymbol{F}_{\text{int}}^n + \boldsymbol{F}_{\text{ext}}^n \tag{6-53}$$

6.4.3 数值模拟相关材料模型

本项目数值计算涉及的相关材料主要包括：管道内部高压气体材料、管道钢材料模型、岩土介质材料帽盖模型及空气材料模型等。

1. 高压气体状态方程

当管道断裂时，其内部大量高压气体会从裂口迅速喷出膨胀。数值模拟中采用 JWL 状态方程确定钢管内部高压气体泄漏爆破过程中的压力变化，其表达式为[146]

$$p_1 = A_1\left(1-\frac{\omega}{R_1 V}\right)\mathrm{e}^{-R_1 V} + B_2\left(1-\frac{\omega}{R_1 V}\right)\mathrm{e}^{-R_2 V} + \frac{\omega E_0}{V} \tag{6-54}$$

式中，p_1 为爆轰产物的压力；V 是相对体积；E_0 是单位体积炸药内能；A_1、B_2、R_1、R_2、ω 均为 JWL 状态方程系数。

2. 岩土介质材料帽盖模型

帽盖模型是一种应变硬化 (或工作硬化) 的岩土弹性–强化塑性本构模型[147]，其在主应力空间内的强化屈服面形状有如扣在破坏面锥体上的“帽盖” (图 6-30)，能够较好地描述岩土介质在远离剪切破坏前随着压缩变形的增大而产生的硬化，并能反映在这一变形过程中平均压力和剪应力分别对剪切塑性应变与体积塑性应变所产生的交叉效应，这与实际较为接近。

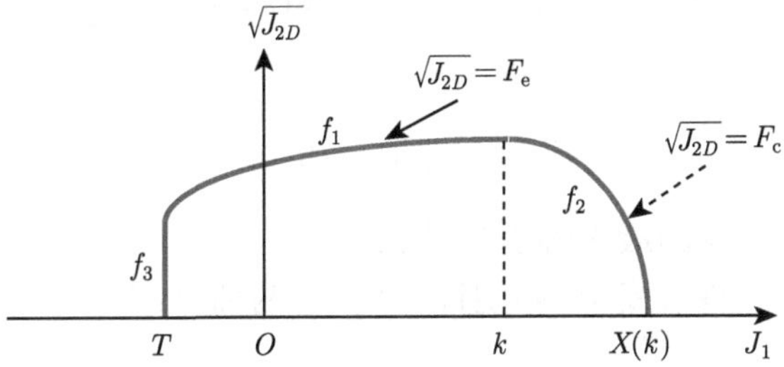

图 6-30 压力 $\sqrt{J_{2D}}$-J_1 空间的帽盖模型的屈服面

f_1 为失效包络面，f_2 为帽盖面，f_3 为拉伸截止面

帽盖模型用应力张量不变量来表示。偏应力张量的第二不变量的平方根为

$$\sqrt{J_{2D}} = \sqrt{\frac{1}{2}S_{ij}S_{ij}} \tag{6-55}$$

式中，S 为偏应力；J_1 为应力张量的迹。

帽盖模型由压力 $\sqrt{J_{2D}}$-J_1 空间的 3 个表面组成。f_1 表示失效包络面，用指数函数表示为

$$f_1=\sqrt{J_{2D}}-\min\left(F_{\mathrm{e}}(J_1),T_{\mathrm{Mises}}\right) \tag{6-56}$$

$$F_{\mathrm{e}}(J_1)\equiv\alpha-\gamma\exp(-\beta J_1)+\theta J_1 \tag{6-57}$$

$$T_{\mathrm{Mises}}=|X(k_n)-L(k_n)| \tag{6-58}$$

f_1 面在压力 $\sqrt{J_{2D}}$-J_1 空间中是固定的，除非出现运动硬化。

f_2 面是应变硬化的帽盖形屈服面，对于非超强固结黏土、中密度以下的砂土和淤积的黏质砂土、砂质黏土，帽盖一般可近似为椭圆，用公式表示为

$$f_2=\sqrt{J_{2D}}-F_{\mathrm{c}}(J_1,k) \tag{6-59}$$

$$F_{\mathrm{c}}(J_1,k)\equiv\frac{1}{R}\sqrt{[X(k)-L(k)]^2-[J_1-L(k)]^2} \tag{6-60}$$

$X(k)$ 为帽盖面与 J_1 轴的交点。

$$X(k)=k+RF_{\mathrm{e}}(k) \tag{6-61}$$

$L(k)$ 定义为

$$L(k)\equiv\begin{cases}k, & k>0\\ 0, & k\leqslant 0\end{cases} \tag{6-62}$$

式中，k 为硬化参数，与塑性体积 $\varepsilon_v^{\mathrm{p}}$ 的变化有关，硬化率为

$$\varepsilon_v^{\mathrm{p}}=W\left\{1-\exp[-D(X(k)-X_0)]\ \right\} \tag{6-63}$$

拉伸截止面为

$$f_3\equiv T-J_1 \tag{6-64}$$

式中，T 为材料能承受的最大静水拉伸应力。

应变 ε 分解为弹性应变 ε^{e} 和塑性应变 ε^{p} 两部分：

$$\varepsilon=\varepsilon^{\mathrm{e}}+\varepsilon^{\mathrm{p}} \tag{6-65}$$

弹性应变由 Hook 定律决定：

$$\sigma=C(\varepsilon-\varepsilon^{\mathrm{p}}) \tag{6-66}$$

式中，C 为弹性本构张量；σ 为应力。

屈服条件为

$$
\begin{aligned}
&f_1(s) \leqslant 0 \\
&f_2(s,k) \leqslant 0 \\
&f_3(s) \leqslant 0
\end{aligned}
\tag{6-67}
$$

塑性一致性条件为

$$\dot{\lambda}_k f_k = 0, \quad k = 1,2,3 \tag{6-68}$$

式中，λ_k 为表面 k 的塑性一致性参数。当 $f_k < 0$ 时，$\dot{\lambda}_k = 0$ 为弹性响应；当 $f_k > 0$ 时，表面 k 被激活。

采用相关塑性流动准则：

$$\dot{\varepsilon}^{\mathrm{p}} = \sum_{k=1}^{3} \dot{\lambda}_k \frac{\partial f_k}{\partial s} \tag{6-69}$$

非线性硬化率：

$$\alpha = \overline{CF}(\sigma,\alpha)\dot{\mathrm{e}}^{\mathrm{p}} \tag{6-70}$$

$$\overline{F} = \max\left(0, 1 - \frac{(\sigma-\alpha)}{2NF_{\mathrm{e}}(J_1)}\right) \tag{6-71}$$

3. 管道钢材料模型

数值计算分析中管道材料为 X90 钢。X90 钢材料采用各向同性、随动及混合硬化弹塑性本构关系 [148]。管道钢模型是与应变率有关，考虑失效的各向同性、随动硬化材料模型，适合于高强度钢材等金属材料。通过硬化参数 β ($\beta = 0$ 仅随动硬化，$0 < \beta < 1$ 为混合硬化，$\beta = 1$ 仅各向同性硬化) 来调整各向同性硬化和随动硬化的贡献。应变率用 Cowper-Symonds 模型来考虑，屈服应力与应变率关系如下所示：

$$\sigma_y = \left[1 + \left(\frac{\dot{\varepsilon}}{C}\right)^{\frac{1}{p}}\right]\left(\sigma_0 + \beta E_{\mathrm{p}} \varepsilon_{\mathrm{p}}^{\mathrm{eff}}\right) \tag{6-72}$$

式中，σ_0 为初始屈服应力；$\dot{\varepsilon}$ 为应变率；C，β 为 Cowper-Symonds 应变率参数；$\varepsilon_{\mathrm{p}}^{\mathrm{eff}}$ 为有效塑性应变；E_{p} 是由 $E_{\mathrm{p}} = E_{\tan}E/(E_{\mathrm{p}} - E_{\tan})$ 给出的塑性硬化模量，应力–应变特性只能在一种温度下给定。

这种材料单向拉伸试验的应力应变关系如图 6-31 所示。对于简单的 von Mises 塑性模型，其屈服应力与压力无关。在三维应力状态的主应力空间中，屈服面是一个圆柱表面。柱面的轴线 $\sigma_1 = \sigma_2 = \sigma_3$ 是一条与主应力 σ_1、σ_2、σ_3 坐标轴的夹角相等并通过原点 O 的直线。通过原点 O，且与坐标轴 $\sigma_1 = \sigma_2 = \sigma_3$ 垂直的平面称为 Π 平面。von Mises 屈服面在 Π 平面上的截线是一个圆，如图 6-32 所示。

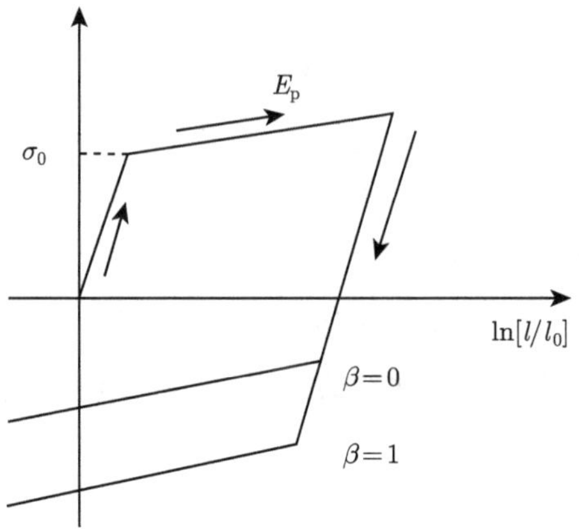

图 6-31 材料单向拉伸试验的应力应变关系

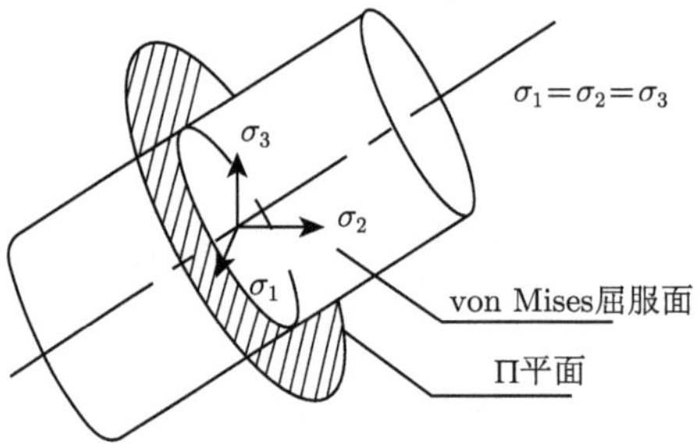

图 6-32 von Mises 塑性模型三维应力状态

塑性加载时，材料产生硬化，von Mises 屈服面在 Π 平面上的截线发生变化，但仍是一个圆，对于各向同性硬化材料，圆的半径增大，但圆心位置不变 (图 6-33)。而对于随动硬化材料，圆的半径不变，但圆的位置在变 (图 6-34)。有些弹塑性材料

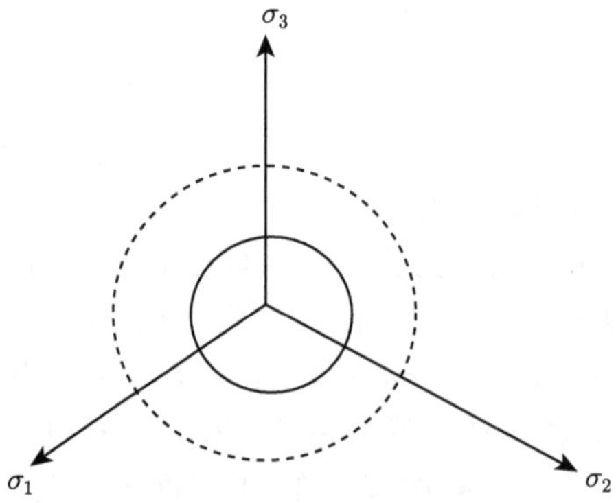

图 6-33 各向同性硬化

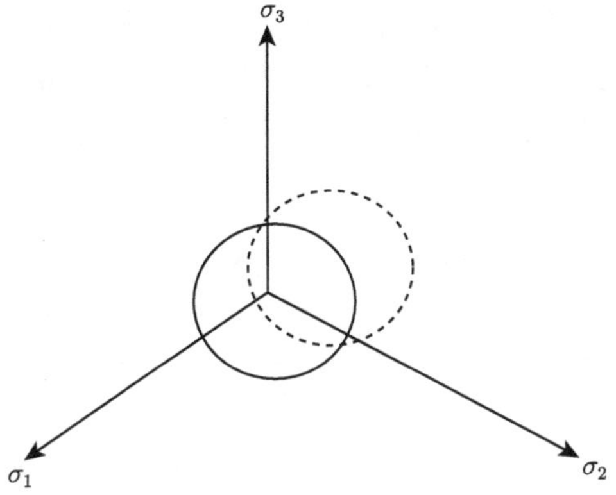

图 6-34 随动硬化

既不纯粹是各向同性硬化，也不纯粹是随动硬化材料，而是介于两者之间，圆的半径增大且圆的位置改变。

4. 空气材料模型

空气材料采用空白 (null) 材料模型来进行模拟[146]。空白材料模型计算可以通过调整状态方程来避免偏应力计算。压力下限由截止压力确定。空白材料非常有用，在于它与高能炸药燃烧模型结合，使用时材料强度可以忽略，其状态方程可用给定内能线性的多项式状态方程表示：

$$p = C_0 + C_1\mu + C_2\mu^2 + C_3\mu^3 + (C_4 + C_5\mu + C_6\mu^2)E \tag{6-73}$$

式中，$\mu = 1/(V-1)$，V 为当前相对体积；E 为材料的内能。在膨胀单元中，设置 μ^2 项系数为 0，即 $C_2 = C_6 = 0$。

6.4.4 高压气体管道物理爆炸流固耦合数值模拟计算模型

为检验高压气体管道物理爆炸问题关于多物质流固耦合算法、接触处理技术、本构关系和材料参数、“沙漏”模式控制、应力波与人工体积黏性、时间积分和时步长等一系列关键技术的计算效果，构建了高压气体管道物理爆炸流固耦合有限元数值计算模型，目的在于为高压气体管道爆炸后效研究提供技术基础。

因服务器工作站运算能力有限，数值模拟计算模型研究对象主要针对第 4 章中的 T-2 模型试验开展。该试验采用 3 根较短的 X90 钢管通过环焊的方式连接在一起，具体的布置如图 6-35 所示。

根据研究问题的特性，采用多物质欧拉材料与拉格朗日结构相耦合算法，即将管内高压气体介质、外部空气介质与钢圆管、岩土固体结构的相互作用进行耦合计算。鉴于研究物理模型的对称性，可取原型的 1/2 建立计算模型，并采用 g-cm-μs 单位制。其中对称面上的节点设置对称约束，并将空气、岩土介质侧面定义为透射边界。图 6-36 所示为采用 SOLID164 六面实体单元针对钢管结构及周边覆土进行划分的情况。其中，根据线型爆炸聚能切割器切割钢管实际情况，数值计算模型中钢管结构上部表面中心预先设置一条长度为 50cm、宽度为 1cm 的裂缝。

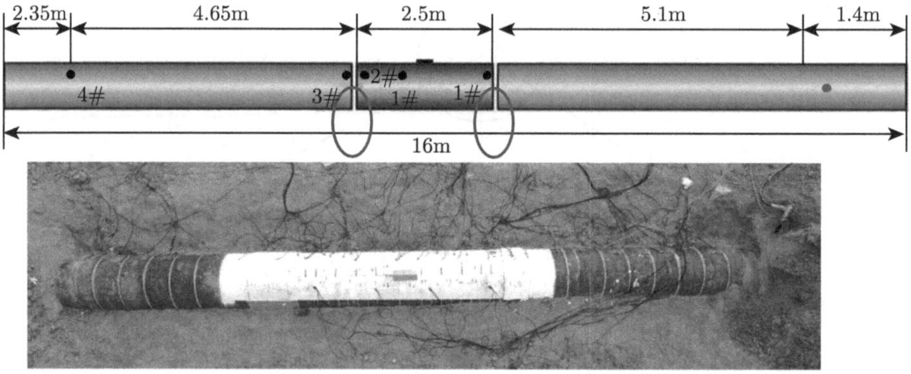

图 6-35　爆破模型试验钢管的布置

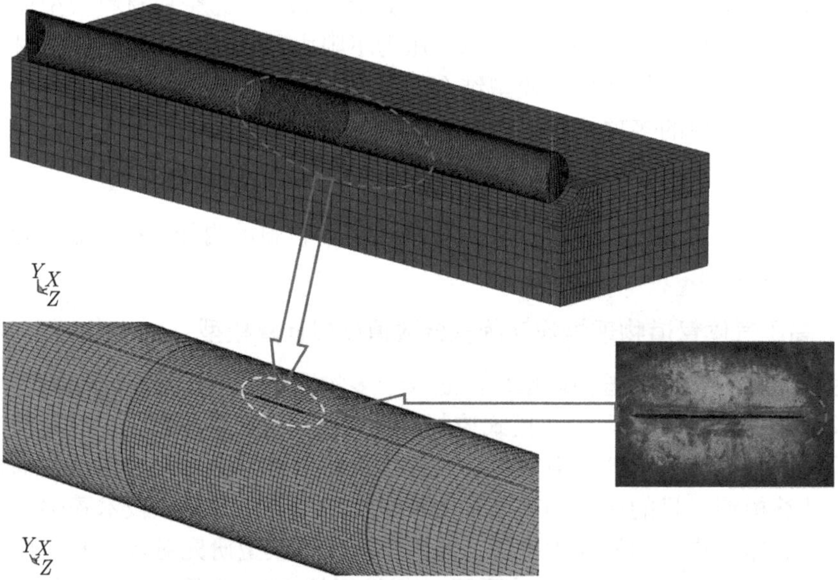

图 6-36　SOLID 164 六面实体单元划分钢管结构和周边覆土

6.4.5　计算结果及分析

1. 钢管道裂纹扩展及破坏情况分析

图 6-37 所示为钢管道典型时刻的变形破坏情况，并将钢管最终变形情况与实

Fringe Levels
8.869e-03
7.507e-03
6.146e-03
4.784e-03
3.423e-03
2.062e-03
7.001e-04
−6.613e-04
−2.023e-03
−3.384e-03
−4.746e-03
−6.107e-03
−7.468e-03

(a) T1

Fringe Levels
8.846e-03
7.551e-03
6.256e-03
4.961e-03
3.666e-03
2.370e-03
1.075e-03
−2.201e-04
−1.515e-03
−2.811e-03
−4.106e-03
−5.401e-03
−6.696e-03

(b) T2

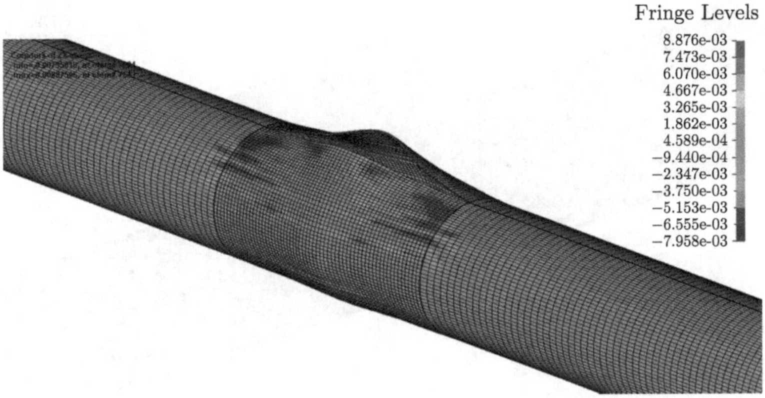
Fringe Levels
8.876e-03
7.473e-03
6.070e-03
4.667e-03
3.265e-03
1.862e-03
4.589e-04
−9.440e-04
−2.347e-03
−3.750e-03
−5.153e-03
−6.555e-03
−7.958e-03

(c) T3

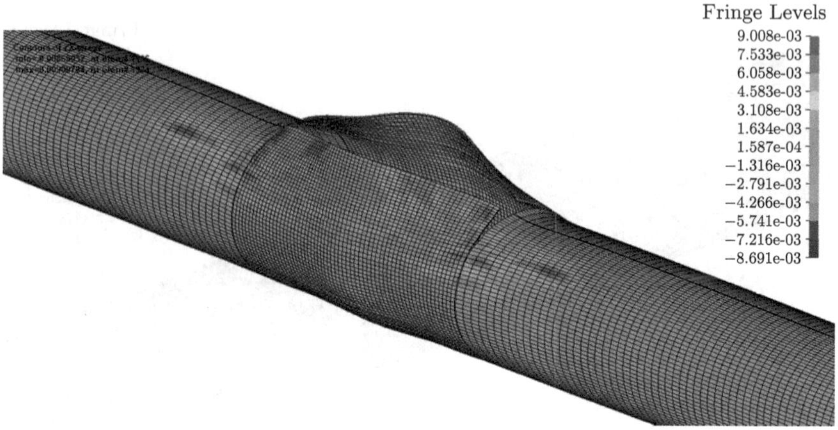
Fringe Levels
9.008e-03
7.533e-03
6.058e-03
4.583e-03
3.108e-03
1.634e-03
1.587e-04
−1.316e-03
−2.791e-03
−4.266e-03
−5.741e-03
−7.216e-03
−8.691e-03

(d) T4

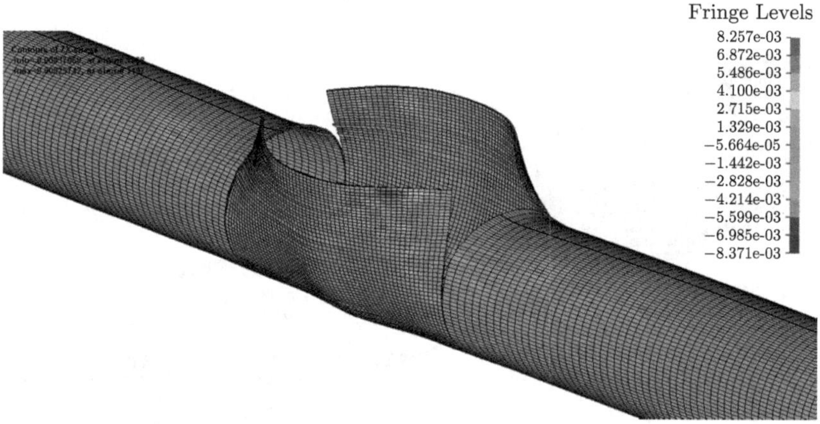
Fringe Levels
8.257e-03
6.872e-03
5.486e-03
4.100e-03
2.715e-03
1.329e-03
−5.664e-05
−1.442e-03
−2.828e-03
−4.214e-03
−5.599e-03
−6.985e-03
−8.371e-03

(e) T5

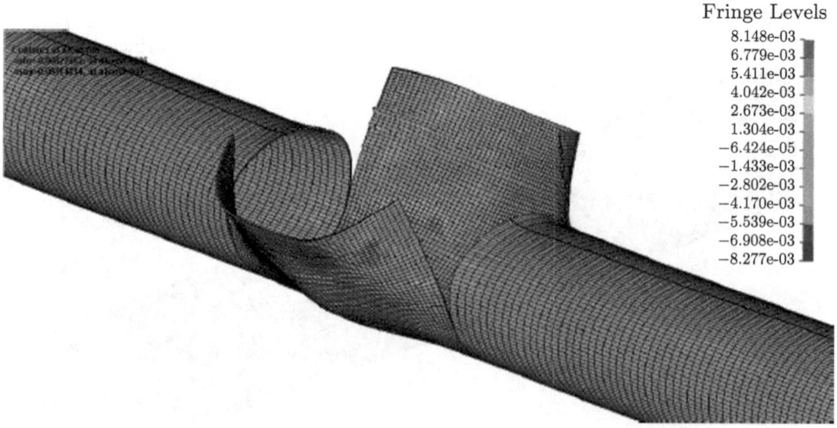
Fringe Levels
8.148e-03
6.779e-03
5.411e-03
4.042e-03
2.673e-03
1.304e-03
−6.424e-05
−1.433e-03
−2.802e-03
−4.170e-03
−5.539e-03
−6.908e-03
−8.277e-03

(f) T6

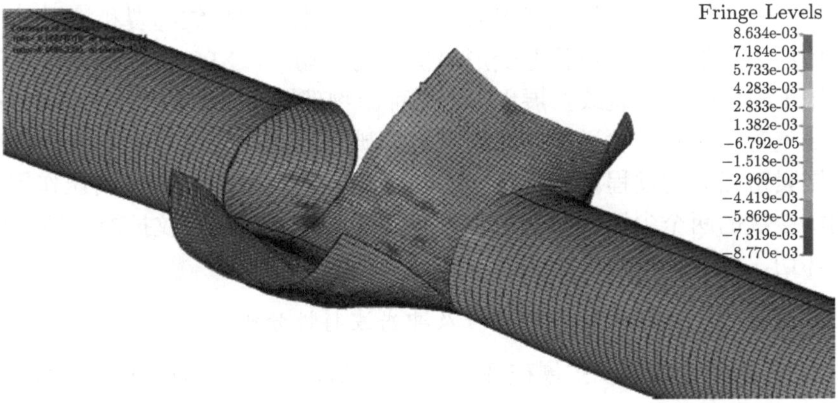

(g) T7

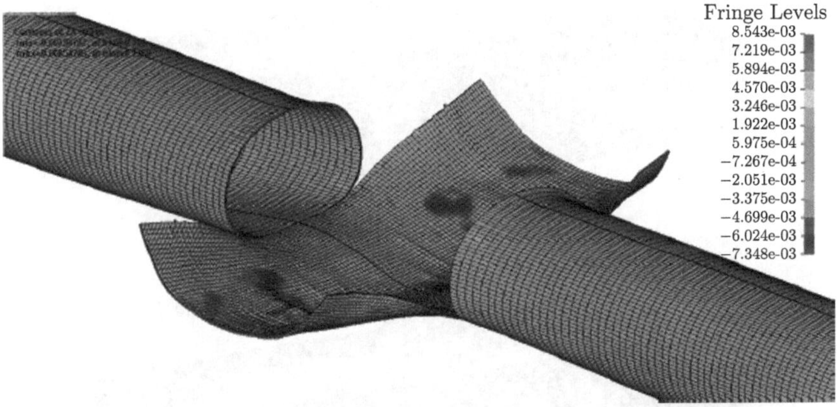

(h) T8

(i) 钢管破坏情况实验结果

图 6-37 钢管道典型时刻的变形破坏情况及与实验结果的对比

验结果进行对比。由数值模拟计算可知，管道发生轴向裂纹起裂和扩展时，内部高压气体压力为裂纹扩展及管壁变形提供运动驱动力，X90 钢管在管内高压气体驱动作用下将发生快速裂纹扩展现象。这种由物理爆炸导致的轴向裂纹长程扩展，是高压输气管道区别于输送液体管道特有的破坏形式，管道的破坏是管壁变形和裂纹扩展紧密相关的过程。由数值模拟计算可知，钢管在 12MPa 内压作用下，裂纹从初始裂纹的两个尖端开始沿着钢管轴向直线扩展。当裂纹扩展到环焊缝位置时发生环切，数值计算结果与实验现象较为吻合。

2. 钢管道内部高压气体膨胀过程及冲击波特性分析

图 6-38 为钢管道裂纹扩展破坏过程中内部高压气体的喷射膨胀过程。

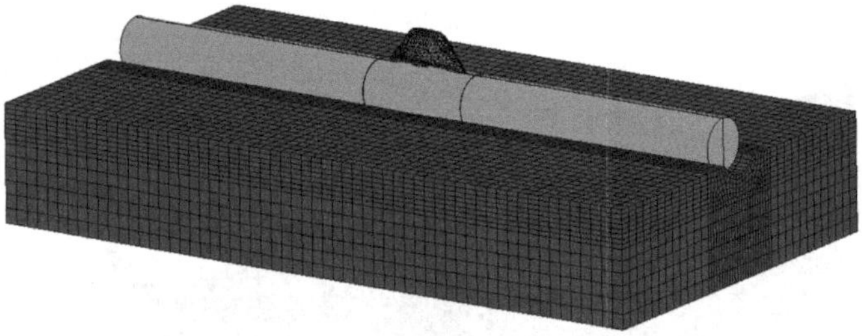

(a) T1

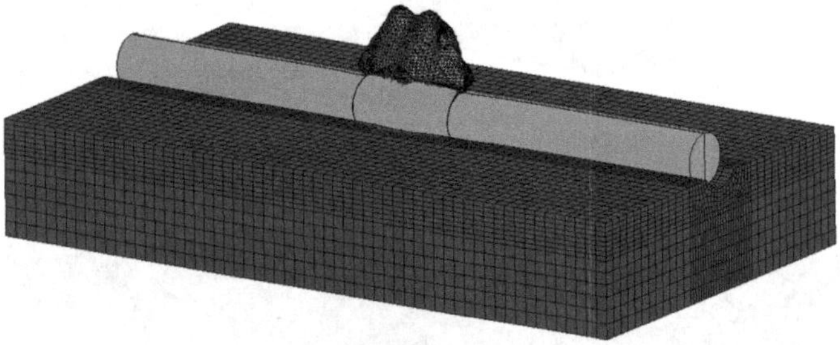

(b) T2

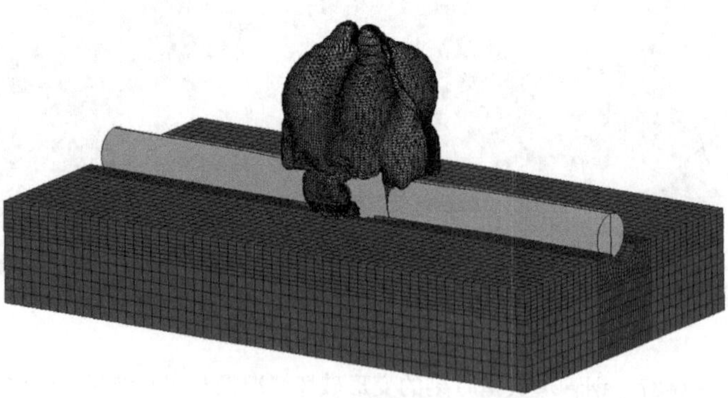

(c) T3

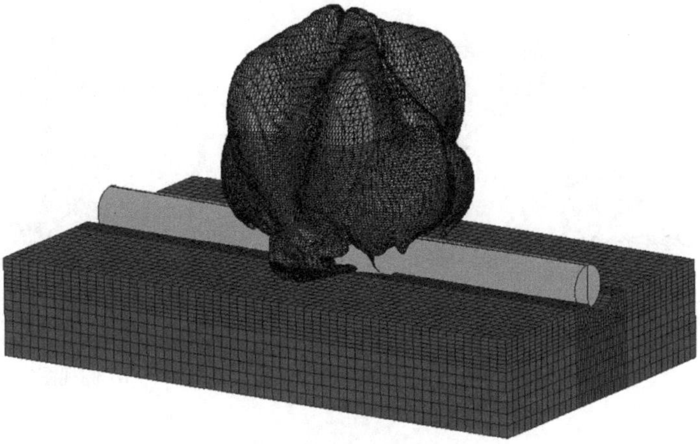

(d) T4

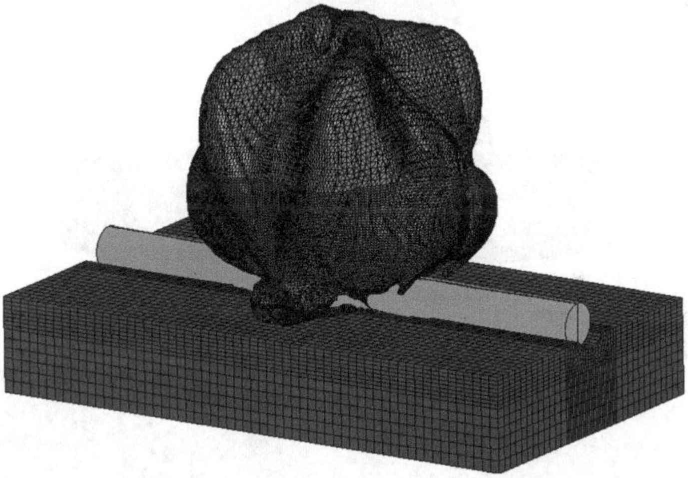

(e) T5

图 6-38 钢管道裂纹扩展破坏过程中内部高压气体的喷射膨胀过程

将典型时刻气体膨胀状态计算结果与实验现象对比可知，数值计算结果与实验现象较为吻合 (图 6-39)。由计算结果可知，在钢管裂纹扩展过程中，管壁向垂直于裂纹扩展方向张开，距离裂纹尖端位置越近，管壁张开距离越小，整个裂口像一个菱形。当管道断裂时，内部大量高压气体会从裂口迅速喷出，膨胀。气体膨胀初期，喷射出来的压缩气团其截面形状与裂口形状相似，都类似于一个菱形。输气管道实际上也属于一种压力容器，只是长径比较大，其发生物理爆炸的机理与压力容器的相似。当管道断裂时，内部大量高压气体会从裂口迅速喷出，膨胀，导致周围的空气受到急速的压缩从而形成一系列传播的压缩波，这些压缩波最终叠加形成冲击波。

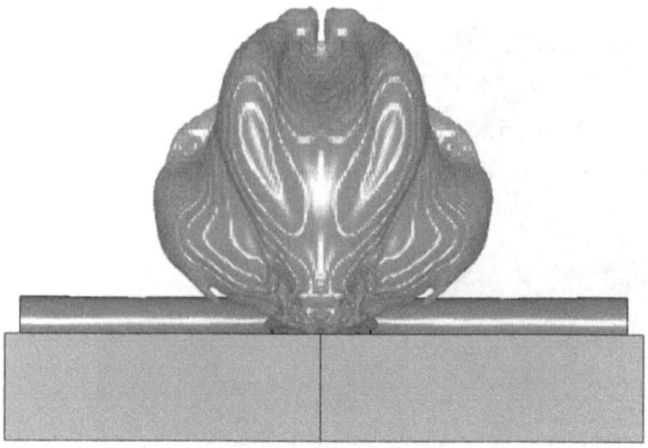

(a) 侧视图1

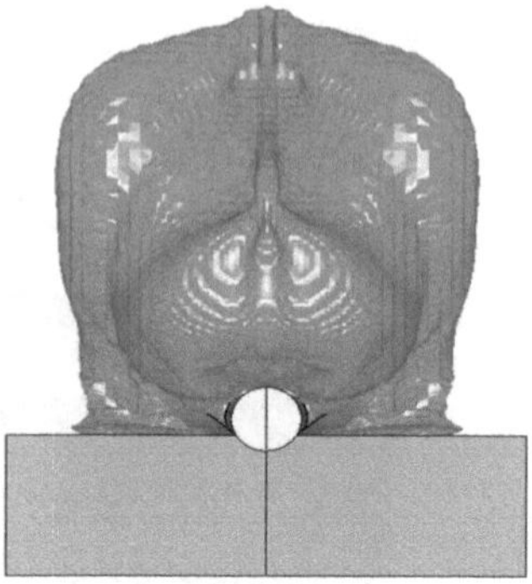

(b) 侧视图2

(c) 斜视图

(d) 气体喷射膨胀过程实验结果

图 6-39　气体喷射膨胀形态数值计算结果与实验现象的比较

为研究高压输气管道的爆破冲击分布特性，试验对典型位置处的冲击波超压进行了测量，图 6-40 所示为测点布设示意图。其中 x 轴和 y 轴分别代表东西方向和南北方向，z 轴代表气体的喷射方向。试验过程中只测试了 x-y 平面上的爆炸波，分别沿着 y 轴、y 轴和 x 轴 45° 方向上安装压力传感器。以这种方式布设测点主要是为了测量管道爆炸波沿不同方向传播的强度，并且研究其随距离的衰减规律。

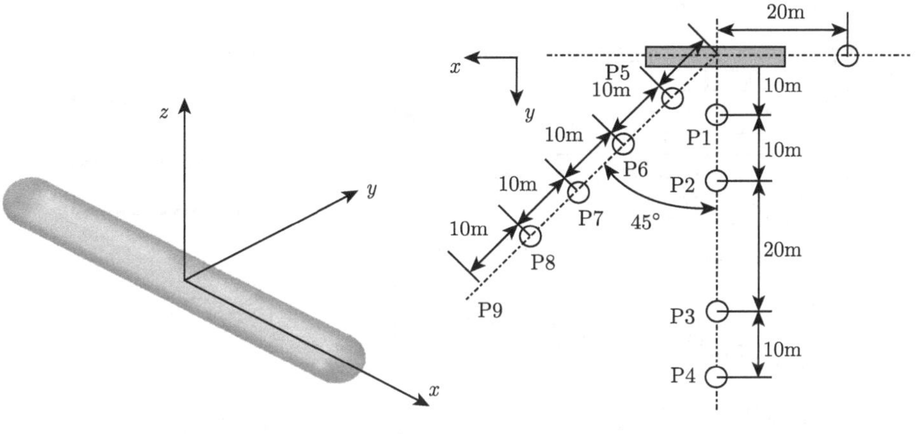

(a) 钢管示意图 (b) 压力传感器在 x-y 平面中的位置

图 6-40 管道和压力传感器布设示意图

为将数值计算结果与实验结果进行对比，在计算模型中选取了与测点一致的位置 (P1~P9) 进行提取冲击波压力–时间曲线，如图 6-41 所示。

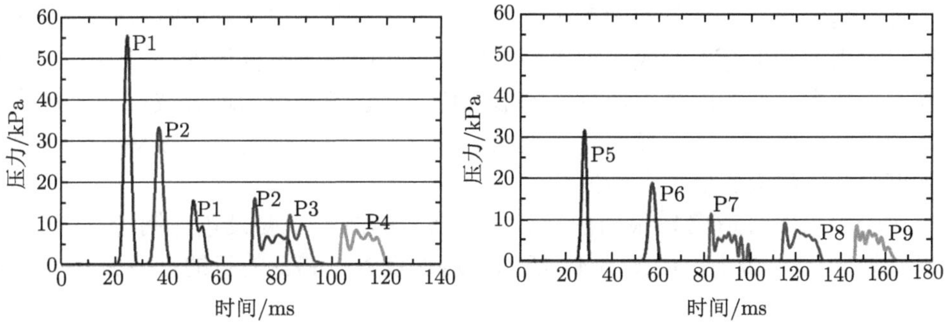

图 6-41 爆破冲击波压力–时间曲线

由计算结果可以发现，管内破裂初始阶段，气体压力大、膨胀快，形成较大冲击波超压峰值；后续泄漏气体的压力不断降低，膨胀速度下降，而冲击波是在压力波叠加过程中瞬间形成，因此后续泄漏的气体会在膨胀过程中形成一系列峰值较小的超压。这说明管道爆裂爆炸波具有高度的方向性，气体能量在释放过程中不均匀。上述现象主要与管道的形状及开裂方式有关，也是输气管道爆炸与普通高能炸药电源爆炸不同的所在。图 6-42 所示为冲击波峰值超压随传播距离的变化，将数值计算结果与实验数据进行对比可以发现，两者吻合较好。图中表明，冲击波峰值超压随传播距离增加呈指数衰减；还发现随着传播距离增加，y 轴和

x 轴 45° 方向的峰值超压逐渐趋于一致，这表明爆炸能量随气体的扩大而变均匀，且爆炸波从半椭圆形逐渐趋于呈半球形。

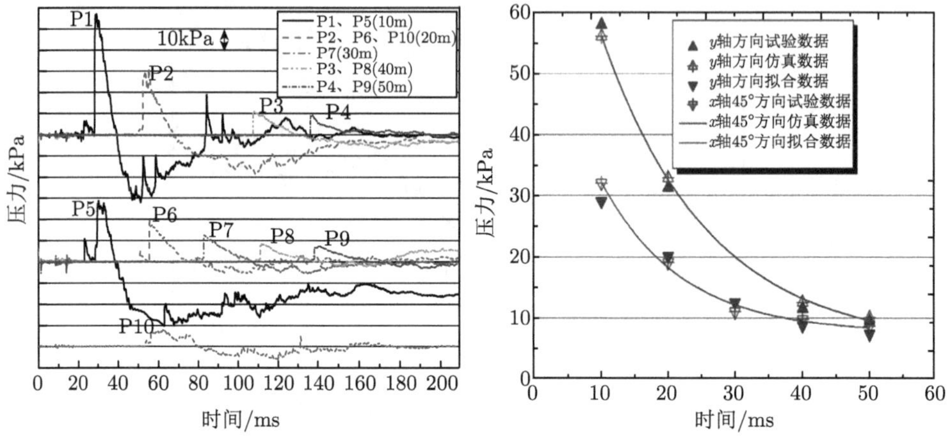

图 6-42　爆破冲击波峰值超压计算结果与实验数据的对比

3. 爆破地震波特性分析

图 6-43 所示为钢管变形过程中对周围岩土介质的冲击作用。由计算结果可知，管道爆裂时，在强压缩的高压气体作用下，管壁迅速张开同时压缩气体高速喷射，对周围岩土介质造成巨大的冲击作用，从而在爆裂区域形成应力波。随着传播距离加大，冲击能量以地震波的形式传播。管道爆裂后地震波在岩土介质中传播会引起介质体振动，导致附近埋地管道或其他建筑结构发生振动，当达到一定强度时会使结构变形过大而失效。

实验中采集管道爆裂振动信号。振动信号的测点主要设置在钢管垂向 (V1) 和钢管轴向 45° (V2)，如图 6-44 所示。这样设置传感器的目的是研究管道爆破

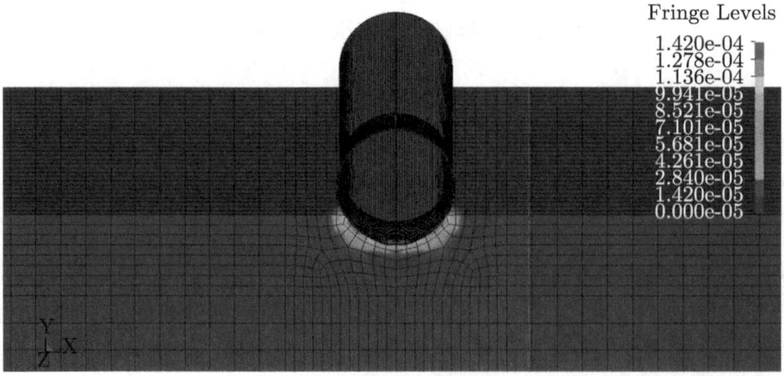

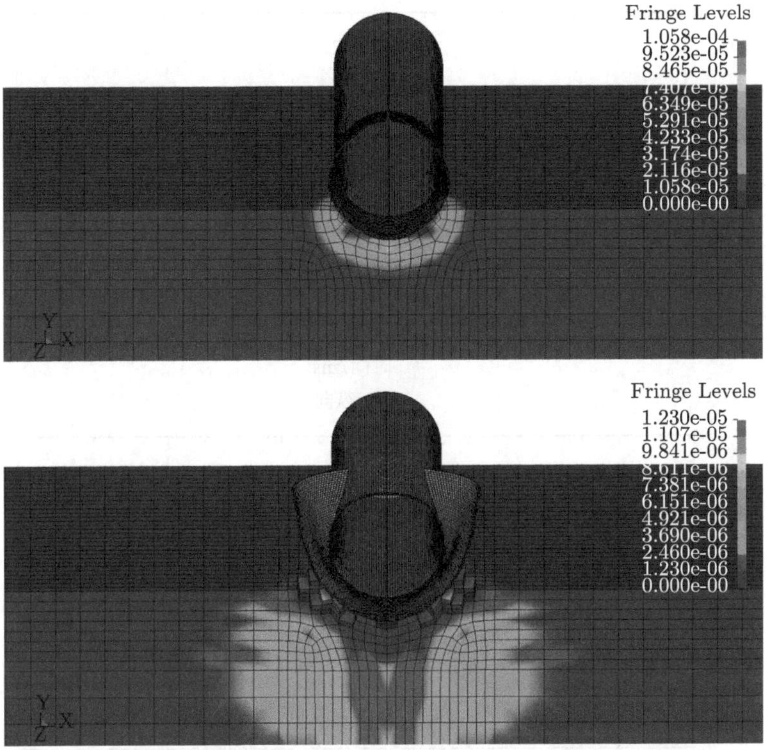

图 6-43 钢管变形过程中对周围岩土介质的冲击作用

地震波的方向特性和随传播距离的衰减特性。

选取 V1 测点振动数据进行分析，其纵向、切向及垂向振动速度–时间曲线如图 6-45 所示。

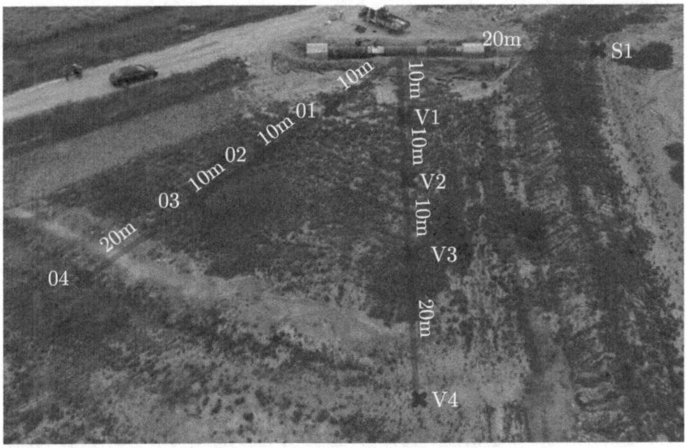

图 6-44 振动信号测点的布设

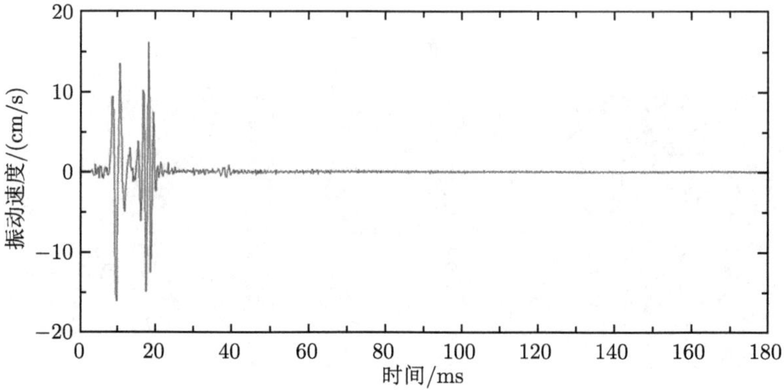

(a) 纵向

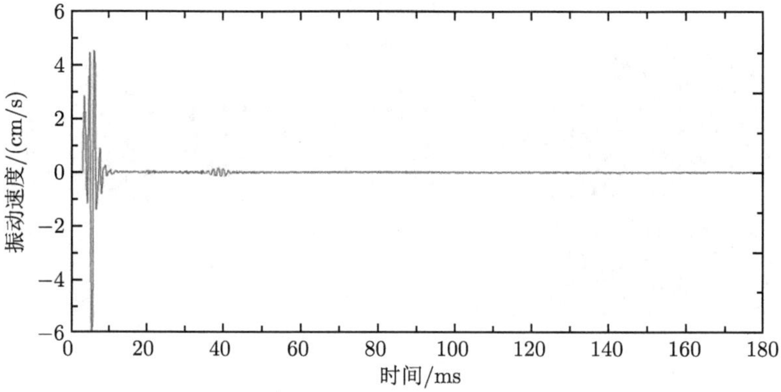

(b) 切向

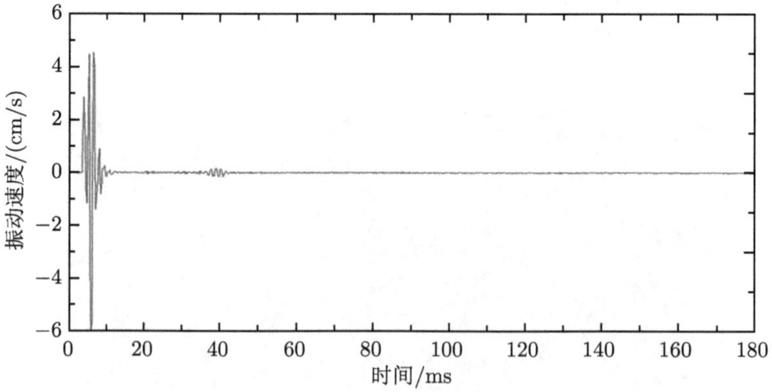

(c) 垂向

图 6-45　V1 测点振动速度–时间曲线

由计算结果可知，同一测点垂向振动速度峰值比纵向和切向振动速度要大，因此在评估钢管道爆破地震波危害时以垂向最大振动速度为主。下面重点分析各测点处垂向振动速度–时间曲线。图 6-46 所示为 V1~V4 测点处垂向振动速度时程曲线。

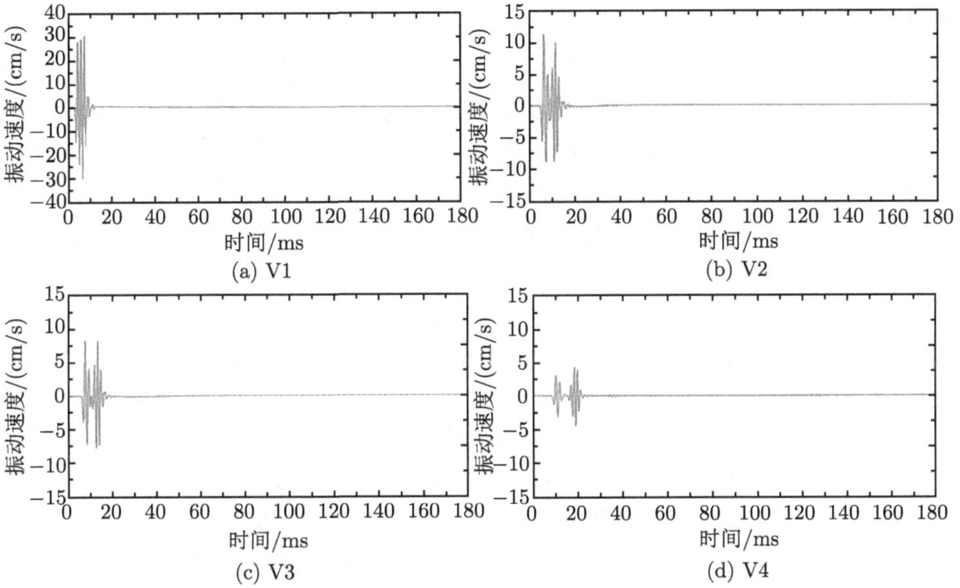

图 6-46 各测点 (V1~V4) 垂向振动速度–时间曲线

由计算结果可以得到，随着远离管道爆破位置，地表振动速度也随之下降。且距离爆源较近的情况下，振动速度峰值下降趋势显著。在同一测点垂直振动速度峰值比纵向和切向振动速度要大，因此在评估钢管道爆破地震波危害时以垂向最大振动速度为主。

图 6-47 所示为 V1~V4 振动速度峰值计算结果与试验数据的对比情况，可以

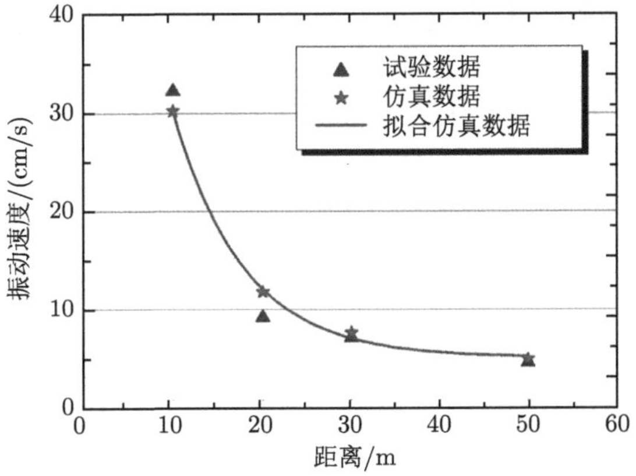

图 6-47 振动速度峰值计算结果与试验数据的对比

看出两者吻合较好，再次证明本项目采取的数值模拟计算方法有较高的计算精度。

6.4.6 小结

(1) 成功解决了多物质流固耦合算法、管道–介质相互作用接触处理技术、本构关系和材料参数、“沙漏”模式控制、应力波与人工体积黏性、时间积分和时步长等关键技术难题，构建了相应的流固耦合有限元数值计算模型，可给出管道在内部高压气体作用下裂纹扩展、气体泄漏膨胀、冲击波及地震波形成与传播的动态响应过程。计算结果与试验数据吻合总体情况较好，为管道爆破危害效应研究提供了一种新方法。

(2) 计算结果表明，管道发生轴向裂纹起裂和扩展时，内部高压气体压力为裂纹扩展及管壁变形提供了运动驱动力，钢管在管内高压气体驱动作用下将发生快速裂纹扩展现象。

(3) 由计算结果可知，在钢管裂纹扩展过程中，其内部大量高压气体会从裂口迅速喷出膨胀，导致周围的空气受到急速的压缩从而形成一系列传播的压缩波，这些压缩波最终叠加形成冲击波。管内破裂初始阶段，气体压力大、膨胀快，形成较大冲击波超压峰值；后续泄漏气体的压力不断降低，膨胀速度下降，而冲击波是在压力波叠加过程中瞬间形成，因此后续泄漏的气体会在膨胀过程中形成一系列峰值较小的超压。这说明管道爆裂爆炸波具有高度的方向性，气体能量在释放过程中不均匀。冲击波峰值超压随传播距离呈指数衰减，随传播距离增加，y 轴和 x 轴 45° 方向的峰值超压逐渐趋于一致，这表明爆炸能量随气体的扩大而变均匀，且爆炸波从半椭圆形逐渐趋于呈半球形。

(4) 由计算结果可以得到，随着到管道爆破位置距离的增加，地表振动速度逐渐下降。且距离爆源较近的情况下，振动速度峰值下降趋势显著。在同一测点垂直振动速度峰值比纵向和切向振动速度峰值要大，因此在评估钢管道爆破地震波危害时以垂向最大振动速度为主。

参 考 文 献

[1] 孙文宇. 中国天然气市场 2018 年回顾及 2019 年展望 [EB/OL].[2019-01-24].http://news.bjx.com.cn/html/20190124/958966.shtml.

[2] Wang H, Duncan I J. Likelihood, causes, and consequences of focused leakage and rupture of US natural gas transmission pipelines[J]. Journal of Loss Prevention in the Process Industries, 2014(30): 177-187.

[3] 由小川, 庄茁, 冯耀荣, 等. 西气东输管道裂纹的韧性减速机理研究[J]. 工程力学, 2004, 21(4): 57-65.

[4] Mannucci G, Franchi A. Fracture Properties of API X100 Gas Pipeline Steels[M]. Roma: Office for Official Publications of the European Communities, 2002.

[5] Papka S D, Stevens J H, Macia M L, et al. Full-size testing and analysis of X120 linepipe[J]. International Journal of Offshore and Polar Engineering, 2004, 14(1): 50-59.

[6] Arabei A B, Pyshmintsev I Y, Shtremel M A, et al. Resistance of X80 steel to ductile-crack propagation in major gas lines[J]. Steel in Translation, 2009, 39(9): 719-724.

[7] Zhu X K. Existing methods in ductile fracture propagation control for high-strength gas transmission pipelines[C]//ASME 2013 Pressure Vessels and Piping Conference,July 14-18, Paris, 2013.

[8] Eiber R J, Bubenik T A, Maxey W A. Fracture control technology for natural gas pipelines[R]. Pipeline Research Council International(L51691), 1993.

[9] Makino H, Kubo T, Shiwaku T, et al. Prediction for crack propagation and arrest of shear fracture in Ultra-high pressure natural gas[J]. ISIJ International, 2001, 41(4): 381-388.

[10] 王晓香. 当前管线钢管研发的几个热点问题[J]. 焊管, 2014, 37(4): 5-13.

[11] Leis B N. Evolution of Line-pipe steel and its implications for transmission pipeline design[C]//4th International Pipeline Conference, September 29 - October 3, Calgary, Alberta, 2002.

[12] Higuchi R, Makino H, Takeuchi I. New concept and test method on running ductile fracture arrest for high pressure gas pipeline[C]//24th World Gas Conference,October 5-9,Buenos Aires, 2009.

[13] Huang Z A, Liu Z G, Chen S G, et al. Numerical simulation and study on the transmission law of flame and pressure wave of pipeline gas explosion[J]. Safety Science, 2012, 50(4): 806-810.

[14] Bonvicini S, Antonioni G, Morra P, et al. Quantitative assessment of environmental risk due to accidental spills from onshore pipelines[J]. Process Safety and Environmental

Protection, 2015, 93(5): 31-49.

[15] Safitri A, Gao X D, Mannan M S. Dispersion modeling approach for quantification of methane emission rates from natural gas fugitive leaks detected by infrared imaging technique[J]. Journal of Loss Prevention in the Process Industries, 2011, 24(2): 138-145.

[16] Fernando D A, Enrique G F. Consequence analysis to determine damage to buildings from vapour cloud explosions using characteristic curves[J]. Journal of Hazardous Materials, 2008, 159(2): 264-270.

[17] Jo Y D, Ahn B J. A simple model for the release rate of hazardous gas from a hole on high-pressure pipelines[J]. Journal of Hazardous Materials, 2003, 97(13): 31-46.

[18] Jo Y D, Crowl D A. Individual risk analysis of high-pressure natural gas pipelines[J]. Journal of Loss Prevention in the Process Industries, 2003, 21(6): 589-595.

[19] 侯庆民. 天然气管道泄漏与天然气在大气中扩散的模拟研究[D]. 哈尔滨: 哈尔滨工业大学, 2009.

[20] 龙源, 纪冲, 徐全军, 等. 高压天然气管道气压爆破实验测试[D]. 南京: 解放军理工大学, 2014.

[21] Irwin G R. Fracture Dynamics, Fracturing of Metals[M]. Cleveland, OH; American Society for Metals. 1948: 147-166.

[22] Wells A A. Unstable crack propagation in metals: cleavage and fast fracture[C]//Proceedings of the Crack Propagation Symposium. Cranfield, 1961.

[23] Rice J R. A path-independent integral and the approximate analysis of strain concentration by notches and cracks[J]. Journal of Applied Mechanics, 1968, 35: 379-386.

[24] Anderson T L. Fracture Mechanics: Fundamentals and Applications[M]. 4ed. Boca Raton: CRC Press, 2017.

[25] 程靳, 赵树山. 断裂力学[M]. 北京: 科学出版社, 2006.

[26] Wells A A. Application of fracture mechanics at and beyond general yielding[J]. British Welding Journal, 1963, 10: 563-570.

[27] Rice J R. A path-independent integral and the approximate analysis of strain concentration by notches and cracks[J]. Journal of Applied Mechanics, 1968, 35: 379-386.

[28] Rice J R, Rosengren G F. Plane strain deformation near a crack tip in a power law hardening material[J]. Journal of the Mechanics and Physics of Solids, 1968, 16: 1-12.

[29] 帅健. 管线力学[M]. 北京: 科学出版社, 2010.

[30] SINTAP. Structural integrity assessment procedures for European industry[Z]. Rotherham: British Steel., 1999.

[31] R6, Assessment of the integrity of structures containing defects[Z]. Gloucester: British Energy Generation Ltd., 2001.

[32] 钟群鹏, 李培宁, 李学仁, 等. 国家标准《在用含缺陷压力容器安全评定》的特色和创新点综述[J]. 管道技术与设备, 2006(1): 1-5.

[33] 刘霞. 长输油气管线环焊缝与母材断裂行为研究[D]. 北京: 中国科学院大学, 2015.

[34] 由小川. 超高压钢制输气管道裂纹韧性减速机理的研究[D]. 北京: 清华大学, 2002.

[35] 牧野宽之, 陈妍. 超高强度 X100、X120 钢管的止裂性能[J]. 鞍钢技术, 2007(3): 55-59.

[36] Demofonti G, Mannucci G, Hillenbrand H G, et al. Evaluation of the suitability of X100 steel pipes for high pressure gas transportation pipelines by full scale tests[C]//International Pipeline Conference. American Society of Mechanical Engineers, 2004.

[37] Maxey W A, Kiefner J F, Eiber R J. Ductile fracture arrest in gas pipelines[R]. NG-18 Report 100, American Gas Association Catalog (No.L32176), 1975.

[38] Eiber R J, Duffy A R, Mcclure G M. Significance of the Drop-Weight Tear Test and Charpy V-Notch Impact Test Results[J]. Impact Testing of Metals, 1970.

[39] 杨政, 粟庭亚, 冯耀荣, 等. 高性能管线钢落锤撕裂试样断裂性能的试验研究[J]. 西安交通大学学报, 2006, 40(9): 1079-1082.

[40] Shim D J, Wilkowski G, Duan D M, et al. Effect of fracture speed on ductile fracture resistance: Part 1-experimental[C]//8th International Pipeline Conference. American Society of Mechanical Engineers, 2010.

[41] Li H, Zhang W, Li Y, et al. Comparison of BTC, RBTC and HLP Models in the Calculation of the Dynamic Ductile Fracture Propagation Velocities Based on the X80 Full-Scale Burst Test[C]//ICPTT 2013: Trenchless Technology, 2013.

[42] Yu P S, Ru C Q. Analysis of energy absorptions in drop-weight tear tests of pipeline steel[J]. Engineering Fracture Mechanics, 2016, 160: 138-146.

[43] Drexler E, Darcis P, McCowan C, et al. CTOA Measurements of Welds in X100 Pipeline Steel[C]//7th International Pipeline Conference. American Society of Mechanical Engineers, 2008.

[44] Newman J C, James M A, Zerbst U. A review of the CTOA/CTOD fracture criterion[J]. Engineering Fracture Mechanics, 2003, 70(3): 371-385.

[45] Dunbar A, Wang X, Tyson W R, et al. Simulation of ductile crack propagation and determination of CTOAs in pipeline steels using cohesive zone modelling[J]. Fatigue Fract Engng Mater Struct, 2014, 37: 592-602.

[46] 陈福来, 帅健, 祝宝利. X80 管线钢裂纹尖端张开角的试验研究[J]. 压力容器, 2010, 27(10): 8-11.

[47] Zhu X K, Joyce J A. Review of fracture toughness (G, K, J, CTOD, CTOA) testing and standardization[J]. Engineering Fracture Mechanics, 2012, 85:1-46.

[48] Duan D M, Zhou J. Speed Dependent Fracture Toughness and the Effect on Fast Ductile Fracture Propagation in Gas Pipelines[C]//The 12th International Conference on Fracture, 2009: 12-17.

[49] Shim D J, Uddin M, Wilkowski G, et al. Comparison between standard and modified back-slotted DWTT specimens[C]//10th International Pipeline Conference. American Society of Mechanical Engineers, 2014: V003T07A046-V003T07A046.

[50] Kanninen M F, Sampath S G, Popelar C. Steady-state crack propagation in pressurized pipelines without backfill[J]. ASME J Pres Ves Tech, 1976, 98: 56-66.

[51] Popelar C, Rosenfield A R, Kanninen M F. Steady-state crack propagation in pressurized pipelines[J]. ASME J Pres Ves Tech, 1977, 99: 112-121.

[52] O'Donoghue P E, Green S T, Kanninen M F, et al. The development of a fluid/structure

interaction model for flawed fluid containment boundaries with applications to gas transmission and distribution piping[J]. Computers & Structures, 1991, 38(5-6): 501-513.

[53] Kanninen M F, Leung C P, O'Donoghue P E, et al. Joint final report on the development of a ductile pipe fracture model[R]. Virginia: Pipeline Research Committee, American Gas Association, 1992.

[54] Rudland D L, Wilkowski G. Effects of backfill soil properties and pipe grade on ductile fracture arrest[C]//Proceedings of the 16th Biennial PRCI/EPRG/APIA Joint Technical Meeting on Pipeline Research. Canberra, Australia, 2007: 16-19.

[55] Maxey W A. Fracture initiation, propagation, and arrest[R]. American Gas Association, Catalog No.L30174, 1974.

[56] 李鹤, 李洋, 王鹏, 等. X80 管线钢管动态裂纹扩展速度计算[J]. 压力容器, 2013, 30(2): 33-35.

[57] Misawa K, Imai Y, Aihara S. A New Model for Dynamic Crack Propagation and Arrest in Gas Pipelines[C]// International Pipeline Conference. 2010: 685-694.

[58] Song J H, Belytschko T. Dynamic fracture of shells subjected to impulsive loads[J]. Journal of Applied Mechanics, 2009, 76(5): 051301.

[59] Mitsuya M, Motohashi H, Oguchi N, et al. Calculation of dynamic stress intensity factors for pipes during crack propagation by dynamic finite element analysis[J]. Journal of Pressure Vessel Technology, 2014, 136(1): 011207.

[60] Fonzo A, Meleddu A, Di Biagio M, et al. Crack propagation modeling and crack arrestor design for X120[C]//2006 International Pipeline Conference. American Society of Mechanical Engineers, 2006: 317-325.

[61] Gurson A L. Plastic flow and fracture behavior of ductile materials incorporating void nucleation, growth and coalescence[D]. Providence: Brown University, 1975.

[62] Tvergaard V, Needleman A. Analysis of the cup-cone fracture in a round tensile bar[J]. Acta Metallurgica, 1984, 32(1): 157-169.

[63] Tvergaard V, Needleman A. Analysis of the Charpy V-notch test for welds[J]. Engineering Fracture Mechanics, 2000, 65(6): 627-643.

[64] Scheider I, Nonn A, Völling A, et al. A damage mechanics based evaluation of dynamic fracture resistance in gas pipelines[J]. Procedia Materials Science, 2014, 3: 1956-1964.

[65] Nonn A, Kalwa C. Simulation of ductile crack propagation in high-strength pipeline steel using damage models[C]//2012 9th International Pipeline Conference. American Society of Mechanical Engineers, 2012.

[66] Yang X B, Zhuang Z, You X C, et al. Dynamic fracture study by an experiment/simulation method for rich gas transmission X80 steel pipelines[J]. Engineering Fracture Mechanics, 2008, 75(18): 5018-5028.

[67] 杨小彬, 庄茁. 天然气管道动态断裂参数与裂纹速度关系的研究[J]. 工程力学, 2006, 23(S1): 145-150.

[68] 庄茁, 蒋持平. 工程断裂与损伤[M]. 北京: 机械工业出版社, 2004.

[69] 杨小彬, 庄茁, 庄传晶. 富气输送管道裂纹动态扩展的数值模拟[J]. 清华大学学报 (自然科

学版), 2008, 48(8): 1355-1358.

[70] 帅健, 张宏, 许葵. 输气管道裂纹动态扩展的数值模拟[J]. 油气储运, 2004, 23(8): 5-8.

[71] 帅健. 管道钢裂纹扩展阻力曲线测试研究[J]. 中国石油大学学报 (自然科学版), 2013, 37(5): 168-174.

[72] 徐慧, 杨靖海, 胡云昌. 可燃气体爆炸压力下海洋平台舱室围壁变形及破损计算[J]. 天津大学学报, 2000, 33(5): 549-552.

[73] 程华瑞, 栗继祖. 运用 TNT 当量法及事故树法在分析锅炉爆炸的危害[J]. 太原理工大学学报, 2013(3): 109-113.

[74] 刘华东. 立式多层长圆筒容器气相区化爆压力波传播及壳体动态响应研究[D]. 济南: 山东大学, 2013.

[75] Wiley J. Guidelines for vapor cloud explosion, pressure vessel burst, BLEVE, and flash fire hazards[J]. Process Safety Progress, 2010, 30(2): 311-360.

[76] 蒋军成, 潘旭海. 化工过程安全理论及应用[M]. 北京: 化学工业出版社, 2006.

[77] Duan Q, Xiao H, Gao W, et al. An experimental study on shock waves and spontaneous ignition produced by pressurized hydrogen release through a tube into atmosphere[J]. International Journal of Hydrogen Energy, 2015, 40(25): 8281-8289.

[78] Mogi T, Kim D, Shiina H, et al. Self-ignition and explosion during discharge of high-pressure hydrogen[J]. J. Loss Prev. Process Industries, 2008, 21(2): 199-204.

[79] Lee B J, Jeung I S. Numerical study of spontaneous ignition of pressurized hydrogen released by the failure of a rupture disk into a tube[J]. Int. J. Hydrogen Energy, 2009, 34(20): 8763-8769.

[80] Lowesmith B J, Hankinson G. Large scale experiments to study fires following the rupture of high pressure pipelines conveying natural gas and natural gas/hydrogen mixtures[J]. Process Safety and Environmental Protection, 2013, 91(1): 101-111.

[81] Chorowski M, Iluk A, Grabowski M, et al. Numerical and experimental verification of physical blast thermodynamic model[C]//IOP Conference Series: Materials Science and Engineering. IOP Publishing, 2015.

[82] Geng J, Baker Q, Thomas K. Pressure vessel burst directional effects[C]//ASME 2011 Pressure Vessels and Piping Conference. American Society of Mechanical Engineers, 2011.

[83] Birk A M, Davison C, Cunningham M. Blast overpressures from medium scale BLEVE tests[J]. Journal of Loss Prevention in The PROCESS Industries, 2007, 20(3): 194-206.

[84] van Wingerden K. Guidelines for Evaluating the Characteristics of Vapor Cloud Explosions, Flash Fires, and BLEVES[M]. New York: American Institute of Chemical Engineers, 1994.

[85] Mishra K B, Wehrstedt K D. Underground gas pipeline explosion and fire: CFD based assessment of foreseeability[J]. Journal of Natural Gas Science and Engineering, 2015, 24: 526-542.

[86] 杨昭, 赖建波, 韩金丽. 天然气管道孔口泄漏危险域的研究[J]. 天然气工业, 2006, 26(11): 156-159.

[87] Dong G, Xue L, Yang Y, et al. Evaluation of hazard range for the natural gas jet released from a high-pressure pipeline: A computational parametric study[J]. Journal of Loss Prevention in the Process Industries, 2010, 23(4): 522-530.

[88] 傅智敏, 黄金印, 付敏. 烃类流体火灾伤害破坏作用定量分析[J]. 中国安全科学学报, 2008, 18(9): 29-36.

[89] Yang S, Fang Q, Zhang Y, et al. An integrated quantitative hazard analysis method for natural gas jet release from underground gas storage caverns in salt rock. I: Models and validation[J]. Journal of Loss Prevention in the Process Industries, 2013, 26(1): 74-81.

[90] Yang S, Fang Q, Wu H, et al. An integrated quantitative hazard analysis method for natural gas jet release from underground gas storage caverns in salt rock II: A sample computation and parametric study[J]. Journal of Loss Prevention in the Process Industries, 2013, 26(1): 68-73.

[91] Kouretzis G P, Bouckovalas G D, Gantes C J. Analytical calculation of blast-induced strains to buried pipelines[J]. International Journal of Impact Engineering, 2007, 34(10): 1683-1704.

[92] Mokhtari M, Alavi Nia A. A parametric study on the mechanical performance of buried X65 steel pipelines under subsurface detonation[J]. Archives of Civil and Mechanical Engineering, 2015, 15(3): 668-679.

[93] Mirzaei M, Najafi M, Niasari H. Experimental and numerical analysis of dynamic rupture of steel pipes under internal high-speed moving pressures[J]. International Journal of Impact Engineering, 2015, 85: 27-36.

[94] Wierzbicki T, Hoo Fatt M S. Damage assessment of cylinders due to impact and explosive loading[J]. International Journal of Impact Engineering, 1993, 13(2): 215-241.

[95] Hoo Fatt M S, Wierzbicki T. Damage of plastic cylinders under localized pressure loading[J]. International Journal of Mechanical Sciences, 1991, 33(12): 999-1016.

[96] 许砚新, 马学海, 庞宝华, 等. 天然气管道与原油管道并行敷设的安全间距[J]. 油气储运, 2011, 30(11): 816-818.

[97] Acton M R, Jackson N W, Jager E E R. Development of Guidelines for Parallel pipelines[C]//2010 8th International Pipeline Conference. American Society of Mechanical Engineers, 2010: 485-495.

[98] Lowesmith B J, Hankinson G. Large scale experiments to study fires following the rupture of high pressure pipelines conveying natural gas and natural gas/hydrogen mixtures[J]. Process Safety and Environmental Protection, 2013, 91(1): 101-111.

[99] Spyros S, Fotis R. Estimation of safety distances in the vicinity of fuel gas pipelines[J]. Journal of Loss Prevention in the Process Industries, 2006, 19(1): 24-31.

[100] Leis B N, Pimputkar S M, Ghadiali N D. Line Rupture and the Spacing of Parallel Lines[C]//Max Toch PRCI Pubtion, Virginia: Pipeline Research Counci Internationa, 2002: 35-38.

[101] Su H Y. Analysis of characteristics of compound vibration and effects to surrounding gas pipeline caused by impact and explosion[J]. Procedia Engineering, 2011, 26: 1835-1843.

[102] Mahdavi H, Kenny S, Phillips R, et al. Influence of Geotechnical Loads on Local Buckling Behavior of Buried Pipelines[C]// 7th International Pipeline Conference. American Society of Mechanical Engineers, 2008.

[103] Liu P F, Zheng J Y, Zhang B J, et al. Failure analysis of natural gas buried X65 steel pipeline under deflection load using finite element method[J]. Materials & Design, 2010, 31(3): 1384-1391.

[104] 余艳华, 苏华友, 肖正学. 交通荷载作用下路面结构的微地震试验[J]. 中国公路学报, 2009(6): 40-46.

[105] 彭星煜. 人工爆破地震作用下输气管道动力响应分析[J]. 集输工程. 2012, 32(11): 81-84.

[106] Ahmed L, Ansell A. Structural dynamic and stress wave models for the analysis of shotcrete on rock exposed to blasting[J]. Engineering Structures, 2012(35): 11-17.

[107] 娄建武, 龙源. 爆破震动信号的特征提取及识别技术研究[J]. 振动与冲击, 2003, 22(3): 80-82.

[108] 凌同华, 李夕兵. 基于小波变换的时–能分布确定微差爆破的实际延迟时间[J]. 岩石力学与工程学报, 2004(13): 2266-2270.

[109] 谢全民, 龙源, 钟明寿, 等. 基于小波、小波包两种方法的爆破振动信号对比分析[J]. 工程爆破, 2009(1): 5-9.

[110] 李兴华, 龙源, 纪冲, 等. 基于小波包变换的高程差对爆破震动信号影响分析[J]. 振动与冲击, 2013(4): 44-47, 65.

[111] 罗忆, 卢文波, 陈明, 等. 爆破振动安全判据研究综述[J]. 爆破, 2010(1): 14-22.

[112] 赵华兵, 龙源, 宋克健, 等. 爆破振动速度预测方法及其影响因素[J]. 工程爆破, 2012(1): 24-27.

[113] Zhang R R, Ma S, Safak E, et al. Hilbert-Huang transform analysis of dynamic and earthquake motion recordings[J]. Journal of Engineering Mechanics, 2003, 129(8): 861-875.

[114] Yan Z, Miyamoto A, Jiang Z. Frequency slice algorithm for modal signal separation and damping identification[J]. Computers & Structures, 2011, 89(1): 14-26.

[115] Huang N E, Wu Z. A review on Hilbert-Huang transform: Method and its applications to geophysical studies[J]. Reviews of Geophysics, 2008, 46(2): 30-45.

[116] 刘翠伟, 李玉星, 孟令雅, 等. 基于希尔伯特黄变换的输气管道泄漏音波时频特性分析[J]. 振动与冲击, 2014, (16): 42-49.

[117] 李鹤, 王海涛, 黄呈帅, 等. 高钢级管线焊管全尺寸气体爆破试验研究[J]. 压力容器, 2013(8): 21-26.

[118] Mannucci G, Demofonti G. Control of ductile facture propagation in X80 gas linepipe[J]. Journal of Pipeline Engineering, 2011, 10(3).

[119] 解德, 钱勤, 李长安. 断裂力学中的数值计算方法及工程应用[M]. 北京: 科学出版社, 2009.

[120] Moran B, Shih C F. A General treatment of crack tip contourintegrals[J]. International Journal of Fracture, 1987, 35(4): 295-310.

[121] Shivakumar K N, Raju I S. An equivalent domain integral method for three-dimensional mixed-mode fracture problems[J]. Engineering Fracture Mechanics, 1992, 42(6): 935-

959.

[122] 陈福来, 帅健. 管道断裂中高压天然气减压行为研究评述[J]. 天然气工业, 2006, 26(11): 136-139.

[123] 陈福来, 帅健, 冯耀荣, 等. 高压天然气输送管道断裂过程中气体减压波速的计算[J]. 中国石油大学学报 (自然科学版), 2009, 33(4): 130-135.

[124] 董旭, 宫敬, 邱伟伟. 输气管线中减压波传播特性模拟及分析[J]. 石油化工高等学校学报, 2011, 24(5): 64-68.

[125] Eiber R, Bubenik T, Maxey W A. GASDECOM, computer code for the calculation of gas decompression speed that is included in "Fracture Control Technology for Natural Gas Pipelines"[R]. NG-18 Report 208, A.G.A. Catalogue (No. L51691), 1993.

[126] Botros K K, Geerligs J, Zhou J, et al. Measurements of flow parameters and decompression wave speed following rupture of rich gas pipelines, and comparison with GASDECOM[J]. International Journal of Pressure Vessels and Piping, 2007, 84(6): 358-367.

[127] Ren Z J, Ru C Q. Numerical investigation of speed dependent dynamic fracture toughness of line pipe steels[J]. Engineering Fracture Mechanics, 2013, (99): 214-223.

[128] 李铁萍, 刘锐, 张春明. Gurson 模型参数对管道裂纹扩展的影响分析[J]. 力学季刊, 2013, 34(4): 694-697.

[129] 潘建华, 陈学东. Hopkinson 压杆测试材料动态断裂韧性的数值模拟[J]. 高压物理学报, 2013, 27(6): 856-862.

[130] Tvergaard V. Influence of voids on shear band instabilities under plane-strain conditions[J]. International Journal of Fracture, 1981, 17(4): 389-407.

[131] Thomason P F. Ductile Fracture of Metals[M]. Oxford: Pergamon Press, 1990.

[132] Pardoen T, Hutchinson J W. An extended model for void growth and coalescence[J]. Journal of the Mechanics and Physics of Solids, 2000, 48(12): 2467-2512.

[133] Zhang Z L, Thaulow C, Odegard J. A complete Gurson model approach for ductile fracture[J]. Engineering Fracture Mechanics, 2000, 67(2): 155-168.

[134] Specifications for Line Pipe (API Specifications 5L, 45rd Edition)[Z]. American Petroleum Institute, 2012.

[135] 杨石刚. 盐岩储气库泄漏危险性的理论和数值模拟研究[D]. 南京: 解放军理工大学, 2013.

[136] van Wingerden K. Guidelines for Evaluating the Characteristics of Vapor Cloud Explosions, Flash Fires, and BLEVES[M]. New York: American Institute of Chemical Engineers, 1994.

[137] 党文义, 刘昌华. 压缩气体容器物理爆炸计算模型[J]. 东北石油大学学报, 2010, 34(2): 104-107.

[138] Birk A M, Davison C, Cunningham M. Blast overpressures from medium scale BLEVE tests[J]. Journal of Loss Prevention in The Process Industries, 2007, 20(3): 194-206.

[139] 蒋军成, 潘旭海. 化工过程安全理论及应用[M]. 北京: 化学工业出版社, 2006.

[140] Baker W E, Cox P A, Kulesz J J, et al. Explosion hazards and evaluation[M]. Elsevier, 2012.

[141] 党文义, 刘昌华. 压缩气体容器物理爆炸计算模型[J]. 东北石油大学学报, 2010, 34(2): 104-107.

[142] White F M. Fluid Mechanics[M]. New York: McGraw-Hill, 1986.

[143] 中国国家标准化管理委员会. 爆破安全规程 (GB6722—2014)[S]. 北京: 中国标准出版社, 2014.

[144] 中国石油天然气股份有限公司. 西气东输二线管道工程并行敷设管道关键技术研究[Z]. 西气东输二线管道工程设计联合体, 2009.

[145] 杨秀敏. 爆炸冲击现象数值模拟[M]. 合肥: 中国科学技术大学出版社, 2010.

[146] Livermore Software Technology Corporation. LS-DYNA Keyword User's Manual[Z]. Livermore, 2005.

[147] 邓国强. XXX 弹岩土中聚集爆炸效应的试验研究[D]. 南京: 解放军理工大学, 2001.

[148] 唐献述. 大口径金属管道局部外接触爆炸作用下破坏效应研究[D]. 南京: 解放军理工大学, 2006.